autoricerca.com

# AutoRicerca
*No. 9, Anno 2015*

*AutoRicerca:* No. 9, Anno 2015
*Editore:* Massimiliano Sassoli de Bianchi
*Progetto grafico copertina*: Paola Patocchi

© 2015 Gli autori (tutti i diritti riservati)

È vietata la riproduzione, anche parziale, con qualsiasi mezzo effettuata, compresa la fotocopiatura e la digitalizzazione, se non precedentemente autorizzata dall'editore o dagli autori degli articoli, fatta eccezione per brevi passaggi, nell'ambito di discussioni e analisi critiche. In tal caso, la fonte della citazione dovrà sempre essere citata.

*AutoRicerca* (ISSN 2673-5105) è una pubblicazione del *LAB – Laboratorio di AutoRicerca di Base* (www.autoricerca.ch), c/o *Area 302 SA* (www.area302.ch), via Cadepiano 18, 6917 Barbengo, Svizzera.

ISBN: 978-1-326-33594-6

# Indice

**Avvertimento** — 7

**Editoriale** — 9

**Articolo**

Dialogando con Misha e Maksim — 13
*15 marzo 2013 – 19 marzo 2014*

**A proposito di AutoRicerca** — 265

**Numeri precedenti** — 267

autoricerca.com

# AVVERTIMENTO

Le pagine di un libro, siano esse cartacee o elettroniche, possiedono una particolarissima proprietà: sono in grado di accettare ogni varietà di lettere, parole, frasi e illustrazioni, senza mai esprimere una critica, o una disapprovazione. È importante essere pienamente consapevoli di questo fatto, quando percorriamo uno scritto, affinché la lanterna del nostro discernimento possa accompagnare sempre la nostra lettura. Per esplorare nuove possibilità è indubbiamente necessario rimanere aperti mentalmente, ma è ugualmente importante non cedere alla tentazione di assorbire acriticamente tutto quanto ci viene presentato. In altre parole, l'avvertimento è di sottoporre sempre il contenuto delle nostre letture al vaglio del nostro senso critico ed esperienza personale.

L'editore e gli autori degli articoli pubblicati non possono in alcun modo essere ritenuti responsabili circa le conseguenze di un eventuale cambiamento di paradigma indotto dalla lettura dei testi contenuti in questo volume.

# EDITORIALE

Questo nono volume di *AutoRicerca* contiene un unico contributo, scritto "a quattro mani".[1] Si tratta infatti di un dialogo, svoltosi in un intervallo di tempo di circa un anno (tra marzo 2013 e marzo 2014) su *Facebook*.

Non è la prima volta che *AutoRicerca* si cimenta con questo stile espositivo. Infatti, già nel Numero 7 (2014), *Massimiliano Sassoli de Bianchi* ha pubblicato una lunga "conversazione" tra un insegnante e uno studente, che ruotava attorno al tema della "ricerca a tutto tondo". In quell'ambito però, i due interlocutori erano personaggi fittizi, e il loro dialogo serviva solo a rendere l'esposizione delle teorie dell'autore più snello e informale. D'altra parte, visto che l'artefice di entrambi i membri dello scambio era lo stesso, non si poteva che giungere là dove l'autore desiderava.

In altre parole, se lo scambio da un lato incarnava quella maieutica propria a ogni buon insegnante, dall'altro ciò avveniva a scapito della possibilità di mettere in scena una dialettica reale, dove non sempre e non necessariamente i diaioganti convergono su posizioni condivise.

Come il lettore non avrà difficoltà ad accorgersi, le conversazioni che riportiamo in questo numero sono invece del tutto reali, cioè realmente avvenute tra individui effettivamente esistenti, che non sempre concordano (e a volte fortemente dissentono) circa le rispettive vedute sul reale. D'altra parte, come rammen-

---

[1] Il riferimento è qui alla tastiera del computer, non alla penna stilografica; si scrive quindi come si suona il piano, a due mani.

ta uno degli interlocutori, citando Enzo Bianchi, "il dialogo non ha come fine il consenso, ma un reciproco progresso, un avanzare insieme".[2]

*Queste conversazioni dimostrano la possibilità di un confronto intellettualmente onesto e costruttivo (incentrato sulle idee e non sulle persone) anche su un medium come Facebook, che raramente, purtroppo, si presta a scambi di questo tenore.*

Il lettore non avrà difficoltà ad accorgersi che per quanto gli interlocutori siano del tutto reali, i loro nomi, *Misha* e *Maksim*, sono invece fittizi. I vantaggi nell'usare degli pseudonimi sono numerosi, sia per gli autori del dialogo, sia per il lettore.

Ad esempio, come mi ha fatto giustamente osservare uno dei dialoganti, «nello stile "colloquiale" di questi "scritti", ciò che si guadagna in spontaneità e immediatezza si perde in rigore e consequenzialità. Molte cose dette e ribattute non sono soltanto il frutto di considerazioni tra due "disputanti" che cercano la verità, ma anche, spesso, il risultato di un "minestrone di sentimenti" che a volte si limitano semplicemente a "riscaldare" il discorso, altre volte, invece, si spingono a farlo uscire dai binari entro i quali dovrebbe essere mantenuto in omaggio a una "ricerca" spassionata e obiettiva».

Poi, come è noto, gli pseudonimi accettano molto più facilmente dei nomi propri di persona le leggerezze o le superficialità commesse di volta in volta in quelli che sono testi scritti di getto, in modo del tutto improvvisato, mettendo una maschera alle possibili "stupidaggini" che possono sfuggire, e che a una riscrittura dei testi (che qui non è avvenuta, salvo per la correzione dei refusi) verrebbero probabilmente corrette.

Infine, mi spiegano sempre gli autori, gli pseudonimi, pur "nascondendo", di fatto accrescono l'oggettività del discorso, liberandolo dai possibili pregiudizi nei confronti degli autori, siano essi favorevoli o contrari, che potrebbero condizionarne la lettura. La "maschera degli pseudonimi", in questo caso, obbliga il lettore a badare più a ciò che viene detto che a chi lo dice, quin-

---

[2] Enzo Bianchi, *L'altro siamo noi*, Giulio Einaudi editore (2010).

di a leggere i diversi contenuti con maggiore attenzione, per l'appunto, per i contenuti.

Insomma, l'anonimato come stratagemma per non fare la fine di quel calzolaio che passeggiando per la piazza del paese, anziché guardare le persone in faccia guardava loro unicamente i piedi, giudicandole dalle scarpe.

Come avvertimento per il lettore, è importante sottolineare che quando uno specifico scambio si arresta, ciò non significa necessariamente (anzi, quasi mai) che gli interlocutori abbiano raggiunto un punto di accordo, o che uno di loro, o entrambi, non abbiano più nulla da aggiungere. Qui dobbiamo tenere sempre presente il contesto, quello di Facebook, e il fatto che spesso, nell'oceano di sollecitazioni cui noi utenti siamo continuamente sottoposti, per non dire bombardati, è facile dimenticare che siamo in debito di una risposta, e anche quando ce ne ricordiamo a volte, semplicemente, manca il tempo materiale per offrirla.

È bene anche osservare che nel testo non ci sono paragrafi, salvo quelli che scandiscono il passaggio da un dialogante all'altro. Va detto che negli scritti originali alcuni paragrafi erano presenti. D'altra parte, la scelta editoriale è stata quella di eliminarli, proprio per evidenziare che Misha e Maksim stanno conversando, come si è soliti fare su un medium come Facebook, e non scrivendo un saggio.

Per quanto attiene ai temi affrontati, questi sono molteplici e vanno dalla fisica alla metafisica, dalla ricerca scientifica alla spiritualità, dalla religione alla fede... Mi auguro che la ricchezza delle riflessioni sia per il lettore al contempo uno stimolo e un monito, ad approcciare il vasto tema della vita, delle sue meccaniche e del suo possibile significato, senza facili semplificazioni.

Sperando di avere ancora l'occasione di invitare Misha e Maksim a dialogare in questa sede, vi auguro come sempre una buona lettura, in loro compagnia.

*L'Editore*

*Lo straniero ti permette di essere te stesso, facendo di te uno straniero [...]. La distanza che ci separa dallo straniero è quella stessa che ci separa da noi.* [Edmond Jabès]

# DIALOGANDO CON MISHA E MAKSIM
*15 marzo 2013 – 19 marzo 2014*

| | |
|---|---|
| Illusione di alternative? | 14 |
| Intelligenza e contesto | 24 |
| L'atomo che non c'è | 27 |
| Senso di colpa | 32 |
| Bisogni e desideri | 37 |
| Conversione | 54 |
| Uno o molteplice? | 64 |
| Requiem per Don Gallo | 83 |
| Sul celibato dei preti e la cura d'anime | 94 |
| Scetticismo | 128 |
| Coppie equivalenti? | 132 |
| Esperienze extracorporee | 150 |
| Il bicchiere mezzo vuoto | 159 |
| Genitori omosessuali | 163 |
| Multiculturalismo | 195 |
| Crepe | 200 |
| Il metodo scientifico | 207 |
| Creatio ex nihilo | 212 |
| Negazione (*con la partecipazione di Zan*) | 223 |

autoricerca.com

**ILLUSIONE DI ALTERNATIVE?**

*15 marzo 2013*

MAKSIM. "Chi non prega Gesù Cristo prega il diavolo". [Francesco I, nella sua prima messa da Pontefice nella Cappella Sistina] Mi ricorda un po' l'antico slogan dei tempi delle crociate: "Chi non è con noi è contro di noi!", ovviamente totalmente privo di fondamento logico, dato che riduce artificialmente la realtà a due soli elementi. Possiede comunque un grande effetto sul piano della pragmatica. Nell'ambito delle tecniche di comunicazione persuasoria, si chiama illusione di alternative. Si presenta alla persona una scelta, solo apparentemente libera, tra due alternative, evitando di menzionare che, di fatto, ve ne sarebbero molte altre. Poi si fa in modo che una di queste alternative sia decisamente poco appetibile, obbligando così la persona, quando accetta acriticamente l'illusione di alternative, a propendere per l'altra. Tra pregare il demonio e pregare Gesù Cristo ovviamente scelgo la seconda opzione. Ci si dimentica però che è possibile anche pregare Brahma, Odino, Zeus, Buddha, o il Mostro di spaghetti volante del Pastafarianesimo, senza per questo pregare il demonio, o che è comunque possibile astenersi semplicemente dal pregare, e optare per esempio per una meditazione senza oggetto.

MISHA. Caro Maksim, non mi sono mai accorto, fino ad oggi, di questa sua nota e non sono assolutamente meravigliato delle adesioni che ha ricevuto e dei commenti che ha suscitato: è da sempre che la Chiesa fa "audience" e suscita la voglia di schierarsi. Non si può restare indifferenti, anche se una delle strategie predilette di chi la combatte è quella di ridurla, secondo i casi, o a una congrega di farabutti che ci marciano, oppure ad una organizzazione umanitaria come ce ne sono tante (proprio nell'omelia citata il Papa mette in guardia contro chi riduce la Chiesa a un'Organizzazione Non Governativa), oppure a una potente organizzazione di "potere", un po' sui corpi e un po' sulle anime. Comunque, una potente lobby "oscurantista" nemica della libertà e dell'intelligenza! O, al massimo, una fabbrica di favole per tener buoni i bambini! È tale l'interesse spasmodico degli stessi avversari, che nel corso dei secoli sono state costruite delle vere e proprie "leggende nere" intese, se non a distruggerla, almeno a trascinarla giù dal piedistallo o almeno, come ha notato un grande sociologo non credente, Leo Moulin, innescare dei sensi di colpa nei credenti altrettanto gravi – quantomeno – di quelli che lei attribuisce al Papa nel suo commento. Una delle tante "leggende nere" sono le crociate. Non potendomici soffermare, le mando una lunga sequela di articoli da consultare (a suo piacimento e a sua scelta), non per farle cambiare idea – mi creda – ma soprattutto perché lei – che ci tiene molto alla consapevolezza – possa stare "contro" almeno con una consapevolezza maggiore di quella che ha o crede di avere.[1] Detto questo, Sono veramente imbarazzato nel dover chiarire dei punti che dovrebbero già essere chiari sia per chi ha una cultura teologico-religiosa (non importa se cattolica), sia per chi ha una certa familiarità con i simboli o qualche esperienza della vita interiore-spirituale. Ma cercherò di spiegarmi a modo mio. La condizione umana è tale da essere posizionata al centro di due regni: uno luminoso, posto in "alto" rispetto all'habitat umano (la terra), l'altro oscuro, posto in basso rispetto a quell'habitat (anche se mi sembra interessante che la cosmologia dantesca, ad esempio, ponga il regno dell'oscurità – l'inferno – piuttosto "all'interno" della terra che non in basso, come se fosse non un "regno" diverso dalla terra, come il paradiso che è staccato, ma una specie di suo prolungamento). L'uomo sulla terra è sottoposto a varie sollecitazioni o tentazioni o ispirazioni, o "voci di dentro" (qui mi avvalgo di un titolo teatrale di De Filippo che non c'entra nulla) o chiamiamole come vogliamo. Io rinuncio a chiamarle in termini "cattolici" soprattutto per suggerire ai diffidenti che è una esperienza universale e non "di parte". Noi

---

[1] Vedi gli articoli riportati nell'argomento "crociate", nel menu "sezioni" del sito: *www.kattoliko.it/leggendanera*.

facciamo fin troppo chiaramente l'esperienza di essere al centro di una battaglia, in cui si contendono il nostro "amore" forze luminose e forze oscure, che ci tirano dalla loro parte per ottenere la nostra adesione. Nel paragrafo 28 del capitolo XIV del "De Civitate Dei", Sant'Agostino (uno dei padri fondatori della civiltà occidentale) così si esprime: «Due amori hanno costruito due città: l'amore di sé spinto fino al disprezzo di Dio ha costruito la città terrena, l'amore di Dio spinto fino al disprezzo di sé la città celeste. In ultima analisi, quella trova la gloria in se stessa, questa nel Signore. Quella cerca la gloria tra gli uomini, per questa la gloria più grande è Dio, testimone della coscienza. Quella solleva il capo nella sua gloria, questa dice al suo Dio: Tu sei mia gloria e sollevi il mio capo. L'una, nei suoi capi e nei popoli che sottomette, è posseduta dalla passione del potere; nell'altra prestano servizio vicendevole nella carità chi è posto a capo provvedendo, e chi è sottoposto adempiendo. La prima, nei suoi uomini di potere, ama la propria forza; la seconda dice al suo Dio: Ti amo, Signore, mia forza». La vigilanza, la coscienza, l'intelligenza dell'uomo è interpellata di continuo a fare una scelta. "Il cielo" chiama "in salita" e "al "distacco"; gli inferi o Ade o chiamatelo come volete (prolungamento terrestre, secondo Dante) chiamano "in pianura" o "in discesa" e all'attaccamento al proprio io, all'idolatria! Tutte le storie o le favole iniziatiche hanno su per giù questo schema, cambia lo scenario, ma non la trama: la via "stretta" della "salvezza", la via "larga" della perdizione. Le due vie vengono sintetizzate in vari modi dalla letteratura spirituale di tutti i tempi e di tutti i luoghi: negli esercizi di Sant'Ignazio di Loyola, ad esempio, si parla di due stendardi sotto i quali impegnare la propria "militanza" ("militia est vita hominis super terram", ci ricorda San Paolo): o per Il Signore, a Gerusalemme; o per Lucifero, nemico dell'umana natura, in Babilonia. In questa battaglia, chi non sale, scende: nella vita spirituale, non c'è un "intermedio" tra il salire e lo scendere; il "fermarsi" è un preludio alla discesa. C'è un'ascesi che ci prepara alla "beatitudine"; di contro, c'è una controascesi che ci prepara alla "perdizione": chi rasenta gli stati psicotici dell'anima o chi ha conosciuto la possessione sa di che cosa sto parlando e c'è poco da disquisire di dialogo interreligioso, come se si trattasse di accordarsi sul piano regolatore del Comune. Varie sono le strategie e le tattiche di questa battaglia, ma non mi soffermo. Una delle frasi dette da Gesù nelle Scritture dà il senso alle parole che Papa Bergoglio ha pronunciato nell'omelia: «Chi non è con me, è contro di me e chi non raccoglie con me, disperde» (Lc. 11,23): non c'è altra alternativa tra la decisione al riportare a "uno" tutte le forze dell'anima e la decisione di lasciarle evaporare, nella distrazione, nella "molteplicità", nella dispersione, nella "perdizione", nella indefinitezza dell'oscurità, nel "satanico"! Si può però integrare questa parola di Gesù, che può apparire autoritaria, ma fotografa la realtà e la condizione dell'anima, con l'altra, sempre pronunciata da Gesù, che la ribalta specularmente: «Chi non è contro di voi, è con voi» (Lc.9,50). C'è chi non è cristiano e crede di poter assistere a questa battaglia ai bordi del campo, con le mani in tasca, o magari da giornalista imparziale, o come appartenente a un'altra squadra o, peggio ancora, come arbitro. Ma non c'è scampo, non c'è posto per l'indifferenza. Non è questione di "colpa" o di "sensi di colpa". Tutta la vita dell'uomo, quella interiore soprattutto, è fatta di questa battaglia e, come nello sport, le squadre non sono tre o quattro o cinque, ma due. Non ci sono "contraddizioni logiche" né "premesse ideologiche". Ciascuno guardi dentro se stesso e saprà che cosa succede nel proprio campo, chi lo favorisce, chi lo minaccia, chi lo chiama, chi lo respinge, chi lo seduce, chi lo rimprovera, chi lo ama, chi lo odia... chi sta giocando; che cosa vogliono i giocatori, o le truppe, e io che cosa faccio tra loro: lo spettatore, l'arbitro, il cronista, uno che si trova lì per caso, uno che è invitato a giocare anche lui! Forse, ma in una delle due squadre, perché a giocare non ce ne sono altre e non stanno facendo un "dialogo interreligioso" al caffè-sport. Stanno lottando per una posta in gioco "totale"! per dire con San Paolo: «Ho combattuto la buona battaglia, ho terminato la mia corsa, ho conservato la fede. Ora mi resta solo la corona di giustizia che il Signore, giusto giudice, mi consegnerà in quel giorno; e non solo a me, ma anche a tutti coloro che attendono con amore la sua manifestazione» (2Tm,

4, 6-8). Chi non è cristiano lo dica con altre parole, tanto sarà lo stesso, sarà la stessa esperienza umana di lotta, in cui noi siamo il campo di conquista di due forze contrapposte, il bene e il male, e dove il "così così" non esiste se non nei compromessi di qualche consiglio comunale. Mi aspetto almeno che si sappia leggere il linguaggio simbolico, da parte di gente cui riconosco non poca intelligenza! In questa lotta, chi si ferma è perduto e chi non sale scende! È illogico dire la stessa cosa in un altro modo? Nel modo di Papa Francesco: "Chi non prega Gesù Cristo, prega il demonio"!

MAKSIM. Grazie Misha del tuo intervento; sempre interessante leggerti. Darò un'occhiata, se ho tempo, ai testi che hai linkato. Certamente, immagino che, a seconda delle letture, alcuni tra gli episodi più oscuri della Chiesa possano essere visti in una chiave sia "aggravante" che "attenuante". Resta il fatto che la Chiesa di Roma, "Santa e Apostolica", si è macchiata nella sua storia di atroci delitti, e che quindi il tanto temuto e combattuto demonio, a quanto pare, si è trovato assai spesso proprio al suo interno. Le crociate non sono certo l'esempio più significativo. Il numero di azioni abominevoli commesse dai vari papi nella storia, in nome di un ideale solo apparentemente altissimo, è incalcolabile. Con questo non voglio affermare che le altre religioni abbiano fatto necessariamente meglio: anche i "pacificissimi" monaci buddisti hanno avuto i loro periodi oscuri e le loro "crociate". Pertanto, dalla mia prospettiva, la Chiesa di Roma non è mai stata santa, né similare agli apostoli di Cristo. Anche se, certamente, questo non esclude che un giorno non lo possa diventare. E, naturalmente, comprendo che tu possa non essere d'accordo con questa mia prospettiva, ritenendola magari il frutto di un'insufficiente cultura teologico-religiosa (che insufficiente sicuramente è). Per il resto della tua disquisizione, sono ovviamente d'accordo con te che, simbolicamente parlando, vi sia una sola direzione luminosa (io la chiamo evolutiva, nel senso di un'evoluzione nella conoscenza), e che quindi non andare in quella direzione significhi o fermarsi, o, premettendo che ciò sia possibile, andare nella direzione opposta (involutiva). La parte che trovo però intellettualmente un po' arrogante in quanto scrivi, è quella in cui ritieni – ma ti prego, correggimi se sbaglio – che chi si muove con sincerità in un percorso di ricerca spirituale differente rispetto a quello cattolico, o a quello cristiano in generale, starebbe andando nella direzione sbagliata! Non so dire se Gesù abbia davvero pronunciato la frase «Chi non è con me, è contro di me e chi non raccoglie con me, disperde», o comunque se l'abbia pronunciata davvero in questa forma. Sono così tante le falsificazioni di documenti operati storicamente dalla Chiesa, volti a comprovarne e giustificarne il potere e la visione (ad esempio in relazione alla truffa dell'infallibilità del papa), che quantomeno sarebbe auspicabile rimanere prudenti. Quindi, non si tratta di una delle frasi "dette da Gesù", ma – e c'è una bella differenza – di una delle frasi "attribuite a Gesù dalla Chiesa". Detto questo, indubbiamente, se prendiamo la figura del Cristo come simbolo di Verità, allora semplicemente quella frase significa che o ci si adopera per diminuire la nostra e altrui ignoranza, o ci si adopera per accrescerla. Ma questo non significa che vi sia un cammino esclusivo, o un metodo esclusivo, per promuovere tale obiettivo. La Via certamente è una sola, ma i cammini per percorrerla, fino a prova del contrario, sono molteplici. Ed è assai facile ritenere, se non altro dal mio punto di vista, che la Chiesa Cattolica non sia, ancora oggi, particolarmente rappresentativa di tale Via. Considerando il suo passato, di cui porta ancora in seno la pesante eredità, è difficile associare tale gigantesca istituzione alla Chiesa di Cristo, cioè a una Chiesa simbolo di Verità. Questo però non significa – lo ribadisco – che non potrà un giorno diventarlo, tramite l'azione di uomini giusti e illuminati al suo interno. Comunque, questa resta solo una mia personalissima considerazione. Solo Cristo potrebbe dire, se oggi solcasse ancora questa Terra, se tale istituzione religiosa lo rappresenta ancora, o meglio, se lo ha mai rappresentato (qui c'è tutto il tema della bugia circa l'investitura di Pietro, alla quale non credevano a dire il vero nemmeno i primi padri fondatori). Come spesso accade anche a livello individuale, cerchiamo con forza di cambiare gli altri, fuori (vedi il simbolo delle crociate, che vuole estirpare fuori l'infedele), dimenticandoci che il primo cambiamento che siamo chiamati ad attuare, il più importante, è il nostro, al nostro interno. Lo stesso, ritengo, vale per la Chiesa di Roma (e per numerose altre istituzioni religiose e non religiose, che si appellano ad altissimi ideali). Arriverà il giorno, glielo auguro, in cui le sue pretese nei confronti dei fedeli (finché ce ne saranno) diverranno più ragionevoli, il suo linguaggio più coerente, i suoi dogmi meno arbitrari. Questo, credo, era anche tra i *desiderata* di papa Giovanni XXIII, quando nel corso del Concilio che si tenne nel 1962, affermò che il tempo dell'imposizione di leggi prive di motivate giustificazioni doveva finire. Lo hanno ascoltato? Ora, visto che il tema iniziale di questo post era l'antico slogan delle crociate, che presentava un'illusione di alternative, frutto di una confusione tra Via (che è indubbiamente logicamente una sola) e i cammini per percorrerla, che sono indubbiamente e logicamente molteplici, termino con una citazione di Berdiaev, discepolo di Dostoïevski: "[…] la libertà non può essere identificata col bene, con la verità o con la perfezione: essa è per sua natura autonoma, è la libertà non il bene. Qualsiasi identificazione o confusione tra libertà, bene e perfezione produce la negazione della libertà e un rafforzamento dei metodi di repressione; il bene obbligatorio cessa di essere un bene per il fatto stesso di essere obbligatorio […]".

MISHA. Vista l'insufficienza dello spazio, mi aspetto di avere almeno un semplice elenco circostanziato degli "atroci" delitti – ben più gravi delle crociate – di cui si è macchiata la Chiesa nel corso della sua storia e delle "azioni abominevoli dei papi". Così, con un discorso mirato, nessuno di noi due – e io per primo – può rischiare di andare a casaccio! Conosco alcune delle "leggende nere" che avvolgono la Chiesa (l'inquisizione, il medioevo, Galilei, Giordano Bruno, il colonialismo missionario, i rapporto Chiesa-politica o, ancora peggio, Chiesa-fascismi, il rapporto Chiesa-scienza); conosco anche la "leggenda rosa" che ha avvolto e avvolge la storia e la vita della Chiesa per causa di alcuni zelanti cattolici non abituati ai fatti ma – appunto – alle leggende. Pertanto riterrei cosa giusta sapere almeno qualcosa di questi abominevoli delitti. Credo di essere stato molto chiaro nel dire che l'esperienza spirituale umana è un'esperienza universale (non di questa o di quella religione, non di questo o quell'uomo) e credo di essere stato attento a non arrogare a me un'esclusiva che francamente non sento di avere. Sono dunque meravigliato nel sentirmi attribuire la pretesa arrogante di indicare agli altri la direzione giusta. Se sperimentiamo in noi quella che io chiamavo la "lotta tra la luce e le tenebre", perché mai dovrei imporle i mezzi per combatterla? È più che giusto e condivisibile che ognuno abbia la propria personale via per raggiungere la meta (identica). Il cattolicesimo dice "a modo suo" quello che tutte le tradizioni spirituali condividono secondo il loro linguaggio specifico: "chi non è con me è contro di me". Io non ho contestato MAI la varietà delle vie: ho contestato che (come lei dice testualmente) il genere di affermazioni summenzionato [quelle del Papa] sia *«logicamente infondato, dato che riduce artificialmente la realtà a due soli elementi»* e *«possiede un grande effetto sul piano della pragmatica, cioè dei suoi effetti. Nell'ambito delle tecniche di comunicazione persuasoria, si chiama illusione di alternative. Si presenta alla persona una scelta, solo apparentemente libera, tra due alternative, evitando di menzionare che, di fatto, ve ne sarebbero molte altre»*. Oltretutto si lasciava trasparire che l'alternativa era falsa e subdola perché costringeva a una sola scelta: una volta stigmatizzato il demonio, non ci resta che Gesù Cristo. Io ho voluto mostrare che il giro mentale attribuito al Papa è inesatto e che il discorso, letto correttamente, non è per niente illogico, anzi... Le alternative – ho voluto mostrare – sono effettivamente due; «le molte altre» di cui parlava lei sono soltanto le parti che noi possiamo variamente giocare in una partita comunque «a due»! Poi lei chiami questi due come vuole. Il papa li chiama Gesù Cristo e il demonio. Un altro li può chiamare "Inter" e "Milan", "il bene" e "il male": ciò che conta è che c'era una confusione tra Via e "modi" e la confusione, a giudicare dai dialoghi che ho letto, non veniva dal Papa; ho voluto chiarire questo. Per il resto lei tocca così tanti temi ("investitura di Pietro", che già per lei è tassativamente una bugia; ancora "le crociate", che per lei sono nate per combattere l'infedele, in una brama di conquista – e così non è o per lo meno diciamo che c'è un'altra campana molto molto seria; poi parla di "pretese nei confronti dei fedeli", di "linguaggio più coerente" e "dogmi arbitrari". Mi permetto di dire che queste cose non sono il frutto di conclusioni "dialogate", confrontate, "ricercate", ma frutto di "vulgate" che vanno per la maggiore. Non parliamo poi di Giovanni XXIII. Sono tutti discorsi che certamente capiterà di riprendere. Concordo però su un fatto: molti uomini di Chiesa hanno mostrato (e mostrano) non l'indegnità della Chiesa, ma l'indegnità di appartenerle.

MAKSIM. A quanto pare Misha ti ho frainteso, e ti ringrazio di avermi corretto. La mia confusione nasce da alcune tue parole, in particolare le seguenti: *"...C'è chi non è cristiano e crede di poter assistere a questa battaglia ai bordi del campo, con le mani in tasca, o magari da giornalista imparziale, o come appartenente a un'altra squadra o, peggio ancora, come arbitro".* Considerando che la Chiesa cattolica ha spesso rivendicato la supremazia del suo cammino rispetto ad altri, in quanto il divino si sarebbe manifestato solo in Gesù Cristo, e non in altri presunti Avatara, ho pensato che in quel tuo *"chi non è cristiano e crede di..."* era contenuta una valutazione un po' a priori circa la percorribilità di quei cammini spirituali che non contemplino la figura del Cristo. Naturalmente, non intendo certo affermare con questo che tutti i cammini sarebbero equivalenti. Dalla mia prospettiva, infatti, sebbene la Via sia una sola, i numerosi cammini che portano ad essa sono tutti soggetti necessariamente (e fortunatamente) ad evoluzione. D'altra parte, penso che il punto importante della nostra discussione sia proprio in questa distinzione tra cammini e Via. Infatti, non credo che tale distinzione sia chiara nella maggior parte delle persone, soprattutto quelle che sono profondamente identificate nei propri sistemi di credenza. La famosa frase da cui è nato il mio post, se letta correttamente, è un monito certamente costruttivo per le coscienze: o progrediamo o regrediamo, a noi la scelta, non c'è una terza possibilità! Se però questa alternativa, riferita alla Via, viene fraintesa come alternativa riferita al cammino, ecco che si produce il disastro, come ad esempio le guerre di religione fratricide. Ora, giustamente, tu ribadisci nella tua risposta che l'esperienza spirituale umana è una sola. E che Cristo è solo un nome, con cui viene indicata la possibilità della Via, e più particolarmente il senso in cui percorrerla. Che altri potranno usare altri nomi, altri puntatori, per indicare in fin dei conti la medesima possibilità. Non posso che condividere. Tra l'altro, visto che siamo in tema di confusioni, forse avrei dovuto essere più diplomatico e affermare che (dal mio punto di vista, beninteso) quella di Pietro non è stata una bugia, ma una grande confusione. La stessa confusione che, a dire il vero, ha motivato la tua reazione al mio post sul motto delle crociate. È indubbio, infatti, che se la Chiesa è una sola, questa non si fonda certo su Pietro (e un suo presunto primato), ma sul Cristo. E confondere Cristo con Pietro è secondo me un grave errore. Lo stesso tipo di errore che porta a confondere la Via con il cammino. È Cristo la Pietra, non Pietro! Per quanto riguarda i crimini perpetrati – hai ragione a precisarlo – non dalla Chiesa, ma da coloro che facevano parte della Chiesa senza esserne degni, fai bene a chiedermi un elenco circostanziato, e io ho fatto male ad entrare in questa potenziale polemica, soprattutto con una persona come te, molto preparata in materia. È un tema però di cui hanno dibattuto da sempre studiosi di ogni genere, laici e non laici, e penso vi siano abbastanza elementi per affermare che non sempre il Cristo sia stato la fonte principale di ispirazione di molti uomini di Chiesa, papi inclusi. Ma come ho già precisato nel mio precedente commento, così è stato (e in parte ancora è) per tutte le grandi religioni del pianeta, che paradossalmente, pur essendo, o dovendo essere, dei modelli di etica universale, di fatto necessitano anche loro di evolvere in questo senso. Qui mi riferisco al famoso predicare bene e razzolare male. Paradossalmente (ma forse non tanto), i più grandi conseguimenti etici – come ad esempio la dichiarazione universale dei diritti umani – sono opera di natura laica, frutto di un dibattimento più filosofico che religioso.

## INTELLIGENZA E CONTESTO

*12 aprile 2013*

MAKSIM. Intelligenza è anche la capacità di tenere conto del contesto in cui ci troviamo, e agire di conseguenza. Infatti, il contesto è in grado di modificare completamente sia il significato che l'effetto, in termini pragmatici, di una nostra azione o non azione. Per fare un esempio: è giusto uccidere un animale? Ovviamente, dipende. Se sei un regnante presidente del Wwf, e il tuo è solo un passatempo per combattere la noia, ovviamente non lo è. Se invece stai morendo di fame, e quell'animale è la tua unica possibile fonte di cibo, la valutazione sarà completamente ribaltata. Spesso l'incapacità di discernimento risiede proprio nell'incapacità di rinegoziare le proprie scelte, in funzione di un contesto che muta in modo imprevedibile. In altre parole, spesso accade che per rimanere coerenti con la propria linea di pensiero sia necessario cambiare la propria linea di azione, anziché preservarla tal quale. Questa difficoltà, mi sembra, è esattamente ciò che accade in questo momento in Italia, con il M5S. La decisione, indubbiamente condivisibile, di non allearsi con nessuno, nasceva evidentemente dall'ipotesi che dopo le elezioni il M5S non sarebbe stata una forza politica determinante, nella formazione di un governo. Tale decisione perde però oggi ogni significato, alla luce dei voti che il movimento ha ricevuto, e dell'ingovernabilità cui stiamo assistendo. Pertanto, quella che nel contesto precedentemente ipotizzato poteva essere una decisione giusta e condivisibile – non allearsi con nessuno – nel contesto attuale è ovviamente una scelta poco responsabile e difficilmente condivisibile. Contrariamente a quanto i "grillini", o chi per essi, affermano in continuazione, la coerenza in questo caso starebbe proprio nella capacità di riconoscere la diversa situazione, e rivedere di conseguenza la propria linea d'azione. La mancanza di lucidità e di discernimento nel riconoscere questo semplice fatto è dal mio punto di vista assai preoccupante.

MISHA. La verità potrebbe essere molto più semplice: il M5S, attrezzato per "contestare", non è molto attrezzato per assumersi responsabilità di governo. E – senza avere possibilità di scelta – è costretto a prendere tempo per cercare di attrezzarsi. Quanto alla coerenza, nessun "valore" è giusto o ingiusto in sé, non solo quello di uccidere l'animale. Ma tra i valori c'è una gerarchia (indipendente da noi, come insegna Max Sheler) e spesso delle "eccezioni" obbligate. Due soli esempi: 1)–Il primo riguarda la tragica vicenda dell'incidente aereo che occorse ad una squadra di rugby e assistenti nell'ottobre del 1972 sulla Cordigliera delle Ande. Vicenda orribile, da cui fu tratto anche un libro della Sperling & Kupfer e un film. Dopo vicende inenarrabili, per mancanza di viveri i superstiti decisero di cibarsi della carne dei loro amici morti e sepolti sotto la neve. Uno solo rinunciò a rompere il tabù. È lecito "mangiare" un amico? 2)–Il secondo riguarda la altrettanto tragica vicenda dello psichiatra ebreo Viktor Frankl e di sua moglie (che sarebbe morta nei campi di sterminio a 24 anni): all'atto della separazione degli uomini dalle donne, Frankl sciolse la moglie dal vincolo di fedeltà coniugale e la autorizzò a concedersi ai nazisti qualora fosse stato necessario per salvare la vita. I due casi estremi servono per indicare che i valori, pur non essendo tanto elastici da richiedere un loro uso "disinvolto", tollerano tuttavia delle eccezioni particolari in casi particolari. E comunque tra loro c'è una gerarchia (come nel caso della verginità e del matrimonio) e la loro forza va sempre misurata nell'esperienza, "pragmaticamente"!

MAKSIM. Concordo, Misha. Osservo però, per chiarezza, che non si trattava di "mangiare un amico," ma di "mangiare il corpo di un amico morto". È un po' diverso. E la fedeltà espressa dal matrimonio, ovviamente, non si riduce a una mera fedeltà sessuale. È proprio per fedeltà alla natura più elevata della loro unione, che cerca il massimo bene dell'altro, che Viktor ricorda alla moglie che non è tenuta a una fedeltà sessuale. Ma su questo immagino che siamo d'accordo.

MISHA. Certo, certo, sono d'accordissimo. Tenga però conto che: 1) sulla vicenda Frankl: la liberatoria "sessuale" non toglie, ma deroga a una verità fondamentale e la convalida, derogando: cioè che la fedeltà sessuale è un "segno", "simbolo" esteriore dell'unione interiore. Nella condizione umana non si danno valori interiori che non abbiano esigenza di un sigillo "esteriore". Sarebbe "spiritualismo" e lo spiritualismo – come le dicevo altre volte – preso in sé è altamente illusorio, l'altra faccia – negativa – del materialismo, in una unica moneta falsa; 2) sul "corpo di un amico morto" condivido, ma sarei ancora più puntuale parlando di "cadavere di un amico morto", in quanto il corpo è una entità "animata"; il cadavere invece non è più il suo corpo ma quello che effettivamente è: un ammasso di cellule in decomposizione.

MAKSIM. Giusta la distinzione tra "cadavere" e "corpo". Un po' puntigliosa, in quanto avevo precisato "morto", ma interessante. Indubbia anche l'importanza di una corrispondenza tra valori interiori ed esteriori. Naturalmente, non tutti adoperano a tal fine gli stessi "segni".

## L'ATOMO CHE NON C'È
*25 aprile 2013*

MAKSIM. "Da bambino mi recavo spesso in cucina da mia madre, mentre preparava il ragù alla bolognese. Quando la osservavo tagliare le carote, prima a fette, poi a filettini, e infine in piccolissimi dadini, ogni volta le chiedevo: "Mamma, per quanto tempo ancora dovrai tritare le carote?". "Non per molto", rispondeva lei, "tra poco i dadini saranno così piccoli che non riuscirò più a tagliarli oltre!". "Mamma, quanto sono piccoli i dadini che non puoi più tagliare oltre?", chiedevo ancora curioso. "Piccoli quanto basta per preparare un buon ragù, tesoro", rispondeva lei con un sorriso. Dalla sua risposta intuivo che nei dadini di carota si celava un grande mistero. Un mistero che potevo riassumere nel seguente quesito: Quanto finemente si può tritare una carota? Beninteso, il quesito non era da intendere in senso culinario. Avevo capito che per un bravo cuoco la taglia del più piccolo dadino di carota è esattamente quella che serve per preparare un buon ragù alla bolognese. Il quesito andava inteso in termini assoluti, ossia: È possibile tagliare all'infinito un pezzetto di carota, usando coltelli sempre più affilati? Oppure, come diceva mia madre, a un certo punto ci si accorge che non si può più andare oltre?" [Massimiliano Sassoli de Bianchi, *L'atomo che non c'è*, Lulu Edizioni].

MISHA. Bellissime considerazioni! Chiare, fascinose e intelligenti. Peccato che non ho maestri qui a me vicino e sono solo uno che ha sete, senza avere l'acqua! Mi sarebbe sufficiente un maestro elementare, che è il più affascinante dei maestri. Purtroppo io che sono all'asilo, compro molti libri senza "ragione", col "naso". Ora mi toccherà comprare anche questo.

MAKSIM. A volte il "naso" ha le sue ragioni ☺.

MISHA. Mi sa che dovrò farlo, anche se – ripeto – in me "acquistare" è diventata una operazione da "curare" (a parte le mie annose difficoltà finanziarie), perché, pur non potendo leggere alcuni libri che compro (per insufficienza o assenza di "attrezzatura culturale") mi servono quasi come "testimoni" di un mio interesse spasmodico che non so definire. L'unica cosa che so è che quel libro è un tassello del "tutto" che mi affascina. Ma – sempre a naso – quello che mi spinge a fidarmi dell'autore è che – mi è sembrato – sia una intrigante miscela di realismo e idealismo, di "concretezza scientifica" sul "visibile" e di tensione forte verso "l'invisibile" e, nell'inevitabile matrimonio tra i due, questi metta molta cura a tenerli distinti, pur nella loro unione. Posso sbagliare, per carità!

MAKSIM. Ci possiamo dare tranquillamente del "tu", Misha. Mi è sembrato che l'autore in questione cerchi di avere un approccio al reale che si fondi su un realismo non di stampo troppo naïf. Questo sia nella "fisica esteriore", sia nella "fisica interiore". Concordo con lui che un aspetto importante da tenere sempre presente, nella nostra ricerca a tutto tondo, è che ciò che conosciamo del reale è, fino a prova del contrario, il frutto di un incontro, tra il soggetto e l'oggetto. Si tratta quindi, in un certo senso, di un terzo elemento. E questo terzo elemento, necessariamente, conterrà aspetti di natura anche convenzionale. La corretta identificazione di questi aspetti è ovviamente cruciale alfine di meglio comprendere la vera natura dell'oggetto e del soggetto, e della loro interazione.

MISHA. Quello che mi dice esiste in filosofia come "fenomenologia" (Husserl), ma la fenomenologia non è che una rivisitazione (e sviluppo) "moderna" della classica dottrina della intenzionalità (aristotelico-tomistica). In questo senso, mi sento di dire – ripeto, sempre a tentoni – che non è che il soggetto introduca nel reale elementi convenzionali, né che dall'incontro di soggetto e oggetto venga fuori (quasi "prodotto") un terzo elemento. Il soggetto potrebbe essere semplicemente lo "specchio" nel quale l'oggetto si riflette: l'oggetto ("reale") non potrebbe parlare di sé se non avesse uno specchio (soggetto = ideale) in cui guardarsi. In questo senso si cercherebbe invano un terzo elemento, che in effetti non esiste! Il pensiero-soggetto e la realtà-oggetto non solo non danno luogo a un terzo elemento, ma addirittura loro due non sono "due", ma non nel senso che sono la stessa cosa: il pensiero-soggetto non è che l'autotrasparenza della realtà-oggetto! In questo senso, nell'osservazione di una qualsiasi cosa, si evita il sospetto che il soggetto-osservatore modifichi la realtà e si evita altresì l'altro sospetto (diciamo kantiano) che dietro il fenomeno osservato ci sia una realtà inesorabilmente inconoscibile!

MAKSIM. Credo che il problema sia nella definizione del concetto di osservazione. Quando osserviamo, in termini pratici, cioè sperimentali, interagiamo con il reale (per osservare il reale dobbiamo interagire con esso, a un certo livello). Esiste quindi sia un aspetto "scoperta" sia un aspetto "creazione", insito in ogni nostro processo osservativo. Alcuni processi sono quasi esclusivamente del tipo *scoperta*, altri invece del tipo *creazione*, ma la più parte sono strani ibridi, in cui entrambi gli aspetti – scoperta e creazione – sono simultaneamente presenti. In questo senso, ritengo, esiste un terzo elemento, frutto di un incontro. L'incontro tra strumento osservatore e sistema osservato, in molte circostanze, è un processo in grado di creare qualcosa di nuovo; qualcosa che non esisteva prima dell'incontro. Ma non lo fa magicamente: lo fa perché l'interazione sottesa dal processo osservativo produce cambiamento, e spesso questo cambiamento, a causa delle specifiche del protocollo osservativo, non è predeterminabile. Da questa prospettiva la questione della conoscibilità – ad esempio di una specifica proprietà di un'entità fisica – assume una connotazione differente. Se l'atto osservativo è anche, in talune circostanze, un atto creativo, non predeterminabile, la questione della conoscibilità della proprietà in questione perde senso. Posso infatti ambire a conoscere ciò che già è (le proprietà attuali), ma di certo non ciò che ancora non è stato posto in essere (le proprietà potenziali).

MISHA. Un "fisico", che ha la possibilità di "osservare" fisicamente la realtà con strumenti adeguati, ha un bel vantaggio, che invidio, perché io sono costretto ad aiutarmi con mezzi "astratti"... e un po' anche con le osservazioni che posso fare nella vita di tutti i giorni (da questo punto di vista le dico che mi piacerebbe tanto avere l'opportunità di "vedere" anch'io strumentalmente qualche esperimento di fisica). Però voglio lo stesso correre il rischio di dirLe che non sono molto d'accordo sulla faccenda "creativa", se non nel senso psicologico che il soggetto può proiettare sulla realtà i suoi stati d'animo, dandole connotati che prima potevano non esserci (come quando in un film una scena può cambiare significato secondo la colonna sonora che la commenta, "creandone" l'interpretazione autentica o come quando, in stato febbrile, un malato cambia i connotati all'ambiente che lo circonda). Credo però di non capire che cosa significhi esattamente, sul piano pur semplicemente logico: *"L'incontro tra strumento osservatore e osservato, in molte circostanze, è un processo in grado di creare qualcosa di nuovo"*. Se osservatore e osservato sono compresenti (non c'è osservato senza osservatore e viceversa) nulla si potrebbe dire dell'osservato – se ha o non ha qualcosa di "nuovo" – prima dell'osservazione stessa. Altrimenti, chi è che ha "osservato" il cambiamento di un prima verso un dopo o di un "qui" verso un "là"? Chi pronuncia la proposizione: *"prima che io osservassi c'era questo, ora – con la mia osservazione – c'è questo di nuovo?"*

MAKSIM. Naturalmente, è necessario distinguere "osservazione" da "interpretazione" come, tra l'altro, lei non manca di fare, parlando del cambiamento di significato dovuto agli stati d'animo dello spettatore. In fisica "osservazione" è solitamente sinonimo di "misurazione". Una misurazione è infatti, per definizione, l'osservazione del valore di una determinata grandezza fisica. L'"incontro" è qui da intendere semplicemente nel senso di interazione fisica: tra lo strumento misuratore e il sistema misurato. Nella visione del realismo, il sistema esiste, quindi possiede le proprietà che lo caratterizzano, a prescindere dall'atto osservativo. Qui dobbiamo distinguere osservatore, nel senso astratto di coscienza dotata di ragione, che riflette sul reale, da osservazione, intesa come atto concreto, sperimentale, che implica un'interazione, che potrà essere sia non invasiva che invasiva. Alcune di queste cose sono spiegate in modo semplice nel libricino "Effetto Osservatore", di Massimiliano Sassoli de Bianchi (Adea edizioni, 2013). Se legge l'inglese, può trovare alcune riflessioni interessanti su questo tema anche nell'articolo "The observer effect" (Foundations of Science, June issue, Volume 18, Issue 2, pp. 213-243, 2013), sempre dello stesso autore.

MISHA. Mai come ora mi mordo le mani per la mia ignoranza delle lingue! Ho notato che è passato improvvisamente al "lei": che cosa è successo?

MAKSIM. Ho proposto il "tu", ma vedo che no lo ha adottato. Se lo adotta anche lei, torno al "tu".

MISHA. Per me il "tu" viene quasi spontaneo soltanto dopo un po' di famigliarità. Ognuno ha i suoi tempi. Ho sempre timore di una "par condicio" artificiale e artificiosa.

## SENSO DI COLPA

*25 aprile 2013*

MAKSIM. Il senso di colpa è il risultato di un atto di accusa verso sé stessi. Spesso inconsapevole e spesso infondato.

MISHA. Vorrei chiedere una cosa: come si fa a sapere se un senso di colpa è "infondato"? Un giudizio qualsiasi è impossibile, se non è un "paragone" tra la mia "psicosfera" (come è stata chiamata) e un "modello" oggettivo su cui misurarla. Il giudizio, per definizione, è una "misura"! Se io non ho ucciso nessuno (e tuttavia avverto un senso di colpa), allora dico che quel senso di colpa è infondato (e, di conseguenza, liberarmene è una "cura"). Ma se ho ucciso qualcuno, allora non solo DEBBO dire che quel senso di colpa è fondato, ma devo anche aggiungere che esserne liberato con "tecniche psichiche" è nocivo. Il mio "atto di accusa" è "fondato"! Qualsiasi tecnica in questo caso non sarebbe un mezzo di "liberazione", ma un comodo anestetico della realtà a vantaggio di un'illusione! E non c'è cosa peggiore che una "liberazione" come fuga dal reale! Questo lo dico perché mi capita frequentemente di assistere a molti discorsi in cui, mancando il protagonista ("il reale oggettivo"), è automaticamente impossibile fare qualsiasi affermazione che pretenda di non essere "illusoria"! Dove l'idealismo impera (il "soggetto creatore di realtà") non solo domina l'onirico, ma questo finisce per "materializzarsi" fino a prendere il posto del protagonista, il "reale oggettivo". Il discorso meriterebbe un approfondimento, e mi sa tanto – a naso – che molto ha a che fare anche con il libro "Effetto Osservatore".

MAKSIM. Sono perfettamente d'accordo con quello che affermi Misha: il tuo distinguo è molto importante. Per questo avevo scritto "spesso" e non "sempre". Ad ogni modo, riproduco qui di seguito un post, che ho scritto qualche tempo fa, proprio su questo problema.

Responsabilità e colpa sono due cose diverse. La colpa è negativa, non realistica, mentre la responsabilità è matura e conduce fuori dal tunnel, nella luce. Spesso le persone cercano in tutti i modi di non assumersi le proprie responsabilità. Infatti, solo gli adulti sono in grado di farlo, mentre il mondo in cui viviamo è popolato perlopiù da adulti-bambini. E uno dei modi degli adulti-bambini per evitare di confrontarsi con le conseguenze delle proprie azioni è giustamente quello di giocare su eventuali fraintendimenti di significato tra i termini di "colpa" e "responsabilità". Solitamente si preferisce parlare di colpa, anziché di responsabilità, proprio per evitare le implicazioni di quest'ultima. Infatti, per un individuo è sicuramente più facile sentirsi in colpa che assumersi le proprie responsabilità! Ma ovviamente, tutto dipende dalla percezione molto personale (e spesso molto emozionale) che ognuno di noi ha di questi termini. Se apriamo un (buon) dizionario, possiamo leggere che la colpa è ciò che viene attribuito a chi manca di osservare certe regole di condotta, stabilite da norme giuridiche, morali o religiose. Non entro qui nel merito della validità o meno di queste norme, che ovviamente hanno una valenza il più delle volte puramente culturale. Osservo semplicemente che la colpa è in primo luogo un'attribuzione (attribuzione di colpa) che consegue da un giudizio, o da un'ammissione. C'è però un secondo aspetto: la colpa è anche un sentimento. Ora, se si è realmente colpevoli di qualcosa, il senso, o sentimento di colpa sarebbe anche positivo; sarebbe infatti preoccupante se non ci sentissimo in colpa quando siamo realmente colpevoli di qualcosa. Se uso però il condizionale è perché il modo in cui le persone solitamente vivono il senso di colpa fa sì che questo possa raramente essere considerato un sentimento costruttivo. Nel senso che quasi nessuno vive il senso di colpa come un'emozione positiva, che produce azioni positive (ad esempio riparatrici). Per usare un parallelo, così come esiste la paura naturale, che ci protegge dai pericoli reali (emozione positiva), esiste anche la paura patologica, che ci imprigiona in una gabbia mentale fatta di pericoli illusori (emozione negativa); allo stesso modo possiamo dire che esiste una "colpa naturale", che ci porta a correggere in modo realistico i nostri errori, e una "colpa patologica", che invece ci mantiene in una condizione di immaturità psicologica. Ora, la "colpa patologica" è ciò che abitualmente le persone chiamano colpa e vivono come senso di colpa. In tal senso è possibile affermare che la colpa, contrariamente alla responsabilità, è generalmente negativa. Infatti: è molto difficile (per alcune persone forse impossibile) sentirsi in colpa in modo sano e costruttivo. Spesso le persone si sentono in colpa senza nemmeno sapere di che cosa sarebbero colpevoli, e finiscono per tormentarsi nei modi più morbosi. Si tratta di un comportamento immaturo, che nasce da un'autopercezione infantile di sé stessi, che associa al senso di colpa il pensiero che non siamo OK, che siamo cattivi, non degni di amore. Questo ci porta a meccanismi autopunitivi (nel tentativo di espiare la colpa, di liberarcene) del tutto inutili e controproducenti, oltre che a cercare negli altri l'assoluzione. Vogliamo essere salvati, e rimaniamo in una condizione infantile di dipendenza verso chi riteniamo abbia il potere di assolverci. Il senso di responsabilità è invece espressione di maturità. Se apriamo nuovamente un dizionario, scopriamo che la responsabilità (abilità nel rispondere alla vita) già sottintende la piena accettazione di ogni conseguenza delle nostre azioni. Quando diveniamo responsabili, smettiamo di autopunirci, anche perché realizziamo che questo non risolve le cose: l'autopunizione non ha nulla a che fare con quello che abbiamo fatto e non può essere una soluzione. La persona responsabile è conscia di aver fatto una certa cosa, e sa che il problema va gestito in modo maturo e realistico. Quindi, anziché entrare in una spirale di autocommiserazione e autopunizione, passa all'azione, in modo concreto e produttivo, sia per sé stessa che per il resto della comunità. Riassumendo il mio pensiero: la colpa (quella patologica che noi abitualmente viviamo, a causa dei nostri condizionamenti millenari) è un sentimento infantile. Quando raggiungiamo la piena maturità psicologica, possiamo abbandonare tale sentimento infantile e rimpiazzarlo con il sentimento più maturo della responsabilità (che contiene in sé la "colpa naturale", di cui parlavo prima), la quale invece esprime vera autonomia, indipendenza e lucidità, e non delega agli altri il potere di decidere se siamo OK o non-OK. Infatti, la persona che si sente colpevole si sente anche, solitamente, non-OK, mentre la persona responsabile è sempre e comunque OK, ai suoi occhi e agli occhi degli altri.

MISHA. Quello che ha scritto mi spingerebbe a qualche considerazione, ma intanto sono sicuro che Lei deve assolutamente conoscere – se non lo conosce già – Viktor Frankl, psichiatra viennese di origine ebraica, fondatore della cosiddetta "Logoterapia e analisi esistenziale", identificata come la terza scuola viennese di psicoterapia, dopo quella di Freud e di Adler. Un maestro, che ha saputo portare lo sguardo al di là dei guru (Freud, Adler, Jung) per puntarlo sulla necessità di un ritorno alla sapienza antica, ai fini dell'indagine psicologica. Per ora, quello che posso fare è segnalarLe il link[2] della sezione italiana di "Logoterapia" (= terapia basata sul senso) che si chiama A.L.A.E.F. (Associazione di Logoterapia e Analisi Esistenziale Frankliana), guidata da un sacerdote salesiano (Eugenio Fizzotti, cui Frankl lasciò il testimone dei princìpi della sua scuola). Due frasi di Frankl, non letterali, ma come me le ricordo; una sulla colpa: "Ogni colpevole ha diritto (diritto!) alla sua pena!". Un'altra sulla "responsabilità" FULCRO della sua dottrina e prassi psicoterapeutica: "Dopo aver costruito la Statua della Libertà sulla costa orientale del loro Paese, sarebbe ora che gli americani ne costruissero un'altra sulla sponda occidentale: la Statua della Responsabilità».

MAKSIM. Grazie Misha, frasi interessanti, in effetti. La prima in particolare evoca a mio avviso, sebbene indirettamente, più che l'importanza della pena in quanto tale, l'importanza del pentimento. Io la riscriverei: "Ogni colpevole ha diritto al suo pentimento!". Ossia, ogni colpevole ha diritto a produrre quello "scatto" che gli permette di passare da una "configurazione" in cui ritiene possibile fare del male, a una configurazione in cui diventa impossibile farlo (o quasi). Non credo però che la pena sia l'unico strumento in grado di produrre questo "cambiamento

---

[2] *www.logoterapiaonline.it*

strutturale"; indubbiamente, è una possibilità; ma direi che non si tratta della possibilità più avanzata. La possibilità più avanzata, dalla mia prospettiva, ha a che fare con il ricordo di sé, del proprio nucleo luminoso.

MISHA. Sono d'accordo, ma ritengo che pena e pentimento non si escludono. Certo la pena non è in grado di "produrre" il pentimento, ma ne può essere una condizione, anche relativamente al "ricordo di sé"!

MAKSIM. Certamente. La domanda interessante, che ritengo sia utile porsi (non solo intellettualmente, ma anche e soprattutto esperienzialmente), senza voler con questo cercare strade di minor resistenza, è se si tratta unicamente di una condizione sufficiente, o se è anche una condizione necessaria. È una domanda importante, che ha a che fare con il senso e il valore della sofferenza, in quanto strumento evolutivo della coscienza.

MISHA. È una condizione che può essere necessaria (altrimenti – per esempio – non ci sarebbero da nessuna parte né codice penale né luoghi di detenzione) ma non credo sia mai sufficiente. La pena può essere come l'aratura: non è che da sola garantisce la produttività del terreno, se non intervengono altre concause, come l'irrigazione o l'opera della luce del sole, ecc. Del resto, anche per la semplice "sopravvivenza" fisica è necessario mangiare, ma non sufficiente: bisogna anche respirare!

## Bisogni e desideri

*4 maggio 2013*

Maksim. La felicità è lo stato naturale dell'Essere, e in tal senso non può essere considerata lo scopo della nostra vita. Lo scopo è ciò che possiamo realizzare quando ci troviamo con più frequenza in uno stato di felicità (che nulla ha a che fare con le condizioni esterne), e cominciamo a ricordare (e attuare) la nostra programmazione esistenziale, o missione di vita.

Misha. Credo che potrei condividere quasi tutto, dicendolo però in un modo leggermente diverso: la felicità non potrebbe mai essere un "obiettivo" delle nostre "intenzioni" per il semplice motivo che non è un oggetto che si può perseguire direttamente. Essa è sempre "un effetto", anche involontario, della realizzazione della nostra vocazione. Una volta individuato ciò che devi fare "per intentionem", la felicità ti viene accordata "per effectum"! In questo senso, il rapporto tra "ciò che possiamo realizzare" e "la felicità" andrebbe invertito: non è lo stato naturale di felicità che permette di realizzare "lo scopo", ma è il perseguimento di uno scopo che ha come conseguenza la felicità! P.S.: L'errore di porre l'intenzionalità in cose che non possono essere "oggetti" del volere spiega bene le conseguenze di certi comportamenti devianti della nostra epoca: la droga, per esempio, che è un mezzo per cercare direttamente (e invano) la felicità; oppure l'uso del sesso fine a se stesso, per ottenere direttamente il piacere (che è il modo "fisico" – riduttivo – di chiamare la felicità, la quale a sua volta è il modo psichico – riduttivo – di chiamare la "beatitudine"). La beatitudine è lo stato dello spirito che contiene gli altri due stati, ma che non si riduce ad essi e che in effetti "nulla ha a che fare con le condizioni esterne", ma neppure con quelle "interne", "psichiche"! Infatti paradossalmente la "beatitudine" può ben convivere con le sofferenze interiori, anche di una certa gravità. Voglio aggiungere soltanto una cosa che mi sembra utile alla riflessione: questa convivenza della beatitudine con gli stati di sofferenza non può essere prodotta, come abbiamo detto, per "intentionem" ma "viene", e si trova a gradi elevatissimi dell'anima. Invece, l'illusione di favorire "tecnicamente" questa convivenza appartiene agli stati infimi dell'anima e può favorire a volte stati patologici come, per esempio, il "sadomasochismo", che è una specie di "imitazione demoniaca" in basso (speculare) della vera "beatitudine" (che non è prodotta, ma "gratuita", grazia)! In fondo mi sembra questo il motivo per cui il termine (e la pratica) del "sadomasochismo" nasce paradossalmente in ambiente "razionalistico-illuministico" (vedi De Sade), dove il culto del "razionale" è inteso sostanzialmente nel senso di "fattibile tecnicamente" e si accompagna fatalmente alla scomparsa del senso del "dono" e del "contemplativo"! Il "divino" come "prodotto" e non come "dono di un Altro". E qui si ritorna a idealismo e realismo. Mi scuso per la lungaggine ed eventualmente per aver preso anche strade traverse!

MAKSIM. Grazie, Misha, per il tuo commento, del tutto pertinente. Hai perfettamente ragione a distinguere "felicità" e "beatitudine". Sicuramente, tecnicamente parlando, avrei dovuto scrivere, più propriamente, che "la beatitudine è lo stato naturale dell'Essere", e non la felicità, che indubbiamente è solo l'ombra della beatitudine. Ma poiché, in quanto coscienze in evoluzione, non siamo pienamente in contatto con la nostra identità primaria, cioè con la sostanza dell'assoluto (la beatitudine per l'appunto, detta anche "ananda", nelle Upanishad), non siamo solitamente in grado di vivere la beatitudine direttamente. Ne sentiamo però il profumo, nella dimensione del piacere e della felicità. Siamo attratti dal piacere, dalla felicità, perché questi aspetti, pur essendo solo l'ombra della beatitudine, ce la ricordano. Ora, se accettiamo l'ipotesi che la beatitudine sia la sostanza stessa dell'Essere – ipotesi che ho tendenza ad avvalorare, – cioè la sostanza della scintilla divina, di Luce, che vive in noi, allora essa si manifesta primariamente in noi come causa. Ad esempio, come dicevo, come la causa della nostra ricerca del piacere. Naturalmente, il pericolo in questa ricerca sta nel finire col cercare fuori quel che invece si trova dentro, e nel ritenerci sprovvisti di ciò che di fatto possediamo, sebbene in senso potenziale, oltre che nell'identificarci negli oggetti del nostro piacere. In altre parole, il rischio è di vivere il bisogno (che nasce da un'autopercezione di incompletezza) anziché il desiderio (che nasce invece da un'autopercezione di completezza). Il punto del mio pensiero è che, quando scegliamo di essere felici, senza condizionare questa felicità all'ottenimento di qualcosa di specifico nella nostra vita, possiamo meglio sintonizzarci con la sostanza stessa del nostro Essere. Da questa sintonizzazione, possiamo ricordare con più facilità chi siamo, cosa siamo, da dove veniamo, e il compito che abbiamo assunto prima di discendere e assumere questo corpo. Questo ci aiuterà a muoverci nella giusta direzione e realizzare il nostro scopo. Così facendo, naturalmente, raccoglieremo dei frutti (degli effetti), tra cui la possibilità stessa di ricordare ancora meglio la nostra vera origine, quindi di avvicinarci sempre di più alla fonte di quel profumo sublime: *ananda*, o "beatitudine". Quindi, in un certo senso, la felicità può essere sia causa che effetto, a seconda della prospettiva che si adotta. Diventa causa quando la pratica della felicità viene sganciata dai conseguimenti esteriori, ma diventa semplicemente una possibilità da attivare ed esplorare (ovviamente col dovuto discernimento, senza creare false identificazioni, tristi illusioni, ecc.). Per quanto riguarda il discorso delle "tecniche", penso sia necessario distinguere tra tecniche che "elevano" e tecniche che "inabissano". Ma qui il discorso si farebbe troppo lungo.

MISHA. Generalmente la parola "Essere" mi fa perdere ogni capacità di essere d'accordo o in disaccordo, perché sembra una chiave "universale" (appunto) per aprire o chiudere tutte le porte. Io vedo che "il desiderio" (scaturigine dell'"incompletezza-bisogno", e non suo contrario, perché "il completo", per essere tale, non desidera più, è indifferente) il "desiderio – dicevo – mi spinge a ricercare quella "unità perduta" che è la "completezza" e vedo che la riconquista di questa completezza promette beatitudine. Di più non riesco a sapere. La sequenza mi dice: desiderio (attivato dall'incompletezza)-completezza-beatitudine. Può darsi che quella completezza stia all'inizio del desiderio come sua "causa" potenziale (cioè inconscia), stia "dentro" e non "fuori", ma finché non la tiro "fuori" dal nascondino non la potrei chiamare "beatitudine" (la quale, per usare il Suo linguaggio, è la completezza iniziale + la Luce). Se all'inizio non c'è luce (come indica la parola "potenziale") non può esserci beatitudine, sia pure nella ipotesi di una già presente completezza (che comunque sarebbe contraddittoria perché "presente" già implica "evidenza", luce, chiarezza): l'oscuro sentimento di una perduta unità, insomma, non è ancora beatitudine. Poi ci sarebbero altri due punti: il primo, che cosa è questa unità? È una "identità"? O è un "matrimonio"? Ammesso che la ricerca debba avvenire "dentro di noi", questo vuol dire trovare che siamo noi stessi lo scopo della nostra ricerca? Siamo divinità dimentiche di sé, che cercano solo per chiarirsi la propria divinità? Dentro di noi, non c'è "altro"? Perché nel primo caso si cerca l'identità di me con tutto (io sono tutto), nel secondo caso è una "unione"-matrimonio con l'Ospite che attende oltre le segrete stanze. Se il matrimonio si fa in due, un io e un tu, ritorna qui il leit-motiv del realismo; se l'io e il tu è la separazione inconscia di una identità frammentata, qui torna il leit-motiv dell'idealismo. Il secondo punto da chiarire – e lo lascio cadere anch'io per brevità – è quello delle "tecniche": sommariamente, io penso che per "scendere" non c'è bisogno di tecniche particolari: basta "non salire" e si scende automaticamente. Pensando alla forza di gravità, direi che "è NATURALE scendere se non si sale"; per salire, invece, c'è bisogno certo di "tecniche", ma queste sono solo necessarie (di necessità affatto relativa), ma non sono sufficienti senza un "aiutino" (come implorano i concorrenti nei quiz televisivi). Questo aiutino è veramente determinante, ma è un "dono", quello che di solito nel linguaggio cristiano va sotto il nome di "grazia"! Questa, per sua stessa natura, sfugge ad ogni controllo o pretesa o determinismo o "tecnica", è un puro frutto della libertà di chi ce la dà! Non si può né creare come frutto di "potenza", né pretendere come "diritto"! La beatitudine non si sceglie!

MAKSIM. Come giustamente alludi, Misha, non è facile discutere di temi così vasti in un post. Ci sono varie possibilità, diverse accezioni di uno stesso termine, e prospettive a volte anche opposte che non per questo sono necessariamente contraddittorie. Spesso uso il binomio Essere-Coscienza, che forse è più appropriato nell'indicare quel misterioso Principio Intelligente che sarebbe all'origine del nostro movimento evolutivo in quanto coscienze (non parlo qui, ovviamente, di evoluzione in senso neo-Darwiniano). D'altra parte, poiché abbiamo menzionato la Beatitudine, forse sarebbe più corretto indicare tale principio con il trinomio Essere-Coscienza-Beatitudine (Sat-Cit-Ananda). Queste sarebbero le qualità del divino, dell'Assoluto, e queste qualità sarebbero presenti (per ipotesi se non altro) in ogni entità in evoluzione. Presenti in che senso? In senso potenziale, ben inteso, se non altro dalla prospettiva intra-fisica in cui ci troviamo ora, immersi come siamo nel nostro moto evolutivo. Ma potenziale non significa non-esistente. Potenziale significa esistente secondo una modalità differente. Ciò che viene percepito come potenziale in un determinato strato del reale, può certamente essere considerato attuale in un altro strato. La mia ipotesi è che il frammento di Essere-Coscienza-Beatitudine che vive in noi, che esiste in noi in termini potenziali, è già completo, e ogni azione che ha origine da esso, dal suo centro, è espressione di desiderio puro e incontaminato. Quello stesso desiderio che ha probabilmente portato l'Uno a divenire Molteplice, facendo un pieno dono di sé. Certamente, ogni volta che ci dimentichiamo della Luce che vive in noi, che è espressione di unità, e che pertanto non manca di nulla, entriamo nella triste illusione del bisogno. Il nostro corpo fisico (e i nostri altri veicoli di manifestazione), certamente, può avere dei bisogni, ma la nostra identità primaria non esprime bisogni, ma solo desideri. Dalla mia prospettiva è importante distinguere bisogno e desiderio, sebbene spesso questi due termini vengano confusi. Il desiderio, quello vero, è una pura espressione di energia di Vita, che è sempre possibile cavalcare, e che ci porta a conoscere e conoscersi, in un doppio processo di scoperta e creazione. Non nasce da un senso di mancanza, ma dalla ricchezza di un contatto pieno con la vita, ad ogni suo livello. È quello stesso desiderio che porta le coscienze a evolversi, a progredire, ad attuare il loro potenziale. È ciò che porta un'entità creatrice a creare. In questo movimento, ci può essere, in taluni momenti, la nostalgia di un'unità perduta. Ma si tratta di un'errata percezione, frutto di una temporanea falsa identificazione. L'uno si è fatto molteplice, e in questo processo è nata probabilmente anche l'illusione della divisione, dell'allontanamento dalla fonte. Ma è un allontanamento solo percettivo, non sostanziale. Sto ovviamente qui esprimendo una visione immanente di tipo tantrico, nel senso più nobile di questo termine. Per quanto riguarda gli "aiutini", ritengo che il nostro processo evolutivo sia simile a una cordata. Una parte del nostro movimento dipende unicamente dai nostri sforzi, e una parte necessita invece dell'aiuto di chi si trova un gradino più in su di noi. E siccome, ritengo, l'intero movimento si fonda sul principio del libero arbitrio, concordo sul fatto che la possibilità dell'ascesa sia anche un dono che giunge dall'alto, e che non possiamo dare per scontato. Ma non penso che giunga in modo arbitrario. Giunge, con tempi che non possiamo determinare noi, quando abbiamo fatto la nostra parte. Domanda: se il completo non desidera più, perché mai Dio (qualunque cosa esso sia) avrebbe creato il mondo? ☺.

MISHA. Il desiderio, secondo il pensiero medievale, è una delle 11 passioni dell'anima (passioni come energie attive e reattive, non come stati "passivi" istintuali), insieme a AMORE, ODIO, FUGA, TRISTEZZA (O DOLORE) PIACERE (O FELICITÀ), SPERANZA, DISPERAZIONE, IRA, AUDACIA (O CORAGGIO), PAURA (O TIMORE). Sono reazioni sensibili, di per sé senza capacità deliberativa, che hanno tutte per oggetto il bene e il male (a prescindere dal discorso se bene e male siano apparenti o reali). Il bene in sé (indipendentemente dalla sua presenza o assenza) è l'oggetto dell'Amore, la passione fondamentale "di partenza", che muove tutte le altre al "traguardo" del PIACERE (piacere qui lo uso senza le distinzioni precedenti: è IL FINE della vita "passionale" ed ha per oggetto un bene "presente"; il DESIDERIO è la passione tipica del bene "assente", quindi è il segnale di una mancanza;

L'ODIO è la passione che ha per oggetto il male in sé (indipendentemente, anche qui, dal fatto se il male ci sia o non ci sia, se sia apparente o reale); il senso di FUGA ha per oggetto un male assente, nel senso che è una passione tesa a "evitare" un male che si potrebbe presentare; poi c'è la TRISTEZZA o DOLORE (spesso chiamata in letteratura MELANCONIA, che oggi ha preso anche le sembianze medico-patologiche della "depressione"): essa è la passione per eccellenza, avente per oggetto un male "presente". La SPERANZA (da non confondere con quella che nel linguaggio della teologia si chiama "teologale") è la passione tipica di un bene arduo "assente" ma raggiungibile; la DISPERAZIONE, al contrario, ha per oggetto lo stesso bene arduo "assente" quando lo si ritiene irraggiungibile; l'AUDACIA ha per oggetto un male arduo "assente" ma "vincibile"; Il TIMORE ha invece per oggetto lo stesso male arduo "assente" ritenuto invincibile. L'IRA, infine è la passione che fronteggia il male arduo "presente", l'ostacolo al traguardo del piacere. Le passioni sono tutte interdipendenti tra loro e sono operative dal punto di partenza (AMORE) al punto d'arrivo (PIACERE), desiderando e rimuovendo tutti gli ostacoli che si oppongono al traguardo. Fatto questo quadretto un po' "schizzato", e forse anche senza la necessità di farlo, si dovrebbe capire che il "desiderio" è: prima di tutto una passione sensitiva (dunque non può appartenere a Dio che non è oggetto né soggetto di sensibilità); in secondo luogo IL DESIDERIO è una PASSIONE, come dicevo, tipica di un bene assente (dunque Dio non può desiderare, essendo Egli – diciamo – l'ATTUALITÀ di ogni bene). Dunque, non comprendo la domanda finale: Dio non crea per un suo "desiderio", ma per una specie – diciamo – di sovrabbondanza d'essere che vuole partecipare alla "creatura"! Il "volere" non è un "desiderare" (come quando si dice in maniera interscambiabile "voglio viaggiare" o "desidero viaggiare") perché, mentre il desiderare fa parte delle nature "sensitive", il volere appartiene alle nature spirituali. Per le nature spirituali se ne può tollerare l'uso soltanto in senso analogico. Forse ho risposto alla domanda, solo se ho capito quello che in essa era contenuto in implicito: che Dio non potrebbe creare il mondo se non DESIDERASSE! P.S.: Non ho mai pensato che "potenziale" volesse dire "inesistente". Tutt'al più mi sono azzardato a equipararlo, almeno nell'uomo, a "inconscio" e dunque per definizione "oscuro", non "illuminato", senza LUCE!

MAKSIM. Un'interessante classificazione, con una sua chiara logica. Naturalmente, non stiamo usando il concetto di desiderio allo stesso modo, cioè con lo stesso significato, come si evince tra l'altro dal nostro scambio di vedute. Tu ti rifai a un modello in cui il desiderio è espressione di una mancanza. Chi desidera manca di quel qualcosa che è oggetto del suo desiderio. Io invece penso sia più corretto esprimere questa condizione – di mancanza strutturale – unicamente con il termine di bisogno (reale o illusorio che sia). In un certo senso, il bisogno nasce da una mancanza di energia di vita. Il desiderio invece, nella mia accezione, corrisponde a un pieno di energia di vita: quando siamo in contatto con questa corrente di vita, possiamo sia esprimerla, sia reprimerla, come avviene in molte tradizioni (che favoriscono vie di ascesi e purificazione, solitamente antitetiche alla dimensione del piacere). Ma se decidiamo di esprimerla, allora possiamo usarne la forza, immergendoci in essa, diventando un pieno di energia di vita, ed entrando così in contatto con quell'energia creatrice che anima l'intero universo (Dio?). Un'energia che non si trova chissà dove, ma è sempre a portata di mano, nel nostro "tempio interiore". Naturalmente, tutto questo è più facile a dirsi che a farsi, in quanto è necessaria molta consapevolezza alfine di non perdersi in questo processo di immersione. Per questo nelle tradizioni tantriche si è sempre sottolineato l'importanza di una guida illuminata. Il punto cruciale, ritengo, è non confondere il desiderio con la cosa desiderata (o le cose desiderate). Il desiderio, infatti, corrisponde a quello spazio che c'è tra noi e la cosa desiderata. È solo in quello spazio che è possibile raggiungere l'esperienza divina, se così si può dire. In un certo senso, si tratta di – paradossalmente – desiderare il desiderio stesso. Ora, quando affermi che Dio non crea per un suo desiderio, ma per una "sovrabbondanza d'essere", in un certo senso affermi esattamente ciò che cerco di esprimere, quando parlo del desiderio come espressione di completezza, dunque anche, in un certo senso, di sovrabbondanza. Capisco però che il mio utilizzo del termine non sia molto ortodosso. D'altra parte, così come è possibile parlare di forme infantili di amore, che nascono dal bisogno, allo stesso modo penso sia lecito parlare di forme infantili di desiderio, che anch'esse nascono unicamente dal bisogno. La mia tesi è che esistono possibilità più avanzate, dove l'uomo, l'uomo maturo, psicologicamente e spiritualmente, diventa padrone di ciò che abitualmente lo rende schiavo, e lo usa come spinta alla trascendenza, per superare i propri limiti e condizionamenti.

MISHA. Capisco bene quello che dice e comprendo come in questo discorso sia contenuto un grande potenziale "distruttivo" (che andrebbe "gestito") ma anche una pretesa più o meno "nascosta" (e non dico "falsa"): quella di poter conoscere, dominare e utilizzare le proprie forze al punto da usarne (o non usarne, anche) "liberamente", come se non ci fossero limiti e restrizioni oggettive a questo uso. Tutto dipenderebbe, per usare il linguaggio di Evola (che Lei conoscerà certamente, come cultore dello Yoga Tantrico) dalla "equazione personale" (non meglio identificata, aggiungo io). Le scuole che hanno coltivato questa pretesa sono tante, credo, ma tutte accomunate dalla fiducia che l'uomo possa superare se stesso con il suo "potenziale" ed attivare il "divino" che è in lui, anzi che è "lui"! La completezza primitiva di cui parlavamo non si restaurerebbe dunque con un "matrimonio a due", ma con la riscoperta della propria identità. Se capisco bene, qui prevale irresistibilmente (tanto per continuare a usare i due termini "realismo" e "idealismo") la componente idealistica, nella convinzione che, con opportune tecniche (pur al seguito di un "maestro"), l'Io possa rompere i propri limiti e scoprire, diciamo così, che la divinità è la vera identità dell'uomo! Lo stesso "desiderare il desiderio" e non "qualcuno o qualcosa" indica la cancellazione (o, diciamo meglio, il superamento) di una realtà oggettiva vista come limite o come mezzo e l'attivazione di pure energie dell'Io. Se Lei mi dirà che non ho capito male e che non ho preso fischi per fiaschi, la prossima volta non userò dei concetti per spiegarmi: le racconterò semplicemente una storia.

MAKSIM. Penso che lei abbia capito molto bene, Misha, e penso che stiamo unicamente ponendo l'accento su punti diversi. Può l'uomo superare sé stesso da solo? Forse sì, suggerisco io, forse no, suggerisci tu. Chi può dirlo veramente? Dubito però che il finito potrà mai diventare infinito, da solo o con un aiuto esterno. Quindi, o l'uomo è già, in qualche modo, infinito, o probabilmente non lo sarà mai. Ma, anche in questo caso, potrà sempre tendere verso l'infinito, come un viaggiatore che rincorre "ad infinitum", per l'appunto, il suo orizzonte, che si sposta sempre con lui, e nel farlo potrà scoprire mondi e realtà sempre nuove. Forse siamo Dio, o un suo frammento, e forse non lo siamo, ma ciò che è certo (per me se non altro) è che siamo tutti in cammino. In questo cammino partiamo forse dal basso e ci muoviamo verso l'alto, o siamo come angeli che dall'alto sono caduti e cercano ora di risalire? Davvero non so dirlo. So solo che siamo in un movimento di espansione. In quanto coscienze (o Esseri-Coscienza) partecipiamo a un immenso movimento evolutivo, e in questo movimento non siamo certamente soli: siamo parte di una grande cordata. Alcuni di noi sono più avanti, altri più indietro. E chi è più avanti, quando sufficientemente lucido e consapevole, solitamente dà una mano a chi segue, a volte per compassione, a volte semplicemente perché riconosce che, nel tendere una mano, nell'offrire assistenza, vi è una chiave per progredire oltre. Dal punto di vista della sua essenza, l'uomo resta ovviamente un enigma, e l'unico modo sensato di procedere, per svelare gradatamente questo enigma, è di promuovere una profonda ricerca di sé. Conosci te stesso, in profondità e, per riuscirci, utilizza ogni strumento, ogni prospettiva, ogni possibilità a tua disposizione, ogni ipotesi. E, soprattutto, lasciati ispirare da chi ti ha preceduto in questa ricerca. Naturalmente, è importante procedere sempre con il dovuto discernimento, con la dovuta responsabilità, lucidamente, imparando dai propri errori, dagli altri, e sempre riflettendo sulle conseguenze delle proprie azioni e non azioni, sia interne che esterne, senza mai dare nulla per scontato. Ora, per quanto attiene alla questione del "desiderare il desiderio", se per ipotesi Dio è desiderio, come ritenevano alcuni (Eros non era anticamente uno dei suoi nomi?) allora forse che desiderare il desiderio significa anche desiderare Dio. E se Dio è anche in noi, forse che la possibilità di quest'unione esteriore rispecchia anche la possibilità, il desiderio, di un'unione interiore. Forse che la creazione di un'identità stabile, di un centro sufficientemente permanente, e della sua conseguente espansione, è solo l'altra faccia di quel matrimonio di cui parli tu, che ci porta a entrare in pieno contatto con Dio. Forse che Dio è allo stesso tempo in noi e allo stesso tempo è altro da noi, e forse che il nostro viaggio evolutivo contempla, tra i suoi numerosi scopi, anche quello di rendere intelligibile e sperimentabile questo enigmatico paradosso. O forse no, chi può dirlo? L'importante è proseguire nella ricerca, con cuore e mente aperti, rimanendo però sempre vigili e all'erta. Detto questo, aspetto la storia ☺.

MISHA. Riconosco i miei limiti e quelli del mio naso, il quale, quando non funziona l'intelligenza e tutto il resto, mi dice molto superficialmente che andare verso l'alto da soli è come pretendere di salire tirandosi per i capelli; oppure che, quando "si desidera il desiderio", si hanno le stesse conseguenze di quando "si mangia il mangiare", anziché qualcosa: si muore di fame! Accetto che Dio possa essere immanente e trascendente il mondo, perché di questa cosa apparentemente contraddittoria il buon senso trova degli esempi in natura, come l'acqua del mare per il pesce. Concordo per il proseguimento della ricerca "con cuore e mente aperti", ma non garantisco la vigilanza e la veglia 24 ore su 24, sempre per i suddetti limiti. Ora non mi resta che raccontarLe la storia, che è la storia vera della conversione di una intellettuale "esistenzialista" russa (Tat'jana Goriceva) dal regno delle "tecniche" atte a favorire il perfezionamento interiore a quello della fede cristiana. Ma, essendo il racconto un po' lungo, lo pubblicherò nelle prossime ore come una mia nota alla Sua attenzione, favorendone la lettura anche ad altri amici.

MAKSIM. Ho conosciuto numerose persone che, fino a prova del contrario, sono state in grado di nutrirsi senza cibarsi, per lungo tempo. Nell'ambito della mistica cristiana credo che un esempio classico sia quello di Teresa Neumann. Quindi, apparentemente, sembra essere possibile "mangiare il mangiare" senza per questo morire di fame ☺. Naturalmente, anche quando ci apriamo alla fede di una specifica confessione, non per questo la nostra vigilanza potrà venire meno. Anzi, dalla mia prospettiva, dovrà raddoppiare, proprio perché all'interno di uno specifico sistema di credenze molti assunti vengono dati per scontati, e col tempo non vengono più indagati e rimessi in questione. Ovviamente, nel campo della ricerca interiore, o ricerca spirituale, non vi sono garanzie, qualunque sia la scelta di orientamento dottrinale che si voglia adottare. Possiamo certamente lasciarci portare dalla fede, nella nostra ricerca (ogni scienziato ha fede, ad esempio, nella possibilità di comprendere), cercando però di non rimanere bloccati nelle credenze, sempre e solo temporanee. Come suggeriva Panikkar, è utile distinguere la "fede", in quanto "capacità di aprirsi all'ulteriorità", cioè a qualcosa di più, di oltre (l'apertura al mistero, all'enigma della vita), dalla "credenza". La fede non ha oggetto, è un movimento, uno spazio, un'apertura incondizionata, mentre la "credenza" è un'articolazione dottrinale, promossa da una comunità specifica, che col tempo inevitabilmente si cristallizza, in affermazioni specifiche e non più negoziabili, che in termini cristiani vengono definiti dogmi. La ricerca, naturalmente, ha a che fare con la fede (intesa anche come ipotesi), mentre, dal mio punto di vista, questa stessa ricerca (sia essa esteriore o interiore) cessa di essere tale quando si perde nella fissità rassicurante ma spesso ingannevole dei sistemi di credenza.

MISHA. Gentile Maksim, sottoscriverei in pieno tutto quello che ha detto adesso, specialmente relativamente alla distinzione tra "fede" e "credenze" e la necessità di tenere fluido (non cristallizzato) lo spazio tra l'una e le altre. Un mio amico domenicano, docente di teologia, non fa che ribadire, nelle sue lezioni, la profonda differenza tra l'una e le altre: le credenze sono sistemi "cultuali", culturali, che l'uomo costruisce nel tentativo di rendere giustizia a Dio per ciò che da lui ha ricevuto. Rendere a Dio il culto dovuto è una "virtù morale" che è parte della "virtù della giustizia" ed è un tentativo che non può risolversi che in un apparato di "riti" e "simboli" (cioè di mere "buone intenzioni"), data l'incolmabilità della distanza tra ciò che Dio ha fatto per noi e ciò che noi potremmo restituire a lui per "ringraziarlo" (a un medico che ti restituisce la vita non puoi dare un salario – come quello che si dà per una prestazione manuale –, né uno stipendio – come quello che si dà per una prestazione "di concetto" –, come giusto corrispettivo di ciò che ti ha donato, perché dinanzi alla vita ricevuta dovresti per giustizia piena dare la vita, in quanto qualunque cifra sarebbe troppo bassa: allora si dà un "onorario", concetto che tiene incorporata in sé l'idea di un contraccambio "meramente simbolico", e dunque insufficiente, inadeguato segno di ringraziamento). Questo è il sistema dei riti, delle credenze, dei culti. La fede invece è l'inverso: non l'iniziativa dell'uomo per ingraziarsi o ringraziare "la divinità", ma l'azione della divinità che prende possesso dell'uomo per "adeguarlo" al proprio ambiente divino. Su questa azione "libera", non ci sono tecniche umane che possano pretendere di crearla, frenarla, favorirla o annullarla. L'unico atteggiamento adeguato è un atteggiamento di "passività", di "abbandono", di "distacco" senza interferenze. Detto questo, ci sono due punti che richiederebbero non dico un approfondimento, ma almeno una puntualizzazione: 1)–Il primo riguarda Teresa Neumann, la quale in verità con l'Eucarestia non mangiava "il mangiare" bensì "qualcosa" o, meglio, "Qualcuno" (e Lei capirà che non basta crederci "soggettivamente" perché ci sia un cibo "vero", ma deve esserci "veramente", se vuol fare la sua funzione nutritiva). D'accordo, non è una condizione sufficiente ed "automatica" per sopravvivere senza alimentazione, altrimenti tutti quelli che fanno la comunione durante la Messa avrebbero anche risolto parte del famoso problema del fine-mese. Ma la cosiddetta "grazia" di vivere senza mangiare per lungo tempo non verrebbe accordata senza quella "conditio sine qua non". 2)–il secondo punto riguarda "i dogmi" e "la dottrina", ed è diventato oggi un punto di fondamentale importanza, dato che la diffidenza nei loro confronti si è diffusa in maniera impressionante non solo tra la gente comune, ma anche tra intellettuali, filosofi, teologi di varia provenienza (mi viene in mente Mancuso o Enzo Bianchi o anche cultori non cattolici della mistica, come Marco Vannini, ma non solo). Oserei dire che il rifiuto di una dottrina e dei dogmi è divenuto il discrimine fondamentale della guerra ingaggiata da certo spiritualismo anche cristiano contro la Chiesa cattolica, che sarebbe retrograda e anche autoritaria proprio per aver "fissato", in un sistema sclerotico e vecchio, dei princìpi che per definizione e per natura sono "dinamici" e "mobili" e non possono essere "imbalsamati" senza far perdere loro la funzione "vitale"! Non vorrei trattenermi a lungo (anche perché sperimento come non mai, da un lato, i limiti negativi di facebook e, dall'altro, l'opportunità positiva che offre di poter discutere di certi argomenti anche così a lungo – con rischio annesso di un pubblico vociante che potrebbe raggrupparsi intorno ai disputanti con delle pietre acuminate o, peggio, con uova marce pronte a colpirli. Le dico soltanto che, secondo me, c'è un modo "positivo" di considerare "i dogmi" e "la dottrina", che poi costituisce la loro vera natura: è quello di vederli non come teorie arbitrarie e fissiste del "divino", ma in due altri modi: 1)–come sedimentazione (a mo' di formulario breve) di esperienze ricche, complesse e concrete che si "condensano" nella brevità delle formule, senza che queste le esauriscano (come succede per i "bugiardini" delle medicine); 2)–come sentieri sicuri per verificare il cammino. Ciò è della massima importanza, visto che Lei stesso ha detto che nel tragitto ci sono "pericoli" in agguato, necessità di stare attenti, importanza di tenere sotto controllo, in monitoraggio costante, le tappe del percorso. I dogmi e la dottrina potrebbero esser visti come bussole o mappe: pur fredde e stilizzate, l'avventura potrebbe prendere una brutta piega se si perdessero. Certo, il "bugiardino" non è la medicina, come l'etichetta non è il vino. Ma guai a non riconoscere la medicina o il vino dal "segno" del bugiardino o dell'etichetta. O trovare l'etichetta di un buon vino appiccicata a una bottiglietta di veleno per i topi. Grazie: è la prima volta che mi spingo a certe lungaggini su fb, sia pure con il timore e tremore di sproloquiare al vento. P.S.: mi toccherà leggere questo Panikkar, che non conosco, ma che mi ritrovo spesso tra le gambe (vedi Mancuso). Invito alla lettura: Giuseppe Barzaghi, "L'intelligenza della fede. Credere per capire, sapere per credere" (ESD-Edizioni Studio Domenicano, 2012).

MAKSIM. Naturalmente Misha, mi trovo essenzialmente d'accordo con le tue considerazioni. Tenere fluido lo spazio tra "fede" e "credenza"... sì, è esattamente quello che un ricercatore degno di questo nome dovrebbe sempre cercare di fare. Questo, sia per non identificarsi con i contenuti dei propri sistemi di credenza (teorie della realtà), sia per far sì che, rimanendo nella fluidità di tale spazio, queste stesse credenze siano libere di evolvere (rettificarsi, affinarsi, approfondirsi, allargarsi) in conformità con l'evoluzione della nostra conoscenza del reale. Il corretto atteggiamento da tenere è stato bene espresso, ritengo, dal Dalai Lama. Citandolo testualmente: "Nel Buddismo in generale, e soprattutto nel Buddismo Mahayana, l'atteggiamento di base è un generale scetticismo. Persino le stesse parole del Buddha ci dicono che è meglio restare scettici. Questo atteggiamento scettico solleva automaticamente delle domande. Le domande portano a risposte più chiare o a successive indagini. Perciò il Buddismo Mahayana fa maggiore affidamento sulla ricerca che sulla fede." Per chi è interessato, la citazione è tratta da: "Dalai Lama, Nuove immagini dell'universo, dialoghi con fisici e cosmologi, a cura di Arthur Zajonc (Raffaello Cortina Editore)". Riguardo il discorso delle tecniche, ovviamente, nella prospettiva di un movimento di discesa del divino, queste avrebbero come solo scopo quello di preparare la casa per la "venuta del Signore". Infatti, questi non sarebbe in grado di abitarla fino a quando, in un certo senso, non sia fatto in essa sufficiente spazio per accoglierlo. Ma per fare spazio è necessaria la presenza di un maggiordomo, cioè di colui che, per l'appunto, prepara la venuta del "padrone di casa". Molte tecniche di ricerca interiore hanno proprio come scopo quello di "costruire" un maggiordomo interiore (un centro stabile e sufficientemente permanente), che a sua volta guiderà e coordinerà i lavori di pulizia e di riordino. In tal senso, concordo con te che le tecniche non siano in quanto tali promotrici della possibile discesa del principio divino, ma sicuramente ne costituiscono un elemento facilitatore. Ne costituirebbero in un certo modo la condizione necessaria, o quasi necessaria, sebbene forse non la condizione sufficiente. Resta naturalmente la questione di sapere cosa s'intende esattamente con il termine di "tecniche", cioè di "tecnologie interiori", o "paratecnologie". Qui naturalmente molto dipende dall'esperienza, conoscenza e grado di discernimento di ognuno. Comunque, dalla mia prospettiva, anche la preghiera, se ben compresa, è equiparabile a una tecnologia interiore di sintonizzazione con il divino. Riguardo le tue pertinenti puntualizzazioni, mi permetto un ulteriore appunto. Sul tema della "nutrizione pranica", peraltro molto controverso, se accettiamo che il fenomeno sia reale, dobbiamo osservare che questa possibilità è stata attuata da persone di ogni appartenenza confessionale, oltre che da individui che non seguono alcuna religione. Pertanto, quel "nutrimento sottile" cui sarebbe possibile accedere non è certamente legato all'Eucarestia in quanto tale, ma semplicemente a una possibilità insita nella nostra para-anatomia e para-fisiologia. Ritorniamo qui al discorso dell'energia di vita, che pervade il cosmo intero, e verso la quale possiamo imparare ad aprirci, o allinearci (sempre con il dovuto discernimento, ovviamente). Riguardo i dogmi, quello che dici è perfettamente condivisibile. Il problema non è tanto nell'assunzione di punti di riferimento chiari, da usare per illuminare il proprio cammino, quanto il fatto che tali punti di riferimento, a un certo momento, diventino dei decreti non più modificabili. Dalla mia prospettiva, ciò è contrario allo spirito stesso della ricerca. Considerando i tuoi stessi esempi: i bugiardini delle medicine come è noto vengono aggiornati, quando nuovi dati si rendono disponibili, le mappe vengono ridisegnate in modo più preciso, pensiamo a Google Maps, o Google Earth, del tutto inconcepibili per gli uomini di altri tempi. Quindi, ben vengano i "dogmi" intesi come sedimentazione di esperienze ricche, complesse e concrete, purché tale sedimentazione resti sempre fluida e rispondente al reale, e ben vengano i "dogmi" intesi come sentieri sicuri per verificare il proprio cammino, purché tali sentieri siano a loro volta verificabili e costantemente verificati. Detto questo, ti ringrazio Misha per questo cortese scambio di vedute, che mi sembra sia arrivato alla suo termine naturale, considerato l'ambito in cui avviene.

## CONVERSIONE

*7 maggio 2013*

MISHA. Questa nota è il racconto autobiografico della conversione della dissidente russa Tat'jana Goričeva, ex leader giovanile comunista degli anni '70, docente di filosofia, entusiasta delle filosofie occidentali, cultrice di filosofia orientale e yoga. Il racconto è indirizzato soprattutto all'amico Maksim, a chiusura di una lunga conversazione, avuta su facebook, sulla felicità e la beatitudine.

«Così ebbe inizio la nostra liberazione: con la scoperta del pensiero libero d'Occidente. Stranamente, quando entrammo in contatto con il vasto e splendido mondo del pensiero cristiano, non pensammo di "condannare" per questo quel senzadio di Sartre e il coraggioso Camus. Proprio per la sua antireligiosità Sartre poteva portarci al confine della disperazione, dove inizia la fede... Sartre ci portò a Cristo: dalla "leggenda del Grande Inquisitore" alla grande tragedia del Cristianesimo che all'uomo offre audacemente di divenire figlio di Dio, amico del Salvatore e infine divino egli stesso. Così dicevano anche i Santi Padri: "Dio divenne uomo per rendere l'uomo divino". Sartre disse: "L'uomo non ha alcuna essenza". Egli si differenzia da una pietra o da un cavolfiore solo perché non è "programmato". Oh, con quale gioia gettammo via i ruoli che la società, il sistema, le nostre paure e illusioni ci avevano addossato. Con quale gioia ripulimmo lo spirito e l'anima dai cliché delle ideologie e di insulsi miti! Era come se nel nostro essere avessimo approntato uno spazio che solo lui avrebbe potuto occupare. Egli solo poteva riempire l'impenetrabile profondità dell'abisso, perché egli stesso aveva conosciuto e colmato le profondità più insondabili. Ma mi sembra di precorrere i tempi. Per me, esistenzialista arrabbiata e conseguente, il Cristianesimo per lungo tempo non è assolutamente esistito. A che scopo tornare ai vecchi miti? Eppure nella mia vita si rafforzava la tendenza a una sempre maggior presunzione e autodistruzione. Sulla base del pensiero nietzschiano, mi reputavo un'aristocratica spirituale, ossia un "essere" forte, in grado di guidare e modellare da sola, con la forza di volontà, la propria vita. La comune gente "debole" non può raccogliere questa sfida attraverso il "nulla", e fugge dinanzi alla mancanza di significato dell'essere; uno si rifugia nella famiglia, un altro nella politica e nella carriera... A quell'epoca inseguivo un modello di vita "totalmente coerente". Mi sentivo filosofa e smisi di imbrogliare me stessa e gli altri. L'amara, spaventosa, triste realtà era per me la cosa più importante di tutte. Nonostante ciò, la mia esistenza era ancora travagliata e piena di controsensi. Provavo sempre piacere nei contrasti e nelle cose assurde, nella consapevolezza dell'imponderabilità dell'esistenza. Anche l'estetismo si risvegliava. Mi piaceva molto, per esempio, durante il giorno essere una "brillante" studentessa, l'orgoglio della facoltà di filosofia, curare i rapporti con intellettuali raffinati, tenere conferenze scientifiche, fare battute ironiche e soddisfarmi spiritualmente solo con il meglio. Di sera e di notte però stavo in compagnia di emarginati e persone dei più bassi strati sociali – ladri, malati di mente e alcoolizzati. Questo ambiente malsano mi divertiva. Ci ubriacavamo in cantine e soffitte. Alcune volte forzavamo un appartamento, solo per entrarvi, bere una tazza di caffè e poi sparire nuovamente. In effetti un uomo, una volta, fece il tentativo di mettermi un freno... Era il nostro professore Boris Michailovic Paramonov... Ma né Paramonov, né io, sapevamo allora come si potesse uscire da questo cerchio demoniaco e creare la vita invece di distruggerla. Non trovai la via d'uscita nemmeno nell'entusiasmo per le filosofie orientali, nello yoga, al quale mi dedicavo dopo lo studio. Lo yoga mi diede l'accesso alla vita dell'assoluto, offrì al mio occhio spirituale una nuova dimensione verticale dell'essere, distrusse la mia superbia intellettuale. Ma lo yoga non poteva liberarmi da me stessa. Ora non vivevo più del mio sapere, della cultura o di coscienti riflessioni, perché sapevo che nell'uomo sono nascoste forze insospettabili e imperscrutabili. Imparai a trattare un poco con le "energie" che scoprii in me stessa. Lo yoga insegna l'esistenza di una "energia" piacevole, cioè un "materialismo" che non ha nulla di" fiabesco". Per questo divenne per noi miscredenti qualcosa come un piccolo ponte tra il mondo empirico e quello trascendente. Inoltre aveva un aspetto scientifico che agiva su di noi come attrazione: con l'esercizio e con la conoscenza di "forze astrali e mentali" si poteva coscientemente e sicuramente divenire superuomini. A che scopo e perché? Questa domanda ognuno l'affrontava come meglio credeva. Io naturalmente volevo diventare come un dio; continuavo a desiderare tutto ciò che volevo prima, ma su un piano spirituale più alto, volevo essere la più intelligente e la più forte. A ciò si aggiunsero stati d'animo di malessere di natura religiosa. Desideravo fondermi con l'assoluto al fine di approdare alla beatitudine eterna. Ora dovevo combattere contro sentimenti negativi quali l'odio e l'irritabilità, perché sapevo che questi "costano energie" e mi avrebbero riportata a un livello inferiore dell'essere. Il vuoto però, che era da lungo tempo il mio destino e mi circondava continuamente, non era colmato, anzi diveniva più profondo, mistico, sinistro, terrificante, fino alla follia. Mi prese una malinconia senza confini. Mi tormentavano incomprensibili, fredde paure, senza via d'uscita. Mi sentivo come pazza. Non volevo nemmeno più vivere. Quanti dei miei amici di allora sono rimasti vittime di questo terribile vuoto e si sono tolti la vita; quanti sono diventati alcolizzati; quanti sono rinchiusi in manicomio! Sembrava che non avessimo nessuna speranza di vivere... Una totale indifferenza per quanto mi circondava dominava la mia anima. Io la chiamavo "vittoria sulle passioni". Giorno e notte, a voce alta e dentro di me, dicevo "om, om, om" concentrandomi sul terzo occhio, invisibile, che avevo in fronte. Naturalmente smisi di fumare, di bere, di mangiare carne, cessai ogni rapporto sessuale, e tutto questo a un solo scopo: accumulare energia… Talvolta ero turbata fin nel profondo dell'anima dalla totale indifferenza dei miei compagni yoga verso i problemi del prossimo. Era come se l'altro non esistesse per loro, c'era solo l'"io", e non si doveva offendere l'altro solo perché in tal modo si sarebbe sprecata dell'energia preziosa; qualsiasi azione negativa non veniva valutata in base a un giudizio morale, ma in base al dispendio energetico. Fu un fatto in particolare che mi allontanò dallo yoga. Il mio amico V. faceva il bagnino. Un giorno mi raccontò che mentre era immerso nella "meditazione" in riva al lago aveva visto cadere in acqua un ubriaco che stava affogando. V. decise che non valeva la pena di interrompere la meditazione per questo fatto, e così l'uomo annegò. Questo racconto mise fine all'amicizia tra me e lui: mi faceva ribrezzo e non mi suscitava più interesse. Comunque continuai a praticare lo yoga per conto mio. Ed ecco che un giorno (avevo, mi pare, ventisei anni) stavo camminando per la campagna e recitavo il Padre nostro. Usavamo le preghiere cristiane per meditare, consideravamo cioè il cristianesimo come una specie di varietà inferiore di yoga. Dopo aver recitato il Padre nostro per sei volte, senza credere affatto che lui, il Padre celeste, esistesse, improvvisamente ricevetti la risposta. Avvenne la cosa più inaspettata, più inimmaginabile. Mi divenne chiaro che egli esiste. Non il dio astratto e anonimo dello yoga, ma il Padre celeste, amoroso. Egli ama me e tutto ciò che mi sta attorno. Questo lo vedevo chiaramente, come se il primo giorno della creazione si spalancasse ai miei occhi: tutto il paesaggio intorno, che prima mi sembrava insignificante, si illuminò di una gioia straordinaria, ogni stelo d'erba, ogni fogliolina vibrava di esultanza. Sembrava che tutto il mondo fosse uscito in quell'istante dalle sue mani amorose. E anch'io ero rinata, nuova. Da allora lo ringrazio per ogni giorno della mia vita, perché ogni giorno è sempre un nuovo dono, un nuovo miracolo.» Brani tratti da: Tat'jana Goriceva, *"Dio è pericoloso"*, Edizioni Paoline, 1987, pagg. 24–27; Tat'jana Goriceva, *"Il Dio clandestino"*, Edizioni Messaggero, Padova, 1984, pagg. 39–41.

MAKSIM. Ho letto con interesse questa tua nota, Misha e, dal momento che l'hai indirizzata personalmente a me, mi permetto un breve commento. Naturalmente, non è mia intenzione entrare nel merito del processo interiore di questa persona, e della sua conversione. Non la conosco e non ho gli elementi per farlo. Osservo però, sulla base di quanto lei stessa scrive a proposito del suo percorso, che si tratta di un individuo che parte da un profondo squilibrio interiore, manifestato attraverso un indubbio copione di vita autodistruttivo. In altre parole, c'era in lei una notevole fragilità (e conflittualità) interiore, che probabilmente non è stata debitamente presa in considerazione, né da lei né dai suoi incauti "maestri". Rilevo anche che, nonostante la notevole erudizione della persona, questa manifestava un'indubbia ingenuità (se non altro dal mio punto di vista) nel suo modo di comprendere, ad esempio, quel poderoso strumento di vita che è lo Yoga. Fa un po' sorridere, ad esempio, l'episodio che la fece allontanare dallo Yoga, osservando un suo amico totalmente indifferente di fronte a una persona in pericolo di vita. Lo Yoga non è riducibile a delle tecniche di integrazione psicofisica e mentale; corrisponde anche, e soprattutto, allo studio e pratica di una profonda visione cosmoetica della vita, che costituisce il fondamento stesso del suo percorso. Vorrei anche ricordare che lo Yoga, quello vero, non quello "usa e getta", oltre ad essere una scienza interiore di notevole valore, è anche espressione di una visione spirituale profonda e antica, secondo la quale tutto ciò che esiste proviene da una sola e unica sorgente, e che tutte le coscienze in evoluzione si muovono in direzione di tale sorgente. Il percorso del praticante di Yoga è quello di colui che (semplificando) cerca di dotarsi di strumenti validi per rendere sempre più consapevole questo suo percorso, trasformando gradatamente la sofferenza in gioia e l'ignoranza in conoscenza. Da questa prospettiva, lo Yoga non è qualcosa che si può abbandonare, a meno che non si voglia abbandonare al contempo il proprio percorso di ricerca. Naturalmente, la comprensione di quanto ho appena affermato varierà a seconda delle persone, delle esperienze, conoscenze e pregiudizi in relazione a questo tema. Quello che mi premeva però sottolineare, con questo mio breve commento, che non vuole essere un'apologia dello Yoga, né una critica al Cattolicesimo, è che il racconto della conversione di Tat'jana Goričeva non ha di per sé sufficiente valore discriminativo, per chi desiderasse meglio comprendere e valutare il potenziale insito in questi diversi approcci alla spiritualità. Naturalmente, sia nell'ambito dello Yoga che del Cattolicesimo, non è sempre facile trovare dei validi istruttori, in grado di accompagnarci in modo sicuro nel nostro percorso di crescita. Quindi, è bene sottolinearlo, una certa dose di discernimento è qualcosa che col tempo ognuno di noi dovrà, volente o nolente, imparare a sviluppare.

MISHA. Grazie per l'interesse, le Sue puntualizzazioni sono sempre gradite e meriterebbero davvero un approfondimento. Ma quando ho deciso di raccontarLe questa storia non ho inteso né sopravvalutare il personaggio protagonista e le sue "crisi esistenziali" né tantomeno – me ne guarderei bene – sottovalutare lo Yoga (o qualsiasi altra tecnica) e la sua profondità, sebbene anch'io sia convinto che c'è un modo abbastanza superficiale, ridicolo, affrettato e improprio ("usa e getta") di servirsi in Occidente di tecniche di crescita spirituale orientali. Molti tentativi sono stati fatti in questo senso, purtroppo discutibili. Il mio intento era allo stesso tempo più semplice e più radicale, e tento di spiegarglielo come io glielo so spiegare: raccontando la sua esperienza, la Goričeva ci comunica che ci sono sostanzialmente due vie per "evolvere" spiritualmente: una più lunga, faticosa e problematica, e si percorre con l'uso consapevole e vigile di tecniche a nostra disposizione: qui siamo noi gli attori e i destinatari degli "esperimenti" e si presuppone che l'esito sia tutto nelle nostre mani; un'altra via è più breve, facile ed efficace, ma su di essa non abbiamo tutto il "potere" di scegliere, agire, decidere, perché è in massima parte più il risultato dell'azione di un "altro", più bravo, più potente e più consapevole di noi che non noi stessi. Quando quest'"altro" ci fa la proposta di un aiuto, a noi non compete che un "sì" o un "no" (*fiat mihi secundum verbum tuum*). Per il resto fa tutto lui e, sapendone più di noi, perde meno tempo (e noi con lui), ha meno difficoltà e ci porta a destinazione con molto meno problemi di quelli che avremmo noi con la messa in opera di tutte le nostre tecniche. Salvo che non intervenga – come accade spesso – qualche nostra refrattaria reazione di "resistenza" senza "abbandono", durante il viaggio, che renderebbe la cosa un po' più ardua. La differenza di fondo tra le vie "mie" e quelle dell'"altro" è la stessa differenza che passa tra un tragitto di svariati chilometri fatto a piedi da solo e lo stesso tragitto fatto sull'elicottero di un amico, in compagnia: quest'ultimo (dico il tragitto in elicottero), pur essendo identica la destinazione, è più facile e anche, considerata la "bravura" dell'esperto che mi porta, più sicuro. Inoltre, quel che ci comunica la Goričeva è un'altra cosa strabiliante: cioè, che "dio" non è "io", dio non è il nome che io dò alla distanza tra me "ignorante" e "me sciente" (la quale si accorge man mano che diminuisce l'ignoranza e aumenta la consapevolezza). No! È proprio "un altro", un'altra "persona", diversa e indipendente da me, perciò imprevedibile nei gesti e nelle parole. Come questa persona possa essere nel fondo della mia anima senza essere quel fondo, è il mistero del Dio Padre di cui parla la Goričeva. La "fecondità" della vita spirituale assomiglia molto alla fecondità della vita materiale: non si dà senza un "incontro" tra "due", tra "Dio" e "l'anima"! E quando l'altro interviene, è sempre un incontro imprevisto e libero, che porta luce anche sulle tecniche nelle quali fino a prima ti arrabbattavi! Mi sembra che quella dell'"incontro" sia l'aurea possibilità che viene preclusa con l'utilizzo di "tecniche", sia pure le più sofisticate! Augh! Ho detto! Con tutti i rischi dell'improvvisazione e della banalizzazione! In fondo, se ci pensa, quando la religione del Dio creatore accampa delle pretese di "superiorità" sulle altre non lo fa per "superbia", ma soltanto per indicare che, sulla natura, non va negata l'esistenza e la possibilità di una "sovranatura" che ha in mano i destini della prima. E questa "sovranatura" non è "arbitro cieco", concetto filosofico, principio operativo o sublimazione antropomorfica dell'umano, ma è "Persona reale", Amore nascosto (Cantico dei Cantici) che vuole "incontrarci"! Il mistero dei misteri, secondo me, è come faccia una "persona" a stare dentro di noi senza essere noi!

MAKSIM. Sì, abbiamo sfiorato la questione nel nostro precedente scambio di vedute. Come le avevo accennato, lo ribadisco ancora brevemente per completezza, poi mi taccio, non ritengo sia corretto affermare che nello Yoga, come in altre vie della Tradizione, non sia presente questo aspetto "dell'aiuto esterno," e che tutto sia nelle nostre mani. Tutt'altro, ritengo che la nostra evoluzione sia un vero e proprio lavoro di squadra, e che le squadre che vanno possibilmente a formarsi, lungo il nostro cammino (che dalla mia prospettiva è multimillenario) sono tutt'altro che omogenee. In altre parole, tutte le vie di un certo valore hanno sempre riconosciuto e avvalorato l'esistenza di una gerarchia spirituale. Resta dunque centrale, in qualsiasi percorso, la figura della Guida. E naturalmente, per poter distinguere le false guide dalle guide illuminate (che siano il frutto di un incontro interiore, o esteriore) dobbiamo imparare come riconoscere il falso dal vero. Cosa tutt'altro che evidente, ne converrà. Comprendo che gli aderenti della "religione del Dio creatore" avanzino pretese di superiorità, e non ho nulla in contrario. Ognuno, naturalmente, afferma ciò che ritiene essere il vero. Penso però, sulla base della mia esperienza di vita, che quell'Amore che vuole incontrarci superi, a dire il vero, il concetto di religione e di rivelazione. Ma naturalmente, in questo non possiamo essere d'accordo, né dobbiamo esserlo. Infatti, come ho letto di recente sulla copertina di un libro, *"il dialogo non ha come fine il consenso, ma un reciproco progresso, un avanzare insieme."*

MISHA. Guardi che proprio su quel punto siamo d'accordo, cioè che quell'Amore supera "la religione": la religione – le dicevo – è semplicemente l'esercizio "umano" della virtù della giustizia nei confronti della divinità (le facevo l'esempio dell'onorario). In tutte le latitudini geografiche e in tutti i tempi i culti non sono che sforzi umani "pensati" per omaggiare la divinità, non altro. Altra cosa è la comunicazione in noi della vita divina, che richiede delle "condizioni" (per le quali l'aiuto delle guide è fondamentale, come Lei riconosce) ma che in definitiva non ci può essere data se non dalla divinità stessa, se vuole! Non dalle guide. Ora a me non sembra che si possa dare una libera, volontaria donazione del divino se non da parte di una divinità libera che ce l'accorda arbitrariamente, senza "necessità". Ma se l'uomo è un "dio" decaduto o "smemorato di sé", non potrà aspettarsi la divinizzazione come dono di un altro. Perciò Le dicevo di due atteggiamenti derivanti da due metafisiche: uno è istruirsi (con le immancabili guide) a "diventare quello che sei", Dio! In questo caso è come "laurearsi" con l'aiuto di laureati, sviluppare tutte le proprie potenzialità nascoste con aiuti esterni. In questo caso "si tira fuori" la propria "vera natura", presupposta divina. Un'altra cosa è creare le migliori condizioni interiori (qui le guide hanno una funzione più modesta) per "accogliere" la divinità e il "dono" del tutto volontario della divinizzazione, che è "esterna" alla nostra natura. Qui non si tratta di tirar fuori qualcosa, perché non c'è. C'è solo la "disponibilità" – da tenere aperta – a un incontro. L'unica cosa che l'uomo può "fare", in questo caso, è "attendere". La virtù dell'attesa – a volte faticosa – è la speranza. Esercitare l'attesa è esercitare la speranza. Siccome Lei sa benissimo che i comportamenti sono frutto di una antropologia e che ogni antropologia è il frutto di una metafisica, una cosa è partire dal presupposto che "Dio = io" o "Dio = uomo" o "Dio = mondo" e un'altra cosa è partire dal presupposto che Dio è Dio e l'uomo irriducibilmente uomo, a meno che non gli venga "partecipata" la natura divina da Dio stesso. André Frossard ha scritto un libro: "Dio esiste. Io l'ho incontrato". L'incontro qui non è il frutto di un appuntamento prestabilito, di una "tecnica", ma di un evento non "previsto", "sorprendente". Solo un incontro non programmato può destare sorpresa. E io ho sempre pensato – qui chiedo soltanto perdono se sbaglio e mi sento disponibile a ogni "revisione" – che le vie dello yoga, le più alte e profonde, non potrebbero tuttavia mai concepire se stesse come strade su cui si può incontrare "davvero" – cioè sperimentalmente – qualcuno. Tatiana Goričeva visse questo scarto tra lo yoga e il cristianesimo: l'improvvisa presenza di qualcuno che non era né "simbolo" di forze interiori né astrazione psico-filosofica, ma era una "persona" che si faceva riconoscere come "Padre".

MAKSIM. Siamo dunque essenzialmente d'accordo, soprattutto sul fatto che non sia possibile affrontare questi temi in modo soddisfacente in questo ambito, ma solo offrire alcuni puntatori. Aggiungo solo che, per quanto mi è dato di comprendere, la metafisica che è alla base dello Yoga contempla una visione in cui gli esseri umani sono sia parte dell'Unico, sia distinti da

Lui. Come è il caso ad esempio di un pensiero, in cui è presente colui che pensa, pur essendo, al contempo, distinto da quest'ultimo.

## Uno o molteplice?
*14 maggio 2013*

MAKSIM. "Propongo che alla maggiore età, per regolamento, si cambi nome. Allora sì che si potrebbe dire, 'Non ero io, non ho fatto io quelle cose'". Così afferma Eric Schmidt, presidente di Google, nel corso di un intervento alla New York University di pochi giorni fa, sollevando la questione della riservatezza in rete. L'affermazione è interessante, soprattutto perché pone un quesito fondamentale, su cui possiamo tutti riflettere: "Quand'è che raggiungiamo la maggiore età?" Nelle nostre società moderne sono pressoché spariti tutti i riti di passaggio all'età adulta, e la più parte degli individui (soprattutto nelle società più ricche) restano de facto dei bambini in corpi di adulti. Insomma, per poter affermare che "non ho fatto io quelle cose", è necessario che un "io" psicologico nuovo, sufficientemente stabile, un "io adulto" nella fattispecie, sia realmente emerso, altrimenti, ovviamente, stiamo semplicemente sovrapponendo maschere su maschere.

MISHA. È un discorso che non comprendo. Io mentre dormo e io dopo aver bevuto e io prima di accoltellare un passante e io dopo averlo accoltellato, sono sempre io! E anche io in fasce che mi faccio addosso e io che mi faccio addosso a ottant'anni. Se l'io fosse "coscienza" e basta, io non sarei io almeno 14 o 15 ore al giorno su 24.

MAKSIM. L'illusione di un unico "io" nasce dal fatto che possediamo un unico corpo fisico, e che a questo corpo hanno associato alla nostra nascita un unico nome di battesimo. Ma, se facciamo astrazione per un momento del nome e del corpo fisico, possiamo osservare la natura della dimensione intrapsichica dell'uomo ordinario. Questa osservazione ci rivela una forte frammentazione: non un solo "io", ma una vera e propria società interiore fatta di "io" differenti, ognuno con la propria visione e le proprie idiosincrasie, che vengono attivati in alternanza a seconda delle situazioni. Per questo è così difficile fidarsi delle persone: l'"io" che ci ha fatto una promessa non è più lo stesso "io" che in seguito la disattende. Inoltre, per complicare il quadro, questi "io" portano spesso delle maschere, espressione di false personalità. Un modo meno drammatico di descrivere questo caos interiore è di parlare di un unico "io" e affermare che questo può poi trovarsi in diversi stati, ma si tratta, a mio avviso, di un escamotage che mal descrive la nostra reale condizione di frammentazione interiore. Solo quando la nostra società interiore si sintonizza, si coordina, comincia a guardare nella stessa direzione, a condividere alcuni attributi fondamentali di base, possiamo realmente parlare della formazione di un "io reale", cioè della formazione di un singolo "io", di un centro. Possiamo vederlo inizialmente come un direttore d'orchestra, come un maggiordomo, ecc. È quell'elemento più permanente, più unitario, che comincia ad esprimere una reale direzione nella materia, indipendentemente dal contesto esteriore. Per questo probabilmente un antico maestro sosteneva che era necessario nascere una seconda volta.

MISHA. [Dialogo tra Gesù e Satana: E gli domandò: «Qual è il tuo nome?». Rispose: «Il mio nome è Legione, perché siamo in molti». (Mc.5, 9)]. La Sua tesi potrebbe essere giocosamente ribaltata, dicendo che l'illusione di molti "io" è dovuta proprio al fatto che, sul piano "psichico" (e cioè della "sensibilità") l'io è soggetto a stati molteplici che sono sostanzialmente le sue passioni (energie reattive dell'anima a delle sollecitazioni). Ma dire, pensare, fare cose diverse in due momenti diversi non significa essere "due", significa essere "uno" che pensa due cose diverse in due momenti diversi. La ragazza che Le ha promesso amore eterno l'anno scorso non è cambiata oggi, che l'ha mandata al diavolo. È la stessa, che ha cambiato "idea"! D'altra parte, se così non fosse, non riuscirei a capire il significato della "responsabilità" di cui Lei parlava qualche giorno fa, né come questa si accordi perfettamente con le esperienze che ogni giorno fa l'uomo comune e che tutti prendono dannatamente sul serio, non come se fossero "illusioni": in tribunale, per esempio, sanno benissimo a chi rivolgersi per il pagamento degli alimenti tra due divorziati che fino a un mese fa si amavano da morire. Se da due, fossero diventati quattro, non sapremmo più neppure a chi recapitare l'ingiunzione di pagamento. E sappiamo bene che colui che baciava la moglie ieri sera e che l'ha strangolata stamattina sono la stessa persona (non lo stesso "corpo", la stessa "persona"), altrimenti non avrebbe senso arrestare il dott. Jekyll, mettendo in gattabuia contemporaneamente anche mister Hyde. L'io non è riducibile ai propri atti, ma è lui tutto e totalmente in ogni atto che compie. D'altra parte nessun "divenire" sarebbe mai possibile o concepibile (e dunque neppure quello che Lei chiama "evoluzione") se non ci fosse qualcuno che rimane fermo nel cambiamento. Però io non nego gli stati di "molteplicità interiore", ma qui la frammentarietà è precisamente indice o del "patologico" o – come nel brano citato di Marco – del "demoniaco" (nel senso negativo e non "platonico"). O, tutt'al più, del regno fascinoso e surreale di Luigi Pirandello, reso magistralmente popolare da Eduardo: uno, nessuno e centomila. Non è un caso che certa letteratura è rubricata dai critici come letteratura "della crisi", in cui il "padrone di casa" (la ragione) spadroneggiava a tal punto da essere sfrattato dai suoi servi (il molteplice, gli istinti).

MAKSIM. Ovviamente, Misha, questi sono temi delicati, e solitamente la loro comprensione varia con il livello di auto-osservazione raggiunto. Con questo naturalmente non voglio affermare che io ho ragione e tu torto. Diciamo che la materia si presta a diverse interpretazioni, e sapere quale di queste sia la più aderente alla realtà è una questione ancora aperta, materia di indagine. Che l'"io", come affermi, sia presente in ogni atto che compie, sono d'accordo, il punto è se si tratta sempre dello stesso "io" e, soprattutto, se si tratta di un "io" consapevole di sé, o invece di un io che si muove in modo prevalentemente meccanico, come una specie di zombie. Comunque, l'analogia col demone è sicuramente azzeccata, in quanto, in un certo senso, in assenza di un centro di coscienza con un'identità stabile, è come se fossimo costantemente auto-posseduti dalle nostre molteplici identità conflittuali. C'è quindi, sicuramente, un elemento patologico nella condizione umana ordinaria, se osservata dalla prospettiva della frammentazione interiore. La patologia, però, essendo definita in relazione a un riferimento di normalità, ed essendo la frammentazione (e la meccanicità ad essa associata) una condizione comune, questa viene solitamente considerata come non patologica. Ma questa valutazione potrebbe cambiare in una società umana futura più avanzata. Detto questo, osservo che un medesimo "io" può indubbiamente pensare o reagire in modi diversi, in momenti diversi; il punto è riuscire a determinare se tale cambiamento è compatibile con la definizione di un'unica identità, per quanto in evoluzione, o se invece descrive la manifestazione di due identità incompatibili (come è evidentemente il caso di Jekyll e Hyde). Come dicevo però, spesso queste diverse identità sono mascherate da ulteriori strutture, che vanno a costituire ulteriori false rappresentazioni. In tutto questo la questione della responsabilità resta, in quanto possiamo sempre ipotizzare la presenza di un centro, per quanto embrionale, senza il quale non sarebbe comunque possibile parlare di evoluzione della coscienza, come giustamente hai osservato. A seconda del grado di sviluppo di tale centro, si potrebbero idealmente applicare in ambito penale circostanze aggravanti o attenuanti. Ma ovviamente non vi sono oggigiorno strumenti attendibili per realizzare tali valutazioni. Quindi, si adotta l'approssimazione che consiste nel ritenere l'essere umano un principio unitario già formato. In un certo senso, si potrebbe dire che viviamo tutti su un pianeta che in massima parte è come un'enorme ospedale psichiatrico, specializzato in coscienze "schizofreniche". Ecco comunque un ottimo testo, di un autore anonimo, per approfondire queste tematiche: "Humani nil a me alienum puto", Adea Edizioni (2012).

MISHA. Un attimo, un attimo, un attimo! Carissimo Maksim, non ho il problema di avere ragione (o torto – chi mai potrebbe concludere senza presunzione su certe cose?), ma quello di cercare di chiarire dei punti, sì! Lei dice che «la materia si presta a diverse interpretazioni, e sapere quale di queste sia la più aderente alla realtà è una questione ancora aperta, materia di indagine». Però Lei dovrebbe già sapere che io, in molte questioni supposte "controverse", e su cui si continua alacremente ad indagare, preferisco appoggiarmi molto dilettantisticamente più al "naso" che ai risultati insoddisfacenti di una qualsiasi presunta "scienza"; nell'incertezza, io estraggo dal taschino una specie di "morale provvisoria" (alla maniera cartesiana) in attesa che l'incertezza si dilegui. E allora il "naso" dice che, fino a prova contraria, la tesi più aderente alla realtà (ritorna il famoso realismo oggettivo di contro all'idealismo fantastico) è quella che sperimenta il senso comune: mia moglie mi chiama Misha e i miei figli "papà", in qualsiasi ora del giorno e della notte, in qualsiasi stato psichico io mi trovi; quasi che la gente comune abbia un intuito infallibile, pre-scientifico, pre-argomentativo, a cogliere infallibilmente in me un'unità intangibile sotto le apparenze della molteplicità del mio "psichismo" o anche dei cambiamenti biologici che avvengono in me nel tempo. Ci aiuta da una parte il buon Aristotele (con la sua provvidenziale distinzione tra "sostanza" – una e invariabile – e "accidenti" – tanti e mobilissimi) – e, dall'altra, il contadino analfabeta, che è aristotelico senza saperlo, perché conosce perfettamente – appunto "a naso" – il principio di identità: A = A. Alcuni studiosi che non riescono a capire in quale momento preciso un embrione passa da "grumo informe di cellule" a "essere umano" (e si perdono in tematiche "teologiche" sull'infusione dell'anima nella materia, quando avviene, come avviene, a quali condizioni avviene...) possono chiedere lumi ai contadini, che su queste cose hanno la risposta certa, depositata in un principio insuperabile e insuperato, condizione della stessa scienza e della stessa indagine razionale, l'identità: dal cane nasce il cane, dal coniglio il coniglio, dall'uomo l'uomo. Tutte le variazioni che avvengono dallo zigote al vecchierello di ottant'anni (sia esteriori che interiori) non sono che "accidenti", i quali lasciano immodificata la "sostanza": sicché la "persona" o "l'io" non sono definiti dal grado di consapevolezza: un neonato down e Albert Einstein, da questo punto di vista, non differiscono per niente. Non è la consapevolezza che rende persona unitaria una persona né la semplice constatazione (illusoria, dice Lei) di possedere un solo corpo con un solo "nome". Questo è un pregiudizio – diciamo così – "intellettualistico" che, se preso sul serio, certamente si trascina con sé problemi enormi e insolubili, perché nessuno di noi è consapevole più di qualche ora al giorno: poi dormiamo, sveniamo, ci anestetizzano durante un'operazione chirurgica, perdiamo la trebisonda dopo qualche bicchiere di vino, andiamo sfortunatamente in coma vegetativo persistente, ecc., ecc., ecc. Dunque non mi sembra che ci sia nulla di "patologico" nella condizione umana ordinaria, che anzi è proprio quella titolata a giudicare (non solo nei tribunali) la "frammentazione interiore". Mettersi dal punto di vista della frammentazione interiore per rintracciare il patologico nella vita ordinaria mi sembra irragionevole, perché la frammentarietà non ha i titoli necessari per "dare giudizi" sulla "unitarietà". Solo l'unitarietà, al contrario, può gettare luce sulla frammentarietà chiamandola con il suo proprio nome. Ritenere l'essere umano un principio unitario già formato non è un'approssimazione per aggirare la difficoltà della ben più reale frammentarietà: è il supremo "criterio di diritto" che ha l'irresistibile autorevolezza di portare un giudizio sulla "frammentarietà" di fatto che condiziona la nostra natura: come se ognuno di noi "sapesse" (non necessariamente in consapevolezza, ma per intuito) che il principio unitario (il "dover essere", il "diritto") giudica e sanziona "il fatto". Mi scuso tantissimo per gli arzigogoli, ma mi preme sottolineare che non è la consapevolezza "soggettiva" il criterio supremo dell'unitarietà del nostro essere! P.S.: a questo punto ho proprio la sensazione che o diventeremo amici oppure saremo come due passanti che non si salutano più incontrandosi, perché parlano due lingue diverse!

MAKSIM. Spesso è quando si parlano lingue diverse che la conversazione, paradossalmente, si fa più interessante, in quanto necessariamente deve farsi più essenziale (e telepatica!) ☺. Il "naso" a volte ci aiuta, a volte no. Nel senso che il senso comune a volte ci guida oltre l'illusione, altre volte è proprio ciò che non ci permette di superarla. La scienza e la ricerca in generale (a tutto tondo) sono proprio espressione di quel tentativo di spingerci oltre le apparenze, quindi a volte anche oltre il "naso". Ritengo però che l'incertezza difficilmente si dilegui da sola: è necessario un lavoro attivo e incessante di osservazione, analisi, modellizzazione, ulteriore osservazione, test, e via di seguito. Il tema dell'identità e dei suoi attributi è ovviamente molto complesso. Ed è necessariamente il frutto di un'idealizzazione. Anche in campi meglio definiti, come ad esempio la fisica, per poter parlare propriamente di un sistema è necessario separarlo idealmente dal suo contesto, oltre che concettualmente, e tale operazione, necessariamente, contiene una parte di convenzionalità, e di approssimazione. Probabilmente, in un mondo in continua evoluzione, dove tutto interagisce con tutto e continuamente cambia, parlare d'identità è già un modo per coltivare un possibile pregiudizio sul reale. Qui poi si mescolano il livello "orizzontale" (fisico) e quello verticale (animico e spirituale). C'è il problema delle innumerevoli identità presenti in un solo corpo fisico, e c'è il problema di sapere se esiste un'identità in grado di esistere a prescindere dal corpo fisico. Se questa identità esisteva prima della nascita del "grumo informe di cellule", e se esisterà anche dopo. E nel caso vi fossero più identità, anziché una sola, viene naturale chiedersi quale di queste verrebbero trasferite in un ulteriore veicolo di manifestazione della coscienza: tutte, nessuna? Vi è poi la questione di sapere se un'entità (con la sua o le sue identità) è autoconsapevole, cioè presente a sé stessa, o solo manifestazione di un comportamento robotico, che mima la coscienza (oggi i filosofi discutono molto della differenza tra zombie ed essere umani!), e vi è anche il problema di distinguere l'autocoscienza dalla autoconsapevolezza, il conscio dall'inconscio, la cognizione dalla metacognizione, l'esperienza dalla percezione, ecc. Mi sembra comunque che su un'ipotesi importante concordiamo: che esiste un'identità primaria, più centrale, espressione degli attributi fondamentali dell'uomo. Dalla mia prospettiva questa identità unitaria centrale è in formazione, e si trova solo in forma embrionale nella più parte degli individui (il cui comportamento è solitamente più dettato dalle circostanze esteriori che da punti di riferimento interiori), mentre per te è un principio che sarebbe già formato. Il ruolo della consapevolezza, in tutto questo, non è però, secondo me, per nulla secondario. Infatti, l'elemento di consapevolezza è espressione di una qualità più sottile e profonda, che è in grado di osservare "da fuori" (o "da più dentro") il balletto dei numerosi "io" in contrapposizione tra loro e con le false personalità (ciò che riteniamo di essere ma non siamo), senza promuovere identificazioni. In altre parole, è tramite il processo di acquisizione di una più piena consapevolezza delle nostre meccaniche interiori che possiamo creare maggiore spazio interiore, e dare vita a quella Persona con la "P" maiuscola che secondo me è un elemento in evoluzione-formazione. Ed è quell'elemento di pura consapevolezza, non identificata, che è il solo titolato a riconoscere la frammentazione, e promuovere là dove possibile un'integrazione. Detto questo, concordo con te che identità e consapevolezza siano concetti differenti, così come lo sono, ad esempio, contenuto e contenitore. Un ultimo appunto. Dalla mia prospettiva la consapevolezza è un criterio più di oggettività che di soggettività. Senza consapevolezza infatti non può esserci osservazione. Osservo però che vi sono diversi utilizzi dei termini "autocoscienza" e "autoconsapevolezza", spesso con significati anche opposti. E questo certamente non aiuta a fare chiarezza. Forse, al posto di "autocoscienza" si potrebbe semplicemente usare il concetto di "presenza".

MISHA. Premessa: *"l'incertezza si dilegui"*: nella mia frase il "si" non era riflessivo, ma passivante: "venga dileguata", dunque non penso che l'incertezza si dilegui da sola (se si riesce a distillare qualche termine, nei meandri degli equivoci linguistici, devo dire che è interessante parlare con Lei, perché: risponde con puntualità; è profondamente onesto intellettualmente; e poi perché vado sempre più confermandomi nella mia idea che Lei sia molto affidabile come ricercatore). Detto questo, taglio corto (speriamo che non siano "le ultime parole famose"): alcune cose che mi dice sono molto belle e le penso anch'io, altre invece resterebbero da limare concettualmente (impresa non sempre possibile o praticabile, soprattutto per me che fatico a trovare le parole giuste). Tra le cose belle (e dunque condivisibili) c'è, per esempio, la questione del senso comune che, pur essendo un buon punto di partenza per la scienza, non può essere il suo tribunale di ultima istanza. Però resta pur sempre un'ancora di salvezza quando "la ricerca" (speriamo di potermi esprimere bene!), anziché essere "indagine oltre le apparenze", diventa impercettibilmente "distruzione dell'oggetto di indagine". E l'intelligenza, secondo me, contiene in sé questa insana tentazione di "distruzione", che tenta di falsificare o annientare quella di "scavo". Mi spiego con un esempio stupido-ridicolo: la "ricerca" è come un "grattare" sempre più a fondo, ma se io "gratto gratto" su un panno macchiato di inchiostro per sapere che cosa c'è oltre la macchia, potrei scoprire di aver infine fatto un grosso buco nel panno: togliendo la macchia, ho tolto anche l'oggetto: qui il senso comune mi aiuta a "stare all'oggetto" prima di farlo fuori; un altro esempio che Le potrei fare è quello che mi ricorda un quiz di Mike Bongiorno, in cui il concorrente doveva indovinare che cosa fosse un oggetto proiettato sullo schermo. Era un pettine, ma "i denti" erano talmente ravvicinati nella proiezione che ognuno tirava a indovinare senza mai azzeccare di che si trattasse: fili d'erba, punte di una staccionata, denti acuminati di una bestia, ecc. La verifica ("adaeguatio intellectus et rei") poté essere agevolmente fatta riportando l'oggetto al suo naturale "fuoco"! Ecco il "senso comune"! Non so perché, ma ho la sensazione che certa scienza possa diventare (o è già diventata, non so) la portatrice sana di un morbo: proprio mentre "crede" di osservare, è cieca! Insomma, è come se, per essere scrutata adeguatamente, la natura chieda di essere guardata distrattamente, o, come Lei pure ammette, dentro un certo contesto con occhi "socchiusi", non sbarrati sui dettagli, altrimenti comincia a sfuggire alla nostra osservazione. E sfugge tanto più, quanto più sofisticati si fanno gli strumenti di indagine (forse i "paradossi" di certa fisica si spiegano così?). Altre due cose: 1)–io risolvo il problema dell'esistenza di un'identità, prima e dopo l'evoluzione, con i due classici concetti di potenza e atto: non è che per me l'identità sia già formata "prima" dell'evoluzione o, al contrario, esista solo "dopo" l'evoluzione; c'è SEMPRE, sia prima che dopo, PRIMA in potenza e POI in atto! Non si viaggia da un punto a un altro, bensì da un punto allo stesso punto, con la semplice "aggiunta" dell'attualità o trasparenza o "autoconsapevolezza"; ma il tragitto non è automatico, né chi resta all'inizio (per "accidenti" della vita) è meno "identitato" (termine di mio conio). 2)–L'ultima Sua considerazione sulla "presenza" è molto bella, ma nella "presenza" non c'è modo di distinguere il soggettivo dall'oggettivo: quello che sperimentalmente si può dire è solo che una "presenza" è possibile soltanto con il contemporaneo concorso dei "due"! Se non sbaglio è quello che vuole comunicarci la fenomenologia (Husserl), che riprende analiticamente una dottrina classica, quella aristotelico-tomistica, andando oltre le annose diatribe realismo-idealismo e resuscitando il significato di "intenzionale", dove "intenzionale" non vuol dire "astratto", artificiale, convenzionale, come sembra sia ogni volta che si parla di "soggettivo". Se non mi sbaglio, però!

MAKSIM. Grazie Misha per l'interessante commento. Naturalmente, concordo con molte delle cose che affermi. In particolare, trovo molto azzeccata la tua osservazione circa il mettere correttamente a fuoco l'oggetto della nostra indagine, per non incappare nel famoso "operazione riuscita paziente morto". Su questo ovviamente ci sarebbe molto da dire. Infatti, con il tuo esempio, per nulla ridicolo, esprimi in fin dei conti una critica al famoso principio del riduzionismo, che pretende di spiegare il reale attraverso, per l'appunto, la sua frammentazione (scomposizione) sistematica. Per quanto l'approccio riduzionista possa essere utile in numerose circostanze, si tratta ovviamente di un pregiudizio. D'altra parte, oggi va molto alla moda un altro pregiudizio, quello dell'olismo, che presuppone che la comprensione delle parti di un sistema possa avvenire solo tramite la comprensione della loro relazione. Ovviamente, riduzionismo e olismo sono solo modalità di indagine da usare "cum grano salis", altrimenti rischiamo di prendere delle cantonate bestiali. Detto questo, penso che la non applicabilità universale di riduzionismo e olismo riveli qualcosa di interessante circa la struttura del reale: la sua stratificazione. E la comprensione delle frontiere tra i diversi strati del reale è, secondo me, uno degli aspetti più interessanti e fruttiferi della ricerca. Infatti, per comprendere la natura di una frontiera, è spesso necessario non solo affinare la nostra indagine in senso sperimentale (o esperienziale), ma anche il nostro bagaglio concettuale, e, aggiungerei, la qualità della nostra presenza-consapevolezza, che a sua volta va a determinare la qualità, profondità e ampiezza del nostro livello di osservazione. Comunque, per usare le tue metafore, non sempre è necessariamente un problema fare un buco in quel panno. Nel senso che la possibilità di bucarlo ci può permettere di vedere quello che si trova dall'altra parte (un nuovo strato del reale, per l'appunto). In altre parole, la tua metafora offre una duplice lettura. Se siamo interessati al panno, bucarlo potrebbe in effetti non essere sensato. D'altra parte, bucandolo, ci accorgiamo che è bucabile, sottile, che il buco svela una "altra parte", che il panno prima velava (vedi concetto di "velo di Maya"). Il buco, in quanto assenza (assenza della sostanza del panno), può essere un modo per invitare la presenza (presenza di una sostanza altra) nella nostra vita. Sempre a proposito della metafora del panno, possiamo chiederci: è totalmente grattabile e bucabile? Oppure alcune sue parti sono più permanenti? Il grattare potrebbe aiutarci a rispondere a questa domanda. Alcune antiche pratiche, come ad esempio la pratica Buddista del Vipassana (come descritta ad esempio nel famoso sutra del Buddha, detto "satipatthana sutta", sui fondamenti della presenza mentale; ancora la presenza!), vanno proprio in questa direzione. Il termine "vipassana" (in lingua pali) è formato da "passana," che possiamo tradurre con "osservare," e dal prefisso "vi," che conferisce maggiore intensità alla parola che segue. Quindi, "vipassana" nel senso di un'osservazione intensa, profonda, penetrante per l'appunto!, in grado di "forare" il panno della nostra realtà ordinaria. Dunque bucare uno strato, per scorgere ciò che sta oltre. Naturalmente, sono consapevole che ho in parte stravolto il senso del tuo esempio. Ma era solo per completarlo, non per contraddirlo. Sono pienamente d'accordo con te che bucare i panni non è sempre un buon modo di prendersi cura dei nostri panni (spesso sporchi). Quindi sì, osserviamo la realtà con il giusto focus, e allo stesso tempo proviamo anche a variarlo, questo focus. Questo, esattamente per le ragioni che evochi tu. Infatti, riprendendo il bell'esempio del pettine, proviamo a spingerlo alle sue estreme conseguenze. Se il pettine lo avviciniamo così tanto ai nostri occhi, ecco che non siamo nemmeno più in grado di scorgere i suoi denti. Il pettine diventa semplicemente un filtro ottico, un paio di occhiali, che riducono l'intensità luminosa percepita dai nostri occhi. Cambiare focus può a volte voler dire anche allontanare qualcosa che, a nostra insaputa, è talmente vicino a noi che non ci accorgiamo della sua presenza. In alcuni casi quel qualcosa di "troppo vicino" potrebbe filtrare la nostra luce, offrendoci l'illusione di un'oscurità irreale. A volte, certamente, è sufficiente fare alcuni passi indietro, e mettere meglio a fuoco, come suggerisci tu. Altre volte, ritengo, è necessario fare del tutto a meno di quegli "occhiali-pettine". E se non riusciamo subito a toglierli dal naso, possiamo inizialmente provare a fare qualche forellino in più, magari grattando ☺. Penso che diciamo cose simili in modi diversi, spostando semplicemente gli accenti. E questo è forse un altro modo di comprendere, tramite le diverse sfumature, la natura delle misteriose frontiere del reale stratificato, e in particolare quella tra soggettivo, intersoggettivo e oggettivo.

MISHA. Tutto OK! Condivido alla lettera la maggior parte delle cose dette, ma c'è una parte "minima" che sarebbe bisognosa di puntualizzazioni: 1)–Il riduzionismo e l'olismo possono essere visti come due "pregiudizi" soltanto se li si considera "da soli", astrattamente, vale a dire "l'uno senza l'altro". In concreto, invece, l'uno ha uno stretto bisogno dell'altro, se si vuole sperare che ogni indagine porti dei frutti. "Smontare" un orologio è l'unica cosa che possiamo fare se lo vogliamo "conoscere". La via data all'uomo per conoscere l'orologio è quella di "ridurlo" alle sue parti! Non ce n'è un'altra, se si vuol fare "scienza"! Ma se, dopo aver "frammentato" l'orologio ("riduzione", ANALISI) io non fossi in grado di "ricomporlo" (SINTESI) secondo le relazioni che le parti avevano prima dello smembramento, non avrei fatto altro che SCASSARLO. Conoscere = scassare? NO! Conoscere è uguale a scassare solo se non ci si ricorda più (lo scienziato deve essere perciò "memorativo") come rimettere "in relazione" i pezzi (olismo)! Una volta operata la sintesi (non arbitraria, ma secondo l'oggettiva posizione dei pezzi), l'orologio prima dello smembramento e l'orologio dopo la ricomposizione sono lo stessissimo orologio: il fatto che, dopo la ricomposizione delle parti nel tutto, scopro di SAPERE, rispetto a prima, non aggiunge nulla all'orologio stesso: si aggiunge A ME la consapevolezza dell'orologio. Questa, per il funzionamento dell'orologio, non è strettamente necessaria. Dunque, quel che mi preme concludere in questo primo punto, è che il primato è sempre dell'orologio, che io lo sottoponga o no a un processo di analisi-sintesi (le quali sono entrambe necessarie, non sono pregiudizi o astrazioni: esse lo diventano quando vengono prese l'una senza l'altra). Neppure la stratificazione del reale potrebbe essere compresa se non si potesse fare questo lavoro di "riduzione" o "ritaglio" (confinamento, diciamo) e successiva "ricomposizione". 2)–IL PANNO: nel mio esempio (è importantissimo questo!) il panno non è "qualcosa che copre" (un "velo di Maya"), ma qualcosa che "indica"! Un mio amico direbbe: "che lascia intravvedere"). È un "segnale" (propriamente "SIMBOLO") trasparente! Non è squarciandolo che si arriva alla verità, bensì seguendone l'indicazione, scrutandone la trasparenza! Il sensibile non "vela" ma "rivela" il sovrasensibile, se non lo si scambia con l'oggetto rivelato (ricordare il famoso "dito" della famosa "luna"). Forse, non so, dall'opposizione radicale di queste due "metafisiche" nascono anche l'Oriente e l'Occidente visti (un po' superficialmente, per la verità) come opposti. E qui dovrebbe anche aprirsi il discorso sulla "reincarnazione" (un principio indimostrato e non sperimentale a cui Lei – se ho capito bene in altri post – sembra molto affezionato!). 3)–IL PETTINE: dico solo, per chiudere: da dove nasce la sensazione del "troppo vicino" e "troppo lontano"? Chi ci dice che un oggetto è "falsificato" perché troppo vicino? Soltanto l'intuito del "senso comune", quella misteriosa infallibilità "pre-scientifica" che ci viene data "prima" di ogni consapevolezza o autoconsapevolezza (lo psichiatra Viktor Frankl la chiama "autocomprensione ontologica preriflessiva"). P.S.: Interessanti le considerazioni sulla "presenza" nelle dottrine buddiste!

MAKSIM. Naturalmente Misha, come ho precisato, ero consapevole di avere in parte stravolto il senso del tuo esempio; diciamo che ho usato il "simbolo del panno" per indicare anche altre possibilità ("altre lune"). Altrimenti, certamente, l'utilizzo combinato di olismo e riduzionismo, sempre con il dovuto discernimento, offre possibilità di indagini più articolate e ricche di quanto permette solitamente il loro utilizzo separato. Non penso sia corretto, però, affermare che la scienza si avvalga solo del riduzionismo. Ne ha fatto un grande uso, è vero, ma anche uno scienziato sa riconoscere (o dovrebbe riconoscere) che l'umidità non è spiegabile al livello della singola molecola d'acqua, e che la presenza di un determinato atomo di rame sul naso di una statua di Giuseppe Mazzini può essere spiegato solo conoscendo la storia italiana e l'usanza umana di commemorare gli uomini illustri con statue di bronzo, anziché tramite la descrizione (descrizione non è spiegazione) della sua ipotetica traiettoria, a partire da una determinata condizione iniziale (dello strato microscopico) dell'universo. Comunque, visto che evochi le relazioni tra le parti di un meccanismo, è interessante osservare che l'aspetto relazionale è forse uno di quegli aspetti che meglio esprimono l'invisibilità di certe strutture, e la nostra difficoltà nel metterle correttamente a fuoco. Infatti, come a suo tempo aveva così bene evidenziato Poincaré (nel suo "la scienza e l'ipotesi") lo spazio vuoto, solitamente non percepibile come oggetto, altro non sarebbe che una rappresentazione umana di un certo tipo di relazioni, esistenti tra un certo tipo di entità materiali. Se le parti dell'orologio possono relazionarsi in un certo modo è perché appartengono a uno stesso spazio relazionale specifico, che noi chiamiamo spazio Euclideo. Vediamo le parti, e spesso ci focalizziamo su di esse, ma perdiamo di vista lo spazio, senza il quale la loro relazione non potrebbe essere. È difficile naturalmente fare un "passo indietro" per mettere a fuoco lo spazio. Gli scienziati lo hanno in parte fatto tramite le loro teorie scientifiche, gli "entronauti" sedendo silenziosamente in meditazione (sto semplificando), cercando entrambi di seguire il "simbolo del panno," un po' bucando e un po' rammendando. Inoltre, quale migliore simbolo dello spazio, inteso anche come spazio di possibilità, per aprirsi al concetto di presenza, che abbiamo più volte evocato. Per la questione della reincarnazione, ovviamente non è una cosa dimostrata. Ma questo semplicemente perché nulla è dimostrabile in scienza. La scienza si occupa di evidenze, e di spiegazioni, tramite un percorso di congetture (parte creativa, intuitiva) e di falsificazioni (sperimentali e logico-razionali; parte critica). Le evidenze a favore della reincarnazione sono molte e piuttosto serie, ma solo se seriamente prese in considerazione. Ma questo sarebbe il tema di un altro dibattito.

MISHA. Sono destinato alle "precisazioni" per tentare di capirci: non ho detto che la scienza si avvale solo della "riduzione", anzi ho detto che senza la "sintesi" (cioè il riportare le parti alle loro relazioni reciproche), l'analisi o riduzione si risolverebbe in uno "scassare", distruggere! Rompere il composto nelle componenti è, però, necessaria operazione preliminare al ricostituirlo! Nella scienza credo non si dia l'una azione senza l'altra. Quanto allo spazio, l'argomento è affascinante e spero che Lei mi vorrà anche essere di aiuto a distanza, visto il fascino che provo per la materia. Ma, per il poco che so, l'idea di spazio vuoto è stato abbondantemente superato con l'abbandono dell'idea di spazio assoluto (Newton, vero?) in favore della relatività del concetto di spazio.

MAKSIM. Concordo con la tua precisazione. Salvo un'ulteriore precisazione. Difficilmente lo scienziato è in grado di portare la propria attenzione alla realtà tutta, in un sol colpo, simultaneamente. Quindi, inizialmente separa qualcosa, che chiama sistema, poi identifica una seconda entità, che chiama sistema osservatore, o misuratore, quindi una terza, che chiama ambiente. A partire da questa tripartizione di base cerca di conoscere il sistema, spesso operando delle semplificazioni. E per farlo lo interroga, in modo più o meno attivo (cioè più o meno invasivo).

Non necessariamente però, la sua interrogazione, richiederà di smontare, o spaccare, il sistema. Questo dipende unicamente dal tipo di domande che si pone. Se mi chiedo qual è il peso di un corpo, e uso una bilancia per determinarlo, certamente la mia indagine non prevede riduzioni dell'oggetto in componenti più elementari, o presunte tali. Questo solo per dire che lo smontare e il rimontare sono solo modalità possibili di indagine, ma non esauriscono tutte le possibili modalità di indagine. Ma su questo immagino siamo d'accordo. Per quanto attiene allo spazio, è un tema indubbiamente affascinante. Ci sono molte posizioni discordanti circa l'idea di spazio, anche all'interno della fisica. Non è però l'abbandono dell'idea di spazio assoluto che ha imposto l'abbandono del concetto di spazio (totalmente) vuoto. Lo spazio non è un teatro per tutto il reale, quindi non può essere totalmente vuoto. Un vuoto di spazio non è un vuoto di realtà. È semplicemente un vuoto di un certo tipo di realtà. Basta pensare a un fatto semplice: lo spazio possiede proprietà! E se possiede proprietà, è un "qualcosa". Ma non un oggetto nel senso ordinario del termine. Ora dico qualcosa che forse risulterà incomprensibile: se la fisica ha dovuto abbandonare il concetto di spazio assoluto, è perché non ha compreso che "lo spazio è un'entità non spaziale"! Per dirla in termini più comprensibili, lo spazio è un etere, come più tardi nella sua carriera ha riconosciuto anche Einstein. Ma questo etere, questo "campo", non è un oggetto ordinario. Non è una cosa. Per questo non è assoluto. Che cos'è allora. È una "cosa altra", una "cosa più simile a un concetto (nel suo comportamento) che a un oggetto". Se smettiamo di oggettificare lo spazio, ecco che forse possiamo tornare a parlarne in termini assoluti, cioè intrinseci, cioè in un modo che non sia relativo all'osservatore. Spero di non essere stato totalmente inintelligibile. È mio desiderio poter elucidare questi concetti, e offrire in un futuro spero non troppo lontano alcune nuove chiavi di lettura.

MISHA. Sullo spazio: Lei non è affatto incomprensibile, la cosa mi affascina. Posso approfondire da qualche parte? Sul riduzionismo: per indagare un "sistema" non si richiede sempre il suo "smontaggio", è giusto. Ma se consideriamo la parola "riduzione" non come sinonimo di "frammentazione", bensì come sinonimo di "punto di vista" o "selezione", allora il riduzionismo è sempre obbligatorio per lo scienziato. Esempio: un sistema può essere studiato dal punto di vista "fisico" (il peso che diceva Lei), dal punto di vista "estetico" (dell'armonia delle componenti), dal punto di vista "economico" (il peso di una sedia non è il suo "prezzo"), dal punto di vista matematico (una sedia, due sedie, tre sedie, tante sedie). Ogni volta che considero un sistema, sono obbligato a ridurlo al punto di vista che in quel momento mi scelgo per conoscerlo, perché nella sua essenza o totalità (come "sedia" in quanto tale, nel caso della sedia) sarebbe (è) umanamente inconoscibile! L'astrazione dalla "concretezza globale" dell'oggetto che sto studiando è al contempo la nostra unica via per conoscere e la nostra condanna (la spia del nostro limite). Mi viene in mente che forse è proprio qui l'unico "effetto osservatore" determinante la ricerca: la selezione arbitraria di un "punto di vista" (ma è un pensiero che mi è venuto adesso, e lo dico così come mi è venuto). Ogni oggetto è in sé un mistero e ci permette l'indagine solo al prezzo di una sua "riduzione" (come si fa con un cilindro, per esempio: analizzato su una parete verticale, è un rettangolo; analizzato su una parete orizzontale, è un cerchio). Le scienze credo nascano dall'assunzione o selezione arbitraria di un particolare "punto di vista", perché purtroppo siamo "condannati" a vedere ogni cosa soltanto in maniera "speculativa", allo specchio, come proiettati su una parete (può entrarci la caverna platonica): in questo senso "gli aspetti" (economico, estetico, matematico, ecc.) sono proiezioni, immagini "speculari", non sono altro che la spia di una mia "possibilità limitata": conoscere qualcosa del sistema senza afferrarlo del tutto nella sua identità. Forse l'unica scienza che può afferrare la totalità di un oggetto è la metafisica, ma anche qui il prezzo da pagare è molto alto: l'astrazione da qualsiasi specifica determinazione: hai in mano "lo scheletro" (certo importantissimo), ma ti sfuggono i rivestimenti. Dove manca un'intesa tra metafisica e scienza, si hanno guasti: la metafisica pretende di sapere tutto, senza in realtà conoscere niente; e la scienza pretende di generalizzare (al tutto) ciò che in realtà è soltanto il risultato di un suo limitatissimo "punto di vista". Nell'un caso come nell'altro c'è una specie di scacco per chi cerca di "conoscere concretamente" il tutto (l'assoluto, insomma). Il "riduzionismo" paradossalmente "generalizza" un punto di vista limitato, creando una contraddizione all'interno di se stesso (una riduzione che generalizza è praticamente un ossimoro). Esempio di riduzionismo: "l'uomo è ciò che mangia" oppure "l'uomo è libero" oppure "l'uomo è materia" oppure "l'uomo è spirito". In questi casi, come diceva Spinoza, ogni affermazione (essendo la generalizzazione di un punto di vista) diventa automaticamente una negazione! La mistica, ad esempio, vuole sfuggire a questo tranello e si limita a "negare" anziché "affermare", nella convinzione che un oggetto, per essere colto nella sua assolutezza, deve essere cercato al di là di ogni sua particolare determinazione o riduzione o proiezione!

MAKSIM. Troverai alcune riflessioni sulla non-spazialità nel già citato libricino "Effetto Osservatore", di Massimiliano Sassoli de Bianchi (Adea Edizioni, 2013). Quello che scrivi è molto giusto, e molto ben detto. Non ho granché da aggiungere. Sono interamente d'accordo che vi sia un problematico gap tra fisica e metafisica. Per questo, tra le due, io inserisco una parafisica... una terra di mezzo, molto vasta, ancora vergine. Per quanto riguarda i punti di vista, è necessaria una precisazione. Se è vero che sin dai tempi di Galileo si è riconosciuta in fisica l'esistenza di punti di vista relativi, è anche vero che si è sempre cercato, in questa relatività, di cogliere ciò che non varia con l'osservatore. La relatività di Einstein, come quella di Galileo, non sono infatti "teorie della relatività", ma "teorie dell'invarianza", cioè teorie che evidenziano gli aspetti intrinseci, nel senso anche di assoluti: quelli che non variano con l'osservatore. Quindi, in un certo senso, se la fisica, e la scienza in generale, è obbligata ad adottare di volta in volta diversi punti di vista, diverse prospettive, nel suo approccio al reale, nel suo considerare le diverse facce che queste prospettive offrono sull'oggetto del suo studio cerca sempre di identificare ciò che non varia al variare del punto di vista. Per ricollegarmi all'aspetto "ricerca di un io reale", il fisico (o in generale il vero scienziato), è un po' come un viaggiatore che, percorrendo diverse terre e culture, osserva come varia il suo punto di vista sul mondo, la sua opinione sulle cose, la sua percezione di sé e degli altri e, proprio grazie a questo cambiamento, per contrasto, è in grado di cogliere ciò che non cambia, ciò che rimane uguale a sé stesso, e in tal senso esprime un elemento maggiormente intrinseco, più vicino alla sua identità reale. L'effetto osservatore della teoria della relatività (galileiana o relativistica) non è però della stessa natura di quello della meccanica quantistica. La prima si occupa di effetti di parallasse generalizzati, cioè di effetti prospettici spaziotemporali, mentre la seconda si occupa, principalmente, di "effetti di creazione".

## REQUIEM PER DON GALLO

*22 maggio 2013*

MAKSIM. Ci lascia Don Gallo, uomo scomodo, ma libero: "Sono stato partigiano con mio fratello. Poi sono diventato partigiano di Gesù. 'Partigiano' vuol dire scegliere da che parte stare. E Gesù sta dalla parte degli ultimi, mai del potere". "Trovo del cristianesimo negli atei, nelle prostitute, nei miei carissimi barboni. Trovo in loro, cioè, la buona novella. È evangelista chi mi dà la buona notizia, non chi mi dice no all'aborto, no ai divorziati, no agli omosessuali. E la mia amata Chiesa è diventata così misogina e sessuofobica". "Ho letto tante volte il Vangelo, non c'è scritto da nessuna parte che le donne erano subalterne agli uomini e che gli omosessuali erano emarginati. C'è scritto che Gesù amava tutti".

MISHA. Requiem per Don Gallo. Sia pace alla sua anima, ma forse non riusciva a ricordare – da vivo – proprio uno dei pilastri di quel vangelo di cui lo si ritiene "partigiano": la libertà è effetto della verità: "conoscerete la verità e la verità vi farà liberi" (Gv. 8, 32).

MAKSIM. D'altra parte, paradossalmente, per conoscere la verità, qualunque essa sia, è necessaria una dose preliminare di libertà. Ad esempio la libertà di ricercare senza promuovere identificazioni. Per certi versi, Don Gallo mi ricorda molto L'Abbé Pierre, anch'egli, evidentemente, molto osteggiato dalla Chiesa (per le sue posizioni sul matrimonio dei preti, sui metodi anticoncezionali, sull'omosessualità, sull'ordinazione delle donne, ecc.) e allo stesso tempo molto amato, per il suo grande sostegno verso i poveri e i rifugiati.

MISHA. Conosco il soggetto. Ma intanto c'è da dire che Don Gallo non è stato "osteggiato dalla Chiesa", la quale ha dei modi più efficaci per osteggiare, se vuole osteggiare qualcuno! Alcuni rappresentanti del clero hanno più osteggiato Padre Pio che non Don Gallo che, anzi, ha beneficiato di una pazienza infinita nella gerarchia ecclesiastica, portata costantemente nel teatrino della burla, tra gli applausi dei media compiacenti. Poi posso aggiungere un mio pensiero: fatte salve sempre le intenzioni e la coscienza, in cui nessuno può entrare, Don Gallo era un cattolico "riduzionista", con la caratteristica particolare di scambiare spesso e volentieri i mezzi con i fini. Accoglieva – giustamente – i sordi, ma plaudiva poi alla sordità: atteggiamento intellettualmente insensato. Tollerato anche per la veneranda età, credo che alla domanda "ci fai o ci sei?" risponderebbe sornione: "il più delle volte ci faccio"! Ma – attenzione – non era né scomodo né libero!

MAKSIM. Capisco che la percezione dei pregi e difetti di Don Gallo, dell'Abbé Pierre, e altri personaggi simili, risulti molto differente a seconda delle proprie convinzioni. Personalmente non appartengo alla Chiesa cattolica, o ad altre chiese, e ritengo che debba essere libera di autodeterminarsi come meglio ritiene, sulla base della propria visione. Altra cosa è ovviamente per Don Gallo, che appartiene alla Chiesa, e desiderando riformarla dall'interno, ovviamente la confronta. Quindi, fino a quando restano all'interno della Chiesa, personaggi come Don Gallo possono certamente essere percepiti come "scomodi", non dalla Chiesa in quanto tale, ma sicuramente dai suoi esponenti più conservatori, vista anche la loro popolarità. Gallo era libero non come poteva essere libero Gesù, in senso di realizzazione interiore, ma nel senso di essersi preso la libertà di andare controcorrente, rischiando di perdere l'appartenenza alla sua comunità. Detto questo, dalla mia prospettiva "cattolico riduzionista" potrebbe anche essere considerato come un plus. A volte meno è di più ☺ (non sempre, certamente).

MISHA. Certamente l'Abbé Pierre era una personalità notevole. Ma non credo sia necessario "appartenere" per dare dei giudizi da osservatore. In nessuna accezione il termine "riduzionista" dovrebbe essere considerato un "plus", perché in tutte le lingue ha il significato di "non intero", e dunque "dimezzato". Se io dico a una prostituta *«Nessuno ti ha condannata? Neanch'io ti condanno: va' e non peccare più»*, allora un giornalista avrebbe il dovere deontologico quantomeno di riportare la frase "per intero". Se invece si scrive sul giornale: *«Gesù ha detto: nessuno ti ha condannata? Neanch'io ti condanno»*, faccio un'operazione "caritatevole", ma truffaldina perché traviso il senso della notizia. Ecco: diciamo che, per portare un giudizio razionale su un qualsiasi riduzionismo, non dovrebbe essere necessario appartenere. Basta un'asettica fedeltà alle fonti. Don Gallo faceva politica "per mezzo" della religione e aveva le idee volutamente confuse tra un "malato" e la sua "malattia". Nessun medico (anche spiritualmente parlando), nell'accogliere un "malato", fa il panegirico della sua "malattia". Tiene ben fermi, se non vuole scantonare, la misericordia e l'accoglienza verso il primo e l'assoluta intransigente chiarezza verso la seconda. Non mi posso dilungare su quello che è stato un certo uso distorto della "opzione preferenziale per i poveri" (uno dei pilastri della dottrina della Chiesa) nell'America Latina (e nel mondo), dove quella opzione è stata fatta funzionare come "grimaldello ideologico" nella cosiddetta "teologia della liberazione", con tutte le macerie che ne sono scaturite. Non è un problema di essere liberi di fare o dire ciò che si vuole, altrimenti dovrebbe bastare di risolvere ogni controversia teorica e pratica con i soliti odiosi atteggiamenti censorii. È un problema di discernimento "sapienziale". Se si possono distribuire liberamente le "medicine-Don Gallo" senza leggere, quanto meno, le controindicazioni, si fa un danno alla conoscenza, alla "completezza di informazione" e, alla lunga, anche all'amore. E siamo abbastanza adulti per vedere quante forme di simil-amore si mettono in circolazione per il mondo, ad "avvelenare" la sorgente. Anche, come è notorio, nella Chiesa! La contrapposizione tra "Chiesa dei carismi" e "Chiesa istituzionale-gerarchica" è una pericolosissima tentazione (ora parlo per chi è nella Chiesa), nell'illusione che la "carità" possa espandersi più liberamente quanto più si mette in ombra "l'autorità ecclesiastica" o il magistero. E su questo Don Gallo ha avuto carta bianca, portando in giro, nei circoli mediatici antireligiosi e anticlericali, una caricatura di Chiesa, più adatta ai giorni di "Carnevale" che rispondente alla realtà oggettiva. E non è certo un caso se veniva corteggiato e idolatrato dai soliti noti (Dandini, Fazio, Bignardi, Feste dell'Unità, manifestazioni di "combattenti e reduci" di battaglie ideologiche). Non si accorgeva di essere, tra la folla festante, quello che un tempo si chiamava un "utile idiota", indispensabile a portare acqua al mulino dei nemici giurati della "sua" Chiesa (sic!)? In quel modo, non la si riforma dall'interno, piuttosto dall'interno la si deforma!

MAKSIM. Capisco il tuo punto di vista, Misha, e sicuramente avrai approfondito attentamente i contenuti del messaggio di Don Gallo, cosa che io non ho fatto. Non l'ho mai sentito, però, esaltare i meriti della prostituzione, come invece tu sembri affermare. Probabilmente contestualizziamo in modo differente le sue parole. Per il resto, osservo solo che, quando affermi che in nessuna accezione il termine "riduzionista" dovrebbe essere considerato un "plus", perché in tutte le lingue ha il significato di "non intero", questo è vero, logicamente parlando, solo se si è di fatto in presenza di un intero. Se invece, per ragioni storiche, a quell'intero sono state aggiunte delle sovrastrutture, allora, riducendolo, si potrebbe tornare all'intero originario. In altre parole, può sicuramente essere a volte un bene ridurre, quando si è in presenza di elementi superflui, o falsi. Quindi, se il "riformare" sia un "deformare", dipenderà dal nostro riferimento. Immagino che per Don Gallo molti dei nemici giurati della sua Chiesa fossero al suo interno, non al suo esterno.

MISHA. Carissimo amico, mi permetterà di dirle che, mentre scrivo, sto sorridendo, perché ancora una volta c'è un equivoco: io non ho mai detto che Don Gallo ha esaltato i meriti della prostituzione. Con l'esempio dell'adultera ho voluto mettere in evidenza che Don Gallo ha sempre fatto (più o meno consapevolmente, più o meno furbescamente) un'operazione di "taglia e cuci" della dottrina della "sua" Chiesa per adattarla ad esigenze riduttivamente ideologiche (e non è la prima volta, storicamente, che questo accade). Se un treno è fatto per viaggiare su due binari tenuti sempre belli lucidi, allora contro il treno si possono fare due operazioni nefaste: una è quella di trascurare la lucidità dei binari, facendovi crescere erbacce e ogni sorta di "sovrastrutture" (e questa la possiamo chiamare opera di "purificazione"); un'altra è quella di pretendere che il treno vada a un binario solo e impegnarsi di conseguenza a svellere l'altro sistematicamente, nell'illusione che si tratti di "purificazione", essendo al contrario "riduzionismo"! Se l'intero è DUE, fare a meno di UNO è RIDUZIONE! Ora, indipendentemente dal mio e dal suo punto di riferimento o dalle mie e sue coordinate culturali e religiose, basterebbe semplicemente capire in che cosa Don Gallo è riduttivo RISPETTO a quella che lui stesso considerava la "sua" Chiesa. Da quando è nata, la Chiesa ne ha fatte e dette di tutti i colori, ma da sempre il suo treno viaggia su questi due binari: da un lato l'accoglienza e la misericordia per "l'errante" (mi consenta per semplificazione questo linguaggio simil-pretesco), dall'altro la chiara determinazione e intransigenza verso l'errore. Don Gallo faceva esattamente il contrario: l'accoglienza per l'"errante" era un puro pretesto per propagandare l'errore: un padre eccessivamente premuroso o un cattivo maestro? Si faccia un giro su YouTube: lungi dall'essere libero, scomodo e anticonformista, stava comodamente sdraiato, nei salotti radical-chic, su tutti i luoghi comuni più di moda: il celibato dei preti (ma il sacerdozio delle donne), la separazione delle coppie (ma il matrimonio dei gay), il sesso facile, le droghe libere, appoggio all'aborto (non ha mai ascoltato il discorso all'ONU di madre Teresa di Calcutta?), appoggio all'eutanasia, alla fecondazione in vitro; la predicazione urbi et orbi di quel comunismo, che – come il nazismo – è stata la più terrificante macchina di sterminio del secolo scorso. Senza parlare poi della "gerarchia", per cui non perdeva occasione di giocare al facile gioco dello sberleffo pubblico verso i suoi superiori, pazienti, rispettosi e lungimiranti, che lo hanno qualche volta richiamato, ma mai "sospeso a divinis" per le costanti posizioni contro il Magistero (che – come sa – nella Chiesa Cattolica è vincolante). Ma di questo ho già detto in un commento precedente. Il prete degli ultimi?, si chiede un giornalista. È un "ultimo" Dario Fo? O Grillo? O quella folla di divi della TV (anche di questo ho già detto), ai quali egli si prestava volentieri da "utile idiota"? O quell'altra massa sotto i palchi da comizio, in tripudio (ancora!) per Che Guevara, batterie di allevamento non certo di uomini solleciti per la giustizia sociale, manovalanze rancorose per sovversioni politiche. Forse aveva ragione Nietzsche, quando constatava l'inutilità della storia per la vita! Non mi aspettavo da lei, persona illuminata, il "sofisma" sull'intero, con la distinzione tra l'intero logico e l'intero storico: Don Gallo non ha mai lavorato per "ripristinare" una presunta purezza della Chiesa. Se poi si intendesse purezza alla maniera "riduttiva" (appunto) di povertà finanziaria (vista la moda di parlare di IOR), Don Gallo sapeva benissimo quale fine miserevole farebbero interi Stati sepolti dalla loro stessa avidità, se fossero interamente laicizzati, senza la mobilitazione delle forze finanziarie e caritative della Chiesa in tutto il mondo. L'identificazione tra "Chiesa povera" e "Chiesa stracciona" è quanto di più fuorviante e demagogico ci possa essere per un'intelligenza senza pregiudizi!

MAKSIM. Scrivi: *"Don Gallo non ha mai lavorato per "ripristinare" una presunta purezza della Chiesa..."*. Forse, ma personalmente non ho gli strumenti per decifrare le intenzioni profonde di Don Gallo. Sicuramente, lui ha dichiarato di volerne una riforma, ovviamente in senso migliorativo, dalla sua prospettiva. E certamente, sono ben consapevole che il migliorativo per Don Gallo possa essere il peggiorativo per altri suoi appartenenti, come tu evidenzi con tanta forza e chiarezza. Scrivi: *"Non mi aspettavo da lei, persona illuminata, il "sofisma" sull'intero..."*. Devi aspettarti questo e altro da me ☺. Rimane aperto il problema di sapere chi possiederebbe e su quali basi gli strumenti per distinguere l'erbaccia da un pezzo di binario. Ossia: chi è che determina se un errore, o una verità, è veramente tale? Credo che nessuno rimetta in questione il principio secondo il quale gli errori vadano chiaramente individuati, e trattati con intransigenza (se non altro la loro ripetizione). Il problema è il metodo nell'identificare gli errori... senza commettere errori. Quello che afferma Don Gallo, o teologi "borderline" come Vito Mancuso (che forse si esprime in modo un po' più articolato rispetto a Don Gallo), è solo il frutto di un errore? Cercano solo di togliere il binario, o cercano di strappare l'erbaccia? Ognuno deciderà sulla base della propria coscienza, esperienza di vita, saggezza, dubbi, certezze, ecc. Una cosa però mi sembra inequivocabile: per loro la Chiesa è un concetto in evoluzione e, con tutte le difficoltà e approssimazioni del caso, stanno cercando di indicare quale potrebbe essere la direzione di tale evoluzione. Altri, certamente la più parte, riterranno che la direzione sia un'altra. Io semplicemente osservo, dal di fuori, che esistono persone nella Chiesa che vorrebbero una Chiesa differente, diversa dall'attuale. E osservo anche che la Chiesa attuale fatica a promuovere un cambiamento. Non credo che si auspichi una Chiesa poveraccia, ma forse una Chiesa che utilizzi in modo diverso i suoi patrimoni. Magari anche una Chiesa meno sessuofoba, con meno pretese d'infallibilità nel suo giudicare temi quali la sessualità, la contraccezione, i generi sessuali, l'aborto, per non parlare della parità tra uomo e donna, problema ovviamente non solo della Chiesa cattolica. (Lo stesso Buddha, per fare un esempio, era decisamente misogino, e ancora oggi, che io sappia, nel buddismo la direzione spirituale è unicamente nelle mani della comunità monacale maschile). Detto questo, chiedo venia se ho male interpretato le tue parole, circa il fatto che Don Gallo avrebbe esaltato i meriti della prostituzione. Mi sono lasciato indurre in errore dal tuo esempio del medico che, se tale, non fa il panegirico della malattia, e per analogia ho pensato che lasciavi intendere che Don Gallo facesse il panegirico della prostituzione.

MISHA. Caro Maksim, secondo un criterio – diciamo – relativistico (per il quale ciò che è il peggio per me potrebbe essere il meglio per un altro), nessuno possiede gli strumenti per determinare se "un errore o una verità è veramente tale". E questo criterio mi sta benissimo, né è mai stata mia intenzione sindacare sulle "intenzioni profonde" di Don Gallo (in ogni mio post su di lui la prima premessa fondamentale a ogni dialogo è stata sempre la insindacabilità della coscienza profonda delle persone). Ma il "nodo" non sta nella diatriba tra chi possiede la verità e chi è nell'errore. Il nodo sta nella credibilità o meno delle "etichette" che noi (anche per "convenzione") mettiamo alla realtà (detto di passaggio, non so se lei conosce Bridgman e il suo "operazionismo dei concetti"). Se qualcuno, all'atto della produzione del proprio vino, decide di metterci l'etichetta "Folonari", il cliente si aspetta di bere il vino "Folonari" (ferma restando la possibilità della truffa, che andrebbe smascherata per evitare frodi continue); altro esempio (già fatto tra noi per la "sedia"): se lei ha deciso di studiare la sedia "dal punto di vista" della fisica, io resto ovviamente libero di studiarla dal punto di vista "economico". Su questo per me non ci piove: la libertà è sempre premessa della ricerca. Ma se lei, in corso d'opera, decide di cambiare il punto di vista da "fisico" in "estetico" nell'osservazione della sedia, io le devo chiedere: "Scusi, stiamo parlando sempre della stessa sedia dalla quale sono partite le nostre considerazioni? Se parto per gareggiare i cento metri e, mentre corro, mi vien voglia di fare i 200, io non sono "libero": sono un po' scemo! Ora, Don Gallo ha scelto (lui, di sua spontanea volontà!) di aderire alla Chiesa cattolica, che è una realtà con pilastri "fermi" e strutture "semoventi". Essendo prete, lui conosce sia i pilastri "fermi", sia le strutture semoventi, sia le possibilità di restauro che si possono apportare a questa realtà (non si usa il trapano per mettere un quadro sulla colonna montante, perché così non la "riformi", la fai "crollare"!) Dunque, il discorso sulla verità o la menzogna, da questo punto di vista, è totalmente "astratto", irrealistico, perché io e Lei dovremmo limitarci solamente a metterci davanti l'oggetto "Chiesa Cattolica" come l'unico metro che potrebbe misurare Don Gallo (per sua stessa scelta!). Io ho usato all'inizio la parola "verità", intendendo implicitamente "per la Chiesa"! Il discorso vale a maggior ragione per Mancuso, personaggio intellettualmente più sopraffino, ma non meno discutibile (e qui sorvolo, ovviamente). Un laureando in fisica può pretendere di migliorare il proprio piano di studi (se ritenuto bisognoso di riforma), soltanto a patto che non inserisca come maggior parte di materia d'esame "la letteratura italiana del Novecento", la "lingua norvegese" e la "cucina mediterranea"! Questo è il limite legittimo alla libertà di ricerca: restare fedele al "punto di vista" che si è scelto! Don Gallo sa che la Chiesa non lancia i suoi anatemi sulle "unioni di fatto" ma sulla loro legittimazione di "diritto", per il semplice lapalissiano motivo che la parola "fatto" e la parola "diritto" sono due cose logicamente diverse che stanno su due diversi piani e in una relazione gerarchica "fissa": "il diritto" giudica "il fatto" e non viceversa! I due soggetti possono storicamente cambiare, ma il loro "rapporto" è immodificabile: se 6:2 deve dare 3, anche 9:3 deve dare 3! Non si dà mai il caso che un comune mortale legislatore si metta a catalogare tutti gli accadimenti per adeguare a ciascuno di essi la "normativa"; accade il contrario: gli accadimenti si portano in tribunale per essere misurati da "un codice". Ripeto: il "codice" può cambiare storicamente, ma non il rapporto che c'è tra le azioni umane e il codice! Questo resta fisso, nel senso di una superiore dignità del diritto sul fatto. Non c'è un problema di "verità o "errore": c'è un elementare problema di vocabolario: che cos'è un matrimonio? Gli scolastici dicevano che l'essenza di una cosa sta nel poter definire "che cos'è quella cosa", onde non scambiarla per un'altra (si immagini Lei se mi dovessi mettere in testa di far funzionare un cucchiaio come una forchetta: maledetti spaghetti!). La confusione di Don Gallo sta nel "traslare" impercettibilmente le coscienze dal piano del rispetto per le persone e le loro legittime unioni affettive (chiunque esse siano) al piano della legittimità giuridica di queste unioni. Sarebbe come pretendere, per uno stonato, due assurdità: cacciarlo dalla comunità oppure inserirlo di "diritto" in una polifonica, perché "lo desidera"! Evitare questo significa "discriminare"? Nella Chiesa Don Gallo sa che ci sono dei princìpi ritenuti "non negoziabili", cioè non mutevoli e non soggetti ad alcuna "democratica" negoziazione (a torto o a ragione). La cosa più ragionevole che può fare chi non è d'accordo non è di modificare l'immodificabile, ma di cercarsi una compagnia più comprensiva e da lì divulgare le proprie idee. Il contrario è una provocazione diseducativa! Alla quale saggiamente i superiori hanno risposto con la pazienza dovuta a un egocentrico piantagrane, non certo a un "riformatore"! Lutero abbandonò la Chiesa. Non pretese di chiamarla più "la mia" Chiesa!

MAKSIM. Grazie, Misha, per il tuo chiarimento. E per la chiarezza con cui l'hai esposto. (Certamente che conosco l'operazionismo). Penso che la tua ultima frase, che "ci sono dei princìpi ritenuti "non negoziabili", cioè non mutevoli e non soggetti ad alcuna "democratica" negoziazione (a torto o a ragione)" sia particolarmente esplicativa del nocciolo del problema. Concordo con te che, in linea di principio, se non si concorda con le regole di una comunità, la logica vorrebbe che, semplicemente, la si abbandoni, cercando di fondarne eventualmente una nuova, con le caratteristiche volute. Anche perché, naturalmente, Gesù non è proprietà esclusiva di nessuno. Comprendo che l'attuale orientamento dottrinale ritenga che certe cose siano immodificabili, dunque irriformabili. D'altra parte, questa immodificabilità è tale solo nella misura in cui viene ritenuta tale. Quindi, per chi, entrando nella comunità, scopre col tempo di non più aderire a certi suoi postulati, penso sia lecito almeno provare a confrontarsi, per vedere se questi postulati siano davvero così immodificabili come si ritiene. Forse che non tutte le colonne sono portanti, dopotutto. Quello che voglio dire è che il tentativo di modificare anche l'immodificabile, per quanto questo possa ovviamente irritare, sia tecnicamente ed eticamente lecito. Così com'è lecita, ritengo, la probabile risposta della comunità, nel ribadire l'immodificabilità dell'immodificabile. In altre parole, se da una parte posso condividere la logica del tuo discorso, circa l'atteggiamento "diseducativo" di Don Gallo, nel cercare di fare qualcosa contro le regole prestabilite e inizialmente condivise, dall'altra, per par condicio, sono costretto a ritenere altrettanto "diseducativa" la posizione della Chiesa che non ha tempestivamente spretato Don Gallo, in quanto non più compatibile con quei princìpi ritenuti rigidamente non negoziabili. Qui c'è probabilmente tutto il problema della notorietà del personaggio di Don Gallo, e del fatto che la sua provocazione fosse pubblica. La Chiesa non rischia forse di confondere a sua volta le etichette, quando si muove cercando di non perdere la sua influenza in un mondo che evolve culturalmente parlando? Se quelle colonne sono irremovibili, la logica vorrebbe che la Chiesa sia altrettanto irremovibile verso coloro (che fanno parte del clero) che non le ritengono tali. Quindi, la pazienza della Chiesa nei confronti di Don Gallo mi appare, devo dire, piuttosto ambigua, e in tal senso anch'essa diseducativa. Citi Martin Lutero come esempio, affermando che lui abbandonò la Chiesa senza la pretesa di chiamarla la sua Chiesa. D'altra parte, per quel poco che ricordo, correggimi se sbaglio, Lutero non abbandonò la Chiesa. Cercò invece, per l'appunto, di riformarla, arrivando fino a bruciare pubblicamente la bolla papale che gli intimava di ritrarre le sue tesi. Non abbandonò mai la Chiesa, ma venne scomunicato dalla Chiesa, rischiando a quei tempi la messa a morte sul rogo per eresia. Insomma, Lutero era una sorta di Don Gallo alla potenza dieci: molto più provocatore e piantagrane! (Verso cui la Chiesa di quei tempi manifestò ben poca pazienza).

## SUL CELIBATO DEI PRETI E LA CURA D'ANIME
*10 giugno 2013*

MAKSIM. Considerando che lo stesso Pietro, su cui la Chiesa cattolica dice di fondarsi, era sposato, così come lo erano gli altri apostoli, resta difficile da comprendere il celibato ancora oggi imposto dalla Chiesa cattolica romana ai suoi vescovi e preti. Tale imposizione, naturalmente, dovrebbe idealmente essere solo una decisione personale e libera. Questo, in quanto l'equilibrio psicofisico e spirituale di una persona dipende anche dalla possibilità di vivere in modo equilibrato la propria dimensione sessuale, cosa possibile per la maggioranza degli individui, sacerdoti inclusi, unicamente nell'ambito di un rapporto stabile con un'altra persona. Ricordiamo che la maggior parte dei fenomeni di "assedio intercoscienziale" avviene tramite la potente leva dell'energia sessuale. I sacerdoti, nell'ambito della loro funzione di assistenza al prossimo, sono particolarmente esposti a questo genere di influenze negative, e più di altri, pertanto, necessitano di realizzare e mantenere un profondo e stabile equilibrio della loro energia sessuale. In altre parole, paradossalmente, il celibato è imposto dalla Chiesa cattolica proprio a quelle persone che più di altre avrebbero bisogno di dare vita a un "duo evolutivo", onde svolgere al meglio, e più responsabilmente, la loro missione assistenziale.

MISHA. La Sua parola poco convincente contro quella di una "grande anima": «Io penso che è proprio per il celibato dei suoi preti che la Chiesa cattolica romana resta sempre vigorosa» (Mohandas Karamachand Gandhi, detto il Mahatma, induista). Ancora il Mahatma: «La castità assoluta è lo stato ideale. Se non lo si può accettare, bisogna sposarsi, conservando però nel matrimonio il controllo di sé. Troppo spesso il matrimonio riesce a sdoppiare la personalità. Non temete che il celibato porti alla fine della razza umana. Il risultato più logico sarà il trasferimento della nostra umanità su un piano più alto».

MAKSIM. Che cosa Misha, più esattamente, ritieni poco convincente nelle mie parole e, soprattutto, perché?

MISHA. Veramente sarebbe più giusto che chiedessi io qualche spiegazione, soprattutto su questi fenomeni di "assedio intercoscienziale" o sul "duo evolutivo" e su queste "influenze negative" cui sarebbero esposti i sacerdoti. Ma mi proverò a dire in quali punti la sua argomentazione mi pare poco convincente: 1)–Prima di tutto è poco convincente l'opposizione che lei stabilisce tra "l'imposizione" della Chiesa e la "libera scelta" del celibato. Tra le due, al contrario, non c'è opposizione anche soltanto dal punto di vista logico (senza addentarci, per ora, nelle motivazioni spirituali e umane di quell'obbligo). Perché? Perché sarebbe come dire che, siccome in un corso di studi di matematica non è previsto lo studio della letteratura italiana, questa esclusione andrebbe a ledere la libertà di scelta dello studente. In realtà lo studente, messo sin dall'inizio di fronte al piano di studi e alle esigenze più o meno forti o più o meno limitanti di quella laurea, può liberissimamente scegliere di rinunciarvi o di aderire, non senza misurarsi preventivamente entro appositi percorsi esistenziali atti a saggiarne la "vocazione". Se uno vuole fare il calciatore e non gli va di sottoporsi ai "ritiri" (con annesse restrizioni alimentari e non), può liberamente pensare a qualche altra cosa. Ma se l'amore è più forte di ogni sacrificio, l'amore supererà ogni ostacolo. La conquista della "libertà" è sempre paradossalmente dipendente da un atteggiamento interiore d'"obbedienza" (mi viene in mente a questo proposito il film "Karate Kid"). 2)–Mentre da un lato lei dà per scontata un'opposizione che non c'è, dall'altro argomenta come se non ci fosse alcuna distinzione tra la "sessualità" e il suo "esercizio" (la genitalità): la sessualità è una specie di alfabeto espressivo che è implicato in ogni nostra attività spirituale o materiale, ma l'"esercizio genitale" della sessualità non è che uno dei tanti modi di questa espressione, non l'unico. Tra sessualità e amore c'è sempre interdipendenza, non così tra amore e genitalità: la seconda richiede il primo, non viceversa, perché l'amore è più grande e "comprende" la genitalità senza esaurirsi in essa. 3)–

Infine è poco convincente l'identificazione della sessualità con l'idea di "energia", un pregiudizio ottocentesco di carattere materialistico che ha portato anche conseguenze erronee anche nella valutazione della vita morale e spirituale dell'uomo (basti pensare all'idea freudiana di "sublimazione", secondo la quale tutta la cultura umana – compresa la religione – non sarebbe che "sublimazione" del sesso, un "incanalamento in alto" di energia sessuale). In realtà – dice un grande psichiatra, Oswald Schwarz, «non si può trasformare il sesso in spirito allo stesso modo che non si possono trasformare i metalli in oro». E qui mi vengono in mente certe "pretese occultistico-alchemiche" – "trasformative", direbbe lei – per mezzo della cosiddetta "energia sessuale"! Sul celibato dei preti, lo stesso Schwarz ci ricorda: «Il fenomeno più stupefacente nella vita sessuale dell'uomo è il celibato volontario: per esempio, la castità praticata dal clero cattolico, o da uomini e donne votate a una missione sopraindividuale. Ora, qualunque possa essere la causa determinante di questa strana condizione, una cosa è certa senza ombra di dubbio: una castità di natura siffatta non è frutto di soppressione né di repressione. Nessuno, infatti, potrebbe sopprimere un vivo istinto sessuale per tutta la vita; d'altra parte, voler attribuire alla repressione la castità degli ecclesiastici e dichiarare questi uomini e donne semplicemente neurotici, sarebbe un'assurda arroganza da psicologi incompetenti». Lo psichiatra citato puntualizza: «Chi nega e ripudia il sesso non ottiene il risultato di esorcizzarlo e trasformarlo in spirito (quasi si trattasse di un travestimento), ma chi è imbevuto di fede e di fervore religioso riesce a spegnere in sé l'impulso sessuale». E indica la struttura fondamentale della sessualità: «l'amore è la forza che muove e dirige, l'impulso sessuale è l'organo esecutivo, l'elemento spirituale è l'elemento di controllo».

MAKSIM. Nel mio commento non è in questione se la Chiesa possa richiedere o meno il celibato – è indubbio che possa farlo. La questione è se si tratta di una scelta davvero sensata. Per riprendere il tuo esempio (il piano di studi), la Chiesa è liberissima di concepirlo come meglio crede, ma ci si può certamente interrogare se si tratta di un piano ben congegnato, sensato, efficace, ecc. In altre parole, il percorso richiesto è funzionale o disfunzionale al raggiungimento dell'obiettivo preposto? Questa è la domanda su cui il mio commento suggerisce di riflettere. Concordo naturalmente che in linea di principio alcuni individui particolari possano usare volontariamente la castità nel loro percorso sacerdotale, senza che tale scelta sia il frutto di una soppressione e/o repressione. Per quanto mi è dato conoscere della natura umana, si tratta, però, di una possibilità piuttosto remota, percorribile solo da certi individui molto particolari, e non certo da un "sacerdote medio". In tal senso, a mio avviso, è un errore inserirla nel piano di studi generico. Quindi, concordo che la castità non necessariamente sia frutto di nevrosi, ma questo solo se è scelta a posteriori, da individualità pienamente mature. Per quanto riguarda la distinzione tra sessualità, come potenziale creativo ed espressivo, e la genitalità, come una delle forme possibili, ma indubbiamente non l'unica, per esprimere tale potenzialità, concordo, ovviamente. Così come, ad esempio, concordo che, oltre alle gestazioni biologiche, vi siano anche le gestazioni coscienziali. Quello che però non mi è chiaro è perché mai la genitalità, in quanto possibile forma espressiva della sessualità, non sia vantaggiosamente praticabile da una persona su un cammino spirituale. Perché considerarla come forma espressiva di serie B? Tra l'altro, considerando che il nostro corpo fisico ha indubbiamente le sue richieste, perché alcune di queste andrebbero onorate mentre altre no? Perché la richiesta di mangiare e di bere andrebbe presa in dovuta considerazione, per la buona salute del corpo-mente, ma non quella di una sessualità vissuta anche a livello genitale, all'interno di una relazione affettiva stabile? Se l'amore comprende la genitalità senza esaurirsi in essa, perché quest'ultima non può fare parte della vita di un sacerdote? Per quanto riguarda l'associazione del termine "energia" con il termine "sessuale", mi limito ad osservare che non è il sesso che verrebbe trasformato in spirito. Il sesso, entro certe tradizioni, viene semplicemente considerato come un serbatoio di energia potenziale, utilizzabile, come ogni altra energia, per produrre un lavoro. Le vie di tipo tantrico comunque, non sono pressoché più percorribili oggi, soprattutto a causa dei forti condizionamenti accumulati nei secoli, che hanno inquinato, se così si può dire, tale serbatoio. E comunque, questo è un altro tema, che esula dal presente discorso, che è semplicemente quello di promuovere un equilibrio psicofisico stabile tramite un'igiene di vita che includa anche una sessualità genitalmente vissuta, in osservanza del "manuale d'uso" del nostro corpo fisico, che è una macchina meravigliosa, se impariamo a usarla correttamente. Per quanto riguarda gli assedi intercoscienziali, intendo con questo termine tutte quelle influenze negative, anche di natura sottile, che sono in grado di promuovere in un individuo comportamenti controproducenti. Per quanto riguarda l'aspetto sottile, anche nella Chiesa si riconoscevano tali possibilità, un tempo, riferendosi ad esempio ai concetti di "incubus" e "succubus".

MISHA. Per quanto riguarda il primo punto (la sensatezza del celibato), credo non servirebbe fare appello a una serie di profondi documenti del magistero (che tra l'altro ammette che il celibato non è di diritto divino). Perciò, le risponderò in maniera "insensata": tutte le tradizioni conoscono la potenza nascosta e misconosciuta della "rinuncia", adombrata anche nel Tao (la via senza via). È come se ciò che è all'opera avesse bisogno quasi come il pane dell'"inoperoso", ciò che è "mobile" del "fermo". Ricordo con una certa impressione un film di Akira Kurosawa, "Kagemusha", in cui la carica ai soldati in lotta è data dalla semplice "presenza" di un sosia immobile (non ricordo se cadavere). Nelle scritture bibliche gli "attori" in battaglia vincono a condizione che Mosè stia fermo in preghiera senza stancarsi e nella tradizione cristiana le sorti del mondo irrequieto sono nelle mani dei monaci di clausura! Inoltre, il massimo della "potenza attiva" è espressa dal Cristo che rinuncia sulla Croce a usarla. Certo, non a tutti è dato capire questo, e credo che noi siamo tra quelli. Per vivere, poi, e per continuare il viaggio, c'è bisogno di segni ("escatologici", li chiama la Chiesa) e tra questi segni c'è il prete celibe. Sarei quasi tentato di concludere sibillinamente: "chi ha orecchi per intendere, intenda". Certo mi viene in mente quel che io ritengo una distorsione "magica" di questa rinuncia, che credo faccia parte proprio delle pratiche tantriche (ma posso sbagliare): la ritenzione prolungata del seme (una forma di tentativo di tenere gli opposti "compresenti", un certo "fare sesso verginale", cioè senza concludere (non so come spiegarmi, ma confido che lei mi capisca bene). Questa cosa appartiene a un modo distorto di concepire la sessualità, cioè come una "tecnica ascetica" a nostra disposizione per la divinizzazione. Riguardo alla "particolarità" che certi individui devono avere (secondo la Sua stessa ammissione) per scegliere il celibato, "la qualificazione" non è verificabile – come lei potrebbe pensare – soltanto secondo test psicoattitudinali ("umano, troppo umano") né secondo criteri strani da "super-man", ma soprattutto secondo il grado della "vocazione" (che significa "chiamata" e mette in gioco qualcuno che chiama), testabile da chi ne ha "il potere", o meglio – come è nel linguaggio della Chiesa – "il carisma" (alla stessa maniera per la quale Lei si rivolgerebbe a un "chimico" se volesse verificare la salubrità del cibo che mangia). Detto fra parentesi, ciò non esclude – lo ammetto – una certa rilassatezza moderna nell'esercitare questo carisma (da parte dei vescovi) e nel testare questa vocazione, donde il grosso tema di una riforma del clero, notoriamente in crisi. Ma questa crisi è più dovuta alla perdita da parte del clero della propria vocazione e "forma originaria" che non da una mancanza di conformità alla "mondanità spirituale" (ne parla proprio in questo periodo il Papa). Se la ri-forma dovesse consistere non nel ritrovare la propria "forma" ma nel con-formarsi allo spirito del tempo, il clero non sarebbe più "segno" e diverrebbe sale che ha perduto il sapore. (Ulteriore parentesi: non vale l'obiezione degli apostoli sposati, perché la Chiesa ammette al celibato anche coloro che sono "stati" sposati, ma non coloro che vorrebbero continuare ad esserlo da preti). Quanto al "sesso-serbatoio", non credo che così cambi la visione materialistica (questa sì riduttiva) e tecnicistica di qualcosa che invece è parte integrante della nostra identità umana. Ma questo è un tema che potremo riprendere. Però, a scoppio ritardato, è importante aggiungere una cosa che lei mi suggerisce nelle obiezioni: lei equipara l'istinto della fame e della sete a quello sessuale, ma l'esperienza ci dice che essi non sono equiparabili. All'"istinto" sessuale è connesso un grado di libertà (e dunque di spiritualità) che manca agli altri due. Piccola prova ne sia che senza mangiare e bere si muore, senza "sesso" no! La bulimia, l'anoressia e la disidratazione possono produrre effetti visibilmente mortali (e possono essere diagnosticate dai sintomi), la verginità no! Insomma, castrati si può vivere anche a lungo e per giunta innamorati (come insegna la nota vicenda medievale di Abelardo ed Eloisa), senza stomaco è un po' più difficile.

MAKSIM. Alcuni commenti sintetici, Misha, su alcuni tuoi punti. L'assunto che l'istinto della fame e della sete non siano equiparabili a quello sessuale, in quanto il secondo sarebbe connesso a un grado di libertà che manca al primo, è del tutto infondato. Vi sono interessanti esperimenti su animali che dimostrano che questi scelgono di accoppiarsi, anziché mangiare, anche quando tale "scelta" avviene a scapito della loro sopravvivenza. È errato anche affermare che senza mangiare necessariamente si muore. Ho personalmente conosciuto numerose persone che (apparentemente) si auto-sostenevano senza ingerire cibo materiale ordinario. Riguardo le pratiche di ritenzione del seme, queste sono, dalla mia prospettiva, il frutto di un madornale errore, che si è insinuato in certi scritti (non è perché uno scritto è antico e autorevole che è necessariamente giusto!) L'errore sta nel non comprendere che il seme va donato (vi sono varie modalità per farlo, a seconda del tipo di rapporto), e che l'idea della ritenzione veicola di fatto un presupposto infondato di scarsità di energia. In altre parole, è frutto di una visione distorta delle dinamiche di circolazione energetica: l'energia può essere accresciuta non certo trattenendola, ma evitando di disperderla attraverso comportamenti meccanici e inconsapevoli, e permettendone una sua più ampia circolazione (consapevole). Trovo interessante che tu riesca a vedere con chiarezza la distorsione nella pratica yogica della ritenzione del seme (effettivamente errata), che tu definisci "magica" (usando ovviamente questa parola nella sua accezione meno nobile), mentre invece non ritieni in alcun modo una distorsione la ritrazione degli uomini del clero cattolico da una vita sessuale appagante ed equilibrante (un altro modo di praticare la ritenzione). Dalla mia prospettiva, stai qui usando due pesi e due misure. Ora, se vogliamo cogliere interamente il simbolo di questa discussione, il tuo commento che *"...questa cosa appartiene a un modo distorto di concepire la sessualità, cioè come una 'tecnica ascetica' a nostra disposizione per la divinizzazione..."* andrebbe secondo me applicato in egual modo al "mancato dono del proprio seme" da parte di certi praticanti di yoga & da parte di quei sacerdoti cattolici che obbediscono rigorosamente alla regola dell'astensione (non tutti lo fanno, come ben sai). Detto questo, concludo con un'osservazione. Credo che tu stia confondendo l'ascetismo, o il monachismo, associato alla vita di persone molto particolari, che a torto o a ragione si ritirano dal mondo (di nuovo il tema della ritrazione), lontano dai propri simili, con la vita invece di quegli individui che hanno per missione di vivere nel mondo, per assistere gli uomini e le donne del mondo. Se si può condividere tale missione assistenziale con una persona con cui è possibile formare un duo, unito sui diversi piani, incluso quello sessuale, tale azione assistenziale non può che essere rinforzata e accresciuta. E non vedo ragione per non attrezzare gli uomini di buona volontà di tutte le risorse necessarie per compiere la loro nobile missione. Naturalmente, molto ci sarebbe da dire sulle ragioni che hanno portato nel tempo la Chiesa a chiedere il celibato ai suoi sacerdoti. Non credo che le logiche fossero solo quelle di una maggiore obbedienza alle "leggi divine", ma questo sarebbe un altro discorso, che personalmente non mi interessa molto fare. Osservo semplicemente che – correggimi se sbaglio – i primi padri della Chiesa non erano a favore di un celibato obbligatorio dei servitori di Dio.

MISHA. Nel suo ragionamento a proposito di fame, sete e sesso, c'è molta teoria, molto "esperimento" e poco senso comune. Mi appello non agli esperimenti ma all'esperienza: se lei mette un uomo normale senza bere e senza mangiare per tutta la vita, non ci saranno gli stessi esiti che ci saranno se lei mette lo stesso uomo in galera, a scontare un ergastolo, con divieto di rapporti sessuali. Un "castrato" può amare in maniera più o meno equilibrata, più o meno squilibrata; uno a cui si toglie l'acqua può vivere – concedo – anche due mesi, due anni, tiè, a essere utopista. Ma prima o poi morirà per mancanza di acqua! Ingerire, poi, cibo ordinario o non ordinario, non è la stessa cosa che non ingerire cibo in assoluto! Un'astinenza prolungata di cibo può conservare in vita. Un'astinenza e basta, no! Non così per il sesso! La voglio dire in maniera volgare e anche molto impropria: se non ho il pane, non posso mangiare poesie, ma se non ho una donna le posso dedicare un universo di sonetti! Magra soddisfazione, d'accordo! Ma con ciò si attesta una radicale differenza tra i cosiddetti "istinti". Anche i fachiri, o i guru, che si fanno seppellire sotto terra per tanto tempo, fanno cose strabilianti, ma dura minga, non può durare. Prima o poi devono tornare coi piedi per terra. Non credo che si debba parlare di due pesi e due misure quando si parla di celibato o astinenza o ritenzione: come in ogni cosa, c'è la via maestra e c'è la sua contraffazione, tutto qua. Per me la via maestra è l'esercizio delle virtù morali nella vita quotidiana, in gradazioni più o meno forti secondo le capacità, i carismi, i talenti; le contraffazioni preferiscono invece le vie "tecniche": le vie sono sempre due, anche se non tagliate di netto con l'accetta della semplificazione: la "via "etica", la "via tecnica": una cosa è rinunciare coscientemente all'effetto naturale dell'atto procreativo (i figli), astenendosi dai rapporti carnali (cosa possibile ai "virtuosi"), un'altra cosa è rinunciare all'effetto, mantenendo intatta la causa con l'aiuto "tecnico" di un cappuccio. Nel primo caso comando io me stesso, nel secondo mi comanda un "cappuccetto" a volte traditore. Con questo comprendo le difficoltà della vita, ma chi non si comporta come pensa – diceva uno – prima o poi finisce per pensare come si comporta! La cosa non piace neanche a me, intendiamoci, ma il nostro "karma" è la lotta, ed è il tentativo difficile (anche maldestro) di adeguare i "fatti" alle "regole" esigenti, non di ammorbidire le regole nei "fatti"! Qui c'è il capitolo dell'amore, del perdono, della misericordia, della pietà verso le debolezze umane di tutti, me per primo. Questo ammorbidimento è la causa della crisi del sacerdozio, e non il fatto che la Chiesa non si mette al passo coi tempi. Che me ne faccio io, uomo del mio tempo, di un uomo del mio tempo che pretende guidarmi? Ho bisogno di qualcuno "da un altro mondo" e "da un altro tempo".

MAKSIM. Le vie "tecniche", Misha, quelle serie, poggiano tutte sulle fondamenta di una ricerca etica. Che poi queste fondamenta siano sufficientemente comprese, studiate, e messe in pratica, oppure totalmente disattese, sia nella Chiesa cattolica sia in altre istituzioni, o tradizioni, è ovviamente tutta un'altra questione. Detto questo, comunque si voglia rigirare la cosa, l'esperienza è una condizione *sine qua non* per poter guidare in modo utile altre persone. La maturità non può essere scimmiottata, né può essere conseguita perché si indossa un semplice abito. È sempre il frutto di un percorso, non solo teorico, ma anche e soprattutto pratico. E certamente, concordo quando affermi che chi non si comporta come pensa finisce per pensare come si comporta. D'altra parte, il problema è proprio questo: pensare! Imparare a pensare, con autonomia, anche con la propria testa, e non solo con quella degli altri. E comprendere, prima ancora di applicare, le regole cui diamo tanta autorità nella nostra vita. Hai ragione nel dire che a volte, forse, un "cappuccetto" rischia di comandarci nella nostra vita. Quello che manca, dalla mia prospettiva, nel tuo discorso, è un'autocritica in relazione al fatto che nella Chiesa, ad esempio, manca quasi totalmente la dimensione di una ricerca libera al suo interno. Quante delle sue attuali regole sono solo dei fossili senza più vita e senza più alcun possibile contatto con il reale, semmai lo hanno avuto un tempo? Quanti cappucci sono posati sugli occhi di molti credenti, senza che nessuna riflessione sia promossa circa il loro grado di verità e la loro utilità? Mi viene da dire che, fortunatamente, ogni tanto il cappuccio di gomma si rompe da solo, obbligando a una riflessione personale, circa le possibili conseguenze di quella rottura, ma gli altri cappucci, a mio modo di vedere, sono fatti di gomme molto resistenti, antistrappo, e in tal senso, ritengo, sono molto più insidiosi!

MISHA. Concordo con la maggior parte dei rilievi che fa, specialmente a proposito dell'imprescindibilità dell'esperienza e della maturità vera, non scimmiottate. Sottoscrivo totalmente che "l'abito non fa il monaco" e che nella Chiesa permangono regole-fossili (che però non sono quelle che pensa lei: le citavo Gandhi, che non ha nulla di cattolico) oppure regole ampiamente disattese. Sono totalmente d'accordo anche sul tema fondamentale della libertà, fermo restando il principio che ho tentato di comunicare prima, cioè che non si dà necessariamente opposizione tra la libertà e l'autorità. Ma anche qui non posso non tentare di dissipare alcuni equivoci che ormai si insinuano d'abitudine nelle nostre conversazioni: 1)–Il principio verissimo che l'abito non fa il monaco non si deve trasformare nel principio opposto (che gli ha fatto cambiare totalmente senso) che "il monaco non porta l'abito". In questo lei sembra vada d'accordo con quei preti in blue jeans o in abiti casual che, per dare maggior peso alla sostanza piuttosto che alla forma, hanno finito per smarrire l'una e l'altra dagli anni '70 in poi. La proliferazione di "preti operai", che poi hanno abbandonato il sacerdozio, ha permesso un inavvertito trasbordo ideologico del sacerdozio dal piano della "cura d'anime" al piano della assistenza politico-sociale, del sindacalismo e della rivendicazione economica, lasciando i paesaggi interiori in preda alla devastazione o nelle mani improprie degli psicoterapeuti, "confessori a pagamento" senza talare! Se la forma viene abolita, alla lunga ne risentirà anche la sostanza. "Ri-formare" significa "restituire la forma originaria" alla sostanza, che l'ha perduta, non significa cambiare i connotati alla sostanza per farla diventare un'altra cosa, "informale" (musica informale, pittura informale, pensiero informale o addirittura scienza informale). In questo preti e gerarchia ecclesiastica portano una grave responsabilità e si rendono conto che hanno dato al "rinnovamento" l'accezione di "rivoluzione" (buttare l'acqua sporca col bambino) piuttosto che di riforma (togliere le incrostazioni che impediscono al quadro di rifulgere nella sua essenza). Detto questo, la stessa esperienza secolare della Chiesa latina ha mantenuto il celibato ecclesiastico nell'ambito del diritto ecclesiastico e non lo classifica come "diritto divino"! Prova ne sia l'accettazione in ambito cattolico – e a certe condizioni – di convertiti anglicani sposati! 2)– Proprio a causa della propria millenaria esperienza, la Chiesa sa che il "pensiero" è importantissimo, ma non è tutto e che l'idea di maturità in ambito spirituale è oltremodo equivoco e carico di conseguenze equivoche. Tanto equivoche che non di rado ci casca la stessa gerarchia ecclesiastica (si pensi alle "persecuzioni" che hanno dovuto subire dentro la Chiesa santi come Padre Pio, caso non unico: oppure alle censure a uomini come Rosmini). Per chiarirmi, faccio un solo esempio: il patrono dei sacerdoti è un curato analfabeta, senza cultura e senza "pensiero", ignorante e ottuso come pochi: Giovanni Maria Vianney, detto poi "il Santo Curato d'Ars". Egli non sapeva fare nulla di nulla, tranne due cose adatte forse agli scemi: pascolare le pecore in campagna e recitare bene il rosario. Nessuno avrebbe scommesso quattro soldi o impegnato la propria autorità per ordinarlo sacerdote, tanto che i superiori sono stati perplessi fino all'ultimo. Era inerme nella mente, nel corpo e nello spirito e forse Dostoevskij gli avrebbe dato volentieri la patente di "idiota", con la quale è identificato il principe Myskin, il protagonista del suo omonimo capolavoro (dove idiota è l'uomo "alla buona" o l'uomo "totalmente buono"). Divenne prete per l'incoscienza di un vescovo, che però si premunì immediatamente per evitare che facesse danni: lo spedì in un villaggetto sperduto di quattro anime sperdute della Francia, chiamato Ars. Legga la sua biografia (soprattutto quella di Francesco Trochu) e vedrà come può accadere che la "miseria incarnata", l'insipienza e l'immaturità fatta uomo possano diventare l'agognata meta di poveri e ricchi, straccioni e prìncipi, desiderosi persino di consigli di governo, disposti a lasciare i propri troni per affrontare il viaggio fino ad Ars e incontrare San Giovanni Maria Vianney. Il fatto è che nessuna tecnica o previsione illuminata può mai rendere potente l'impotenza, ricca la miseria, luminosa la dabbenaggine. Soltanto lo Spirito lo può fare, arbitrariamente, che – come dice la Scrittura – si affida ai piccoli per ridurre alla piccolezza le cose che sono! E soprattutto non lo fa solo per uno sterile perfezionamento individuale, bensì per un soccorso che questa "grazia pietosa" vuole portare anche al prossimo e alle sue miserie. 3)–Nessuna libertà di ricerca, la più spregiudicata, può spingersi fino alla distruzione dell'oggetto di indagine, pena lo smarrimento del senso stesso della ricerca. La libertà è un bene che va salvaguardato a tutti i costi specie in ambito intellettuale, ma non al prezzo della propria autodistruzione. Quando la ricerca cede alla tentazione di passare dal piano del "sapere" al piano del "potere", l'autorità del ricercatore non ha più competenze sul suo oggetto e deve umilmente affidarsi ad autorità di ordine superiore. Una cosa è conoscere tutti i meccanismi della fecondazione in vitro (qui libertà totale al ricercatore), ben altra è passare alle vie di fatto senza interpellare l'etica, cioè quei criteri del bene e del male su cui è legittimata a intervenire una superiore autorità morale. Si possono conoscere i modi e le condizioni per richiamare in vita gli spiriti dei morti ma la liceità dello "spiritismo" va rilasciata all'autorità morale, che non può smarrire la conoscenza dei pericoli insiti nell'esoterismo, nell'occultismo, nella parapsicologia e simili. Autoritarismo e anarchismo sono tentazioni perenni nell'assetto ordinato del reale e nel rapporto gerarchico tra gli uomini, ma l'autorità non è lesione della libertà e la libertà non è separazione dall'autorità. La rottura della retta gerarchia tra etica e tecnica e tra sapere e potere dà luogo a due conseguenze negative: da una parte al moralismo, dall'altra alla tecnocrazia! In un documento di bioetica della Congregazione per la Dottrina della Fede ("Donum vitae") si delinea sinteticamente il retto parametro di giudizio su questi temi: "Non tutto ciò che è possibile è lecito"! Liberi di non obbedire in nome della tanto idolatrata autonomia! Ma non di misconoscere la ragionevolezza dell'assunto! Purtroppo vuole che le dica qual è il problema vero? È che la Chiesa non si ferma alla bella enunciazione di princìpi, ma ha la possibilità di passare alle vie di fatto, sanzionando in casi gravi i contravventori. La sapienza pratica sa, infatti, che non basta la predicazione, a noi uomini di "dura cervice". E questo non ci piace! Scalpitiamo un po'!

MAKSIM. Caro Misha, grazie per i tuoi approfondimenti. Ovviamente, in parte condivido il tuo pensiero. Ma solo in parte, perché, dal mio punto di vista, è un pensiero... un po' troppo di parte! Quando ad esempio scrivi: *"[...] lasciando i paesaggi interiori in preda alla devastazione o nelle mani improprie degli psicoterapeuti, 'confessori a pagamento' senza talare!"*, dimentichi che sono molti gli psicoterapeuti che fanno un ottimo lavoro. Certo, la psicoterapia non è la ricerca spirituale. Il più delle volte lavora solo al "livello della maschera", e non al livello più profondo dell'"essere-coscienza". Ma l'incompetenza in ambito psicologico di molti sacerdoti è, dal mio punto di vista, altrettanto seria e grave dell'incompetenza di alcuni psicoterapisti in ambito spirituale. Si potrebbe quindi ripetere la tua frase ribaltandola: *"[...] lasciando i paesaggi interiori in preda alla devastazione o nelle mani improprie dei sacerdoti, 'psicoterapeuti improvvisati' senza diploma!"*. Il tuo esempio del Santo Curato d'Ars mi lascia alquanto perplesso. Lascia intendere che gli ignoranti sarebbero amati da Dio più che gli eruditi, purché riconoscano il Divino. C'è un piccolo problema: come fa un ignorante a riconoscere il Divino? E aggiungo: cosa c'è di più gratificante ed ammaliante del sentirsi dire che la conoscenza non conta, se c'è devozione? Ahimè, una vecchia storia! Sulla libertà di ricerca, è necessario comprendere che conoscenza ed etica non sono separate. Intanto, è solo vivendo in un contesto sociale eticamente sufficientemente avanzato che è possibile praticare una ricerca sufficientemente libera e quindi avanzata. La Chiesa, qualche secolo fa, esprimeva un pensiero etico piuttosto arretrato, tanto da ritenere lecito mettere al rogo chi rimettesse in questione le sue presunte verità, ad esempio la sua spiegazione "aristotelica" della transustanziazione, opposta alla visione atomistica. In un tale contesto di "ignoranza etica", la ricerca ovviamente non era possibile, o comunque veniva resa pressoché impossibile. E infatti, i progressi a quei tempi avvennero perlopiù in Inghilterra, dove la Chiesa anglicana riteneva il "miracolo" della transustanziazione una semplice superstizione. Detto questo, perché mai pensare che la conoscenza debba necessariamente avanzare a compartimenti-stagno?. È chiaro che un ricercatore del vero indagherà il reale sia "orizzontalmente" che "verticalmente". E l'etica, certamente, farà parte della sua ricerca. L'etica, come ogni altro campo del sapere, si fonda su elementi oggettivi del reale. E infatti, la nostra visione etica muta al mutare delle nostre conoscenze. È un processo obbligatorio. C'è una dialettica costante e inevitabile tra i nostri diversi campi di indagine. Il potere di un ricercatore del vero è un potere che nasce innanzitutto dal cuore, cioè da una visione orientata a una conoscenza integrale e integrante, e non da un desiderio di mera dominazione e prevaricazione. Anche perché, un ricercatore autentico è tanto interessato alla fisica che alla metafisica, e soprattutto a ciò che sta tra le due, che io chiamo parafisica, cioè la "fisica interiore" (che poi è interiore solo in apparenza). Quando si parla di pericoli insiti nell'esoterismo, nell'occultismo, nella parapsicologia e simili, di cosa stiamo parlando? Semplicemente dei pericoli insiti nel reale. Anche quando attraverso la strada rischio se non sto attento, se non conosco le dinamiche del traffico. Quindi, certamente, è necessario inoltrarsi in certi ambiti della ricerca con prudenza, meglio se sotto la guida di qualche collega più esperto (ricerca in seconda persona), ma questo non significa non indagare tali ambiti del reale in modo il più possibile oggettivo. Il vero ricercatore si muove con libertà totale ma anche con responsabilità totale. Questo, ad esempio, perché ben conosce l'azione del karma, cioè il fatto che le sue azioni hanno conseguenze. E che tali conseguenze vanno oltre la sua manifestazione fisica. Prendiamo un esempio che mi sembra ti stia parecchio a cuore (da alcune affermazioni piuttosto radicali che ti ho visto fare in altri tuoi post): quello dell'aborto. Qui la Chiesa sembra aver dato un suo giudizio etico definitivo. Eppure, tale giudizio si fonda su dei presupposti che non nascono necessariamente da una conoscenza oggettiva del fenomeno della "venuta al mondo di una coscienza". Affermare ad esempio che, tramite un aborto, si uccida un individuo è, secondo me, una mera falsità, figlia di un'errata comprensione delle dinamiche che hanno luogo tra la dimensione fisica e le dimensioni extrafisiche. Tramite un aborto, semplicemente, si impedisce (temporaneamente) a un'individualità multimillenaria, già esistente, di acquisire un abito corporeo e avere accesso all'opportunità di un'esperienza di vita intrafisica su questo pianeta. Non è quindi un omicidio, non viene ucciso nessuno, ma viene semplicemente impedito a qualcuno di fare un determinato tipo di esperienza. Ora, quando si valuta l'eticità o anti-eticità di uno specifico aborto, vi sono molti fattori di cui bisogna tenere conto. Per fare un esempio semplice (in una materia altrimenti molto complessa ed articolata, in cui è facile creare malintesi), considera il caso di una donna che rimane incinta a seguito di una violenza carnale. Spesso accade, in tali situazioni, che il nascituro sia un'individualità ostile alla futura mamma, e causerà a quest'ultima, una volta in vita, numerose interferenze, cercando ad esempio di impedirle di portare a termine la sua missione di vita. In una tale circostanza, può essere indubbiamente molto più etico abortire che non abortire. Per fare una semplice metafora, se qualcuno bussa alla porta di casa mia, io non necessariamente lo lascio entrare, solo perché ha bussato. Se sono in grado di riconoscere che è un delinquente, col cavolo che lo lascio entrare, lo lascio fuori, e chiamo anche la polizia. E questa sarebbe ovviamente una scelta oculata, eticamente valida. Ci sono però persone che sono state portate a credere che chiunque bussi alla loro porta sia un loro amico, e che sarebbe un crimine non lasciarlo entrare. Spesso, effettivamente, si presenteranno degli amici. Ma non sempre. E forse sarebbe meglio provare a indagare come funziona questa complessa dinamica, che fa sì che ogni tanto vi siano persone non amiche che vengono a bussare, per approfittare della nostra ingenuità/ignoranza. Detto, questo, non sto facendo l'apologia indiscriminata dell'aborto. L'incarnazione è una faccenda seria. E queste valutazioni non possono essere fatte superficialmente. Impedire a una coscienza di accedere a un'opportunità evolutiva importante può essere una decisione con notevoli conseguenze, soprattutto se vi era un accordo precedente tra noi e questa coscienza. Allo stesso modo, non è perché acquisisco sufficienti evidenze circa il fatto che la coscienza è un'entità multidimensionale che si manifesta solo temporaneamente con un corpo fisico, che per questo me ne posso andare in giro a uccidere i miei simili, poiché tanto non li starei uccidendo veramente. Ma un conto è riconoscere un errore grave, e un conto è pensare di essere dannato per l'eternità per aver fatto un gesto irreparabile. Un conto è riconoscere che in generale può essere buona regola quella di non abortire, e un altro è pensare che tale regola non abbia eccezioni, o comunque un campo di validità che va attentamente indagato, senza pregiudizi di sorta. Certo che se, su certi argomenti, la Chiesa mette una sorta di veto, affermando che non si possono indagare, che è materia di fede, che è un mistero insondabile decretato a priori, ecc., beh, che dire, in questo caso, ovviamente, i ricercatori liberi-responsabili-maturi cercheranno altri ambiti in cui promuovere la loro indagine a trecentosessanta gradi, sia orizzontalmente che verticalmente parlando.

MISHA. Caro Maksim, sa come si dice dalle mie parti? Lei con questi argomenti mi sta invitando a "carne e maccheroni". Ma siccome – appunto – fra poco è l'ora di pranzo (oggi pasta al forno!) rinvio la singolar tenzone "cultural-religiosa" a un altro momento. Io sono per lo spirito, ma solo dopo aver debitamente soddisfatto "la carne". Sono un cattolico molto materialista! A risentirci! (*Dopo il pranzo*): Egregio Maksim, ci sono quattro punti del suo intervento precedente che vorrei toccare, soprattutto perché vedo che il discorso viene volontariamente o involontariamente portato entro rivoli e rivoletti che gli fanno perdere la via maestra. I quattro punti sono i seguenti: 1) cura d'anime e psicoterapia, con una precisazione sul Santo Curato d'Ars; 2) la libertà di ricerca e l'etica, con una precisazione sui roghi e il pensiero arretrato della Chiesa; 3) la ricerca tra sapere e potere, con una precisazione sui pericoli dell'occultismo; 4) l'aborto e i veti della Chiesa dei "misteri", tra incarnazione e reincarnazione. 1)–CURA D'ANIME E PSICOTERAPIA: quando lei mi ribalta la frittata per mostrare la mia "partigianeria", fa una cosa illegittima. Perché? Perché la "cura d'anime" e "la psicoterapia" non sono due discipline "a pari merito" che stanno sullo stesso piano o che si possono interscambiare, oppure che si applicano a due "settori diversi", una alla "coscienza" e l'altra alla "maschera": il soggetto della "cura" è lo stesso per l'una e per l'altra, cioè l'anima, tanto che la stessa etimologia di "psicoterapia" non vuol significare altro che "cura dell'anima". Allora perché si chiamano in due modi diversi? Per il semplicissimo fatto che a un certo punto – dico proprio storicamente – si è voluto dare alla "scienza dell'anima" una patente di scientificità, operando un riduzionismo. Quale? Quello derivante dal pregiudizio che l'anima potesse essere studiata "positivisticamente", come una qualsiasi realtà della natura, con gli stessi metodi applicati alla natura "esterna" all'uomo. Ciò ha comportato prima la messa tra parentesi e poi la successiva dimenticanza-eliminazione di una delle tre dimensioni di cui l'anima è composta: la dimensione spirituale trascendente (inindagabile e incurabile con mezzi "scientifici" perché trascendente la natura), lasciandole le altre due: la dimensione corporale e quella psichica, che sono inscindibilmente legate tra loro. Detto in parole poverissime, la dimensione spirituale è stata ricacciata nell'ambito dell'astratto e abbandonata nelle mani di preti, guru e affini; la dimensione psico-somatica è finita nelle mani della "scienza" e degli psicoterapeuti. Perché lei fa una cosa illegittima quando mi ribalta la frittata? Perché non tiene conto che, mentre "la cura d'anime" comprende in sé implicitamente l'attenzione allo "psicosomatico" e dunque alla "psicoterapia", lo "psicosomatico", al contrario, essendo frutto di una operazione riduzionistica, non ha in sé lo stesso significato della cura d'anime (fra parentesi, con questo non dico che i preti sanno fare il loro mestiere, dico che, se lo sapessero fare, ingloberebbero in sé – gratis – lo "psicoterapeuta", perché la "psicoterapia" di per sé si muove in ambiti insufficienti alle necessità dell'anima e non di rado, malgrado i successi di cui lei parla – e su cui ci sarebbe da dire – prende delle cantonate piuttosto tragiche. Non so se mi sono spiegato. L'uomo è tridimensionale e i modi di curare la sua anima sofferente hanno bisogno di un approccio che non è quello insufficiente della mentalità psicodinamica positivistica. Questa ha fatto scoperte e ottenuto risultati a volte anche malgrado le specifiche tecniche delle specifiche scuole, ma soltanto per il rapporto "umano" tra paziente e medico (a volte gli psicoterapeuti sono costretti a constatare che il loro ruolo finisce per essere quello del "consolatore", sostitutivo di quello del prete, che non godrebbe del crisma della "scientificità")! La psicoterapia e le sue conquiste, a essere radicali, sono figlie della morte della relazionalità umana, sostituita dalle affabulazioni a pagamento! L'amore, l'ascolto reciproco, l'amicizia e la benevolenza (insomma la "cura dell'anima" che soffre) appaleserebbero immediatamente i limiti della cosiddetta "scienza psicoterapeutica". Ripeto: questa non è che la spia di due malattie: la solitudine individualistica dell'uomo moderno, da un lato, e dall'altra la pretesa di colmare la sofferenza che ne consegue attraverso personaggi col camice bianco. A questo si aggiunge la nefasta concezione che il medico, anche nei territori dell'anima, si sente spesso chiamato a "eliminare i conflitti" e la sofferenza, facendogli assumere il ruolo di colui che NEGA il limite della condizione umana (ciò che io chiamo "tendenza gnostica" della psicoterapia). Ora si son fatte le quattro di mattina e riprenderò il discorso domani.

MAKSIM. Nemmeno la fisica, dal mio punto di vista, può essere studiata positivisticamente, se s'intende per positivismo una concezione che esclude il realismo. L'anima però, può indubbiamente essere studiata, senza per questo necessariamente ridurla, e non tutti gli psicoterapeuti sono dei meri consolatori. Quelli che hanno ben compreso la natura di una relazione di aiuto, hanno ben chiaro il concetto di contratto terapeutico: un patto esplicito in cui viene chiaramente espresso che entrambe le parti devono fare la loro parte. E certamente, se vivessimo in una società più avanzata (in tutti i sensi), ci sarebbe probabilmente meno bisogno di psicoterapeuti, così come ci sarebbe meno bisogno di medici, di poliziotti, e chissà, forse anche di preti. E ci sarebbero probabilmente molti più studiosi e ricercatori. La psicoterapia però non esclude la ricerca spirituale, a volte ad esempio la integra, come in quella transpersonale, per fare un esempio (vedi Assagioli, in Italia). Il mio voler ribaltare la frittata non era frutto di un'illecita confusione, ma semplicemente l'espressione di un'osservazione: che le carenze sono da entrambi i campi. I preti, spesso, perdono di vista (e/o sono incompetenti circa) la complessità della dimensione psicosomatica, e gli psicoterapeuti, spesso, perdono di vista (e/o sono incompetenti circa) la complessità della cosiddetta dimensione spirituale. Faccio un esempio di un altro tipo, a mo' di metafora. I monaci bizantini davano grande importanza al respiro, nella pratica della preghiera. In altre parole, avevano una visione integrale della preghiera, in cui vedevano l'indispensabile partecipazione del corpo, promuovendo al suo interno una circolazione energetica, tramite il respiro; veniva data importanza all'invocazione, e allo stesso tempo veniva data importanza alla respirazione. Ecco, il mio ribaltare la frittata era semplicemente l'osservazione che, se è vero (concordando con te) che spesso gli psicoterapeuti sono come delle persone che aiutano a respirare, dimenticandosi però di collegare il respiro alla preghiera (cioè alla dimensione spirituale), i preti, dall'altra parte della frittata, pregano ma si dimenticano di collegare la loro preghiera al respiro (e così tale preghiera resta inefficace in termini pragmatici). Insomma, abbiamo bisogno di persone nuove, con una visione olistica, capaci di non separare indebitamente i mondi. Gli antichi lo sapevano bene questo. Alcuni moderni anche.

MISHA. Ora, prima di passare al secondo punto, una precisazione sul Santo Curato D'Ars: da dove si deduce che il motivo per cui lo addito a esempio è di mostrare che «gli ignoranti sarebbero amati da Dio più che gli eruditi, purché riconoscano il Divino»? Io ho voluto solo mostrare che Dio è libero di utilizzare anche le cose e le persone ritenute più insignificanti per realizzare "cose divine", senza escludere nessuno. Il punto è che la realizzazione del "divino" in noi non è condizionata da alcun merito nostro intellettuale, né dalle nostre credenziali più o meno forti di ricercatori. "Soffia dove vuole" e la parola chiave per capirne le movenze è la parola "dono". È vero, però, che esiste una cosa umana da cui spesso "il divino", per suo stesso beneplacito, può ("può"!) essere "piegato", diciamo "intenerito", "persuaso": questa cosa è la preghiera. All'intensità della preghiera Dio spesso connette (senza esserne obbligato) doni inaccessibili alla più geniale ricerca. E la preghiera è facile per tutti, eruditi e ignoranti! Nessuno è escluso da questa possibilità! 2)– LIBERTÀ DI RICERCA ED ETICA: a me, sempre in base a dati di esperienza e non di esperimenti, non sembra vero quello che lei dice, cioè che una ricerca "sufficientemente avanzata" vada di pari passo con un "contesto sociale eticamente sufficientemente avanzato". Spesso e VOLENTIERI è il contrario: non sarò io a ricordarle che, ad appoggiare il Terzo Reich e Hitler, ci sono state menti sopraffine, insuperabili e insuperate, da Konrad Lorenz a C. G. Jung, soprannominato da Richard Noll "il profeta ariano". Ovviamente ci sono molte altre prove che il regno della scienza e quello dell'etica restano spesso due regni diversi, separati e non di rado incompatibili. E la "selezione eugenetica dei migliori" operata allora con l'aiuto di medici e sperimentatori "illuminati", non vedo che cosa abbia di diverso dalla "selezione dei migliori" operata oggi in laboratorio, da luminari come Severino Antinori. Dal punto di vista etico, nulla! P.S.: francamente non mi risulta – se così è non potrei che approfondire i casi reali che mi vorrà segnalare – che la Chiesa abbia messo al rogo qualcuno per il fatto che non credesse nella "transustanziazione". È vero che ci sono state pesanti controversie tra la "scienza moderna" e gli "aristotelici", ma gli aristotelici che sono stupidamente andati in rotta di collisione con la scienza erano i cosiddetti "aristotelici puri" (gli aristotelici padovani), quelli che avversavano la "contaminazione" tra aristotelismo e Chiesa, vale a dire tra il pensiero aristotelico e quello di San Tommaso D'Aquino. Le autorità ecclesiali tomiste avevano da tempo accettato e favorito, per esempio, le teorie eliocentriche dell'universo. Anche se, va detto, adesso queste restano questioni di lana caprina, dal momento che la relatività dei calcoli consente di fregarsene di appurare se – oggettivamente – sia la Terra che gira intorno al Sole o il Sole che gira intorno alla Terra: tutto "torna" sempre, in dipendenza di qualsiasi punto di vista si scelga per "osservare". Lei lo sa! Ma questo *post scriptum* non potrebbe chiudersi senza una nota, che non dovrebbe apparire ridicola a chi è abituato a fondare le proprie idee su riscontri "sperimentali". Gli anglicani avevano torto a considerare la transustanziazione una superstizione, anziché un dato, perché in varie parti del mondo Dio stesso – che non è un principio naturale impersonale, ma "persona che ha assunto la carne", si è incaricato di mostrarne le prove, facendo sanguinare ostie consacrate a beneficio anche degli increduli e di chi, non volendo vedere, va a cercare analogie, a volte assenti, in altre tradizioni religiose. E lei dovrebbe essere informato del fatto che proprio la Chiesa, che sin dall'inizio ha favorito e non ostacolato la scienza, prima di esporsi al pubblico ludibrio e scherno, ha sempre voluto sottoporre certi fenomeni al vaglio di scienziati di vario orientamento, prima di apporre il proprio timbro su certi fatti. È proverbiale la prudenza e lentezza della Chiesa nel gridare entusiasticamente al miracolo, proprio mentre si creano fenomeni di massa irresistibili (e pieni di ambiguità) come quelli di Medjugorie. Mi scuserà se le dò l'impressione di essere caduto nel "popolare" e nel "popolino", sul quale gli intellettuali tengono sempre la mosca al naso e ostentano un certo aristocratico disgusto. Il tema dei rapporti tra scienza e fede è di un interesse unico, soprattutto perché è da tempo che si mesta nel torbido e non si tiene affatto conto della vera storia dei loro rapporti. Se si prescinde da qualche abborracciata "vulgata" anticlericale sui soliti Galilei-Giordano Bruno e Inquisizione, per il resto è buio pesto! 3)–LA RICERCA TRA SAPERE E POTERE: Su questo punto devo pensare o che lei mi fraintende o che sta distratto su quello che scrivo: non ho mai detto, né mai pensato che il fine del ricercatore è il potere. Sono arci-d'accordo che è il cuore a comandare, è il desiderio della "totalità", cui non bisogna mettere freni, né "orizzontalmente", né "verticalmente". Io ho detto che, siccome ogni "sapere" (scienza) trasborda in "potere" (tecnologia), che a sua volta tende alla "esecuzione" (uso della scienza e della tecnica per vantaggi individuali e sociali), ci sono tre "figure" che ruotano intorno a questa triade: 1) il ricercatore e lo scienziato; 2) il tecnico; 3) il moralista, inteso in senso positivo come esperto di etica. Ovviamente è possibile che queste tre figure coincidano con la stessa persona, così come un farmacista potrebbe essere anche pittore o musicista esperto, ma è naturale che non si vada dal farmacista per chiedere una "sonata di

Bach" né ci si fa prescrivere da un direttore d'orchestra una pomata. Può succedere che il farmacista-musicista mi dia delle lezioni su Bach, ma "come" musicista, non "come" farmacista". Un ricercatore e un tecnico, fuori dall'ambito loro proprio, non hanno competenze per decidere che cosa è giusto e che cosa è sbagliato: devono rimettersi a "un altro" e tener conto scrupoloso di quest'altro. Saper fare i figli in provetta come grande tecnico, non ti autorizza a fare di testa tua (anche se sei la testa più luminosa che ci sia sul mercato) senza rimetterti a una istanza "morale" superiore. Ripeto: con tutto il rischio (di autoritarismo) che questo comporta. Oggi la crisi dell'autorità è dovuta in parte alla perdita di autorevolezza dell'autorità stessa, in parte alla pretesa di voler fare in libertà, pensando di difendere un valore. Ed è qui che casca l'asino. I pericoli che incontra l'automobilista su strada devono essere lasciati interamente alla sua responsabilità, ma non è di sua competenza il piazzamento della segnaletica! Oddìo, nessuno vieta all'automobilista di dare un proprio giudizio "teorico" sul piazzamento di un certo segnale, ma se egli vuole cambiare il segnale di posto non lo può fare "in quanto automobilista", ma in quanto "consigliere comunale", scegliendo di fare "politica". Finché rimane automobilista deve "ubbidire" al sindaco e agli assessori. La manìa di credere (vedi Battiato – divenuto consigliere regionale - e altri) che si possa utilizzare la propria sapienza in un determinato campo come un *passe-partout* per altri campi è una "PRETESA", e soprattutto un'illusione, foriera di disordine, interiore ed esteriore! P.S.: accetto l'esempio del traffico se si ha chiaro il fatto che viaggiare in pianura (in piena coscienza o ubriaco) è un po' diverso che "scendere nei bassifondi profondi (occultismo) o salire ad altezze rarefatte (misticismo). Le ultime due cose saranno un po' più pericolose del viaggiare in autostrada, no? Sul quarto ed ultimo punto, L'ABORTO E I VETI DELLA CHIESA, mi prendo una pausa. Non ce la faccio più e devo fare dei servizi. (*Dopo i servizi*) Caro Maksim, lei è l'unico "amico facebook" che vuole approfondire certi temi dialogando. Ma per ora non confido tanto sulla sua pazienza, tirata fino a un certo limite. Per cui vorrei affrettarmi a chiudere il discorso col quarto punto, che è il più difficile da affrontare con lei, anche se di per sé è il più banale: 4)–L'ABORTO E I VETI DELLA CHIESA. Lei dice: «Tramite l'aborto non si uccide nessuno, ma viene semplicemente impedito a qualcuno di fare un determinato tipo di esperienza». E sia! Voglio dare per buono questo punto di vista, che io non condivido. Vien fuori comunque una domanda: "con quale diritto"? C'è qualcuno che può arrogarsi il diritto di impedire a un'"individualità già esistente" (secolare, millenaria o multimillenaria che sia) di fare un determinato tipo di esperienza, sia pure momentaneamente? Se sì, perché? Se no, allora è una scelta arbitraria? "L'arbitrio può inventarsi una sua "legittimità"? L'etica chiede: "dammi un criterio giusto"! Lei dice ancora, molto vagamente: "Ci sono molti fattori, complessi e articolati, facili ai fraintendimenti, per valutare l'eticità o antieticità di uno specifico aborto". La valutazione dell'eticità o antieticità di un determinato aborto (come dice lei) chi la fa? E poi, per avvalorare le sue vaghe argomentazioni, mi fa "un esempio semplice", utile più che altro non a farmi ragionare, ma a impressionare la mia immaginazione: quello di "una donna che rimane incinta a seguito di violenza carnale". E io stesso, per farla contento, potrei spingermi ancora più in là, con esempi non di "donne" stuprate, ma di "suore" stuprate (per cui il dilemma diventa doppio), specialmente in periodi bellici. Poi, per avvalorare la sua tesi, rincara la dose con argomentazioni "psicologistiche" molto discutibili: "Spesso accade, in tali situazioni, che il nascituro sia un'individualità ostile alla futura mamma, e causerà a quest'ultima, una volta in vita, numerose interferenze". Mentre io resto in attesa che lei mi porti "prove scientifiche" concrete di questi assunti, io da parte mia non posso fare altro che portarle prove concrete del contrario. Eccone una. Fosse pure questa sola, basterebbe a inficiare il suo discorso: il caso di Rebecca Kiessling.[3] Tutto il seguito del suo ragionamento è una miniera ricchissima di ambiguità, per dire il meno: «Ammetto l'aborto, ma non ne faccio l'apologia; poi: si può "impedire" a una coscienza di accedere a un'opportunità evolutiva importante", ma

---

[3] Vedi il video: *https://youtu.be/Exm2N8D7Nyo*

può essere una decisione con notevoli conseguenze"... e via di questo passo. Tra il "si può" e i "ma", c'è proprio quell'etica che chiede: "perché?", "a quali condizioni?", "chi decide?", "chi stabilisce il confine tra la libertà di fare e il divieto?". Lascio stare di proposito il punto in cui lei afferma: "non è perché acquisisco sufficienti evidenze circa il fatto che la coscienza sia un'entità multidimensionale che si manifesta solo temporaneamente con un corpo fisico, che per questo me ne posso andare in giro a uccidere i miei simili, poiché tanto non li starei uccidendo veramente". Qui il mio comprendonio si oscura, ma resto totalmente aperto al desiderio che lo si possa illuminare, se mi si portano ragioni valide! A mio parere sarebbe più facile per lei comprendere che, per un delitto, non esistono eccezioni di principio, ma soltanto umane attenuanti di fatto: "attenuanti generiche", come le chiamano gli avvocati, o "incapacità di intendere e di volere", come la chiamano gli psichiatri! A mio parere lei non avrebbe da fare altro che andare nell'esperienza e nei tribunali per sapere come stanno le cose, senza perdersi (o attendere di ritrovarsi) "in altre vite" che potrebbero non esserci! A parità di misteri insondabili, quelli sui quali mette il veto la Chiesa appaiono molto più ragionevolmente accettabili di quelli che si disseminano per contrastarli! Infatti alla Chiesa basta dire: «bando al ginepraio senza uscita dei "se" e dei "ma". Non si può e basta. Ogni vita (umana fisica) è intangibile e indisponibile dalla culla alla tomba, anzi dalla pancia di mamma alla tomba! Primum vivere, deinde philosophari!».

MAKSIM. Ti ringrazio Misha per lo sforzo di chiarificazione. Hai ragione, non hai certo affermato che «gli ignoranti sarebbero amati da Dio più che gli eruditi, purché riconoscano il Divino», è stata una mia indebita estrapolazione. Molti fraintendimenti, nel nostro scambio, nascono probabilmente da una confusione tra il concetto di "sapere", inteso unicamente come accumulo nozionistico e intellettualistico, e quello di "conoscenza", intesa come realizzazione del contenuto del proprio sapere (tramite una fusione tra teoria e pratica), e in particolare la sua messa in relazione con i diversi aspetti del reale. Vi sono molte persone che sanno molte cose, ma che hanno ben poca conoscenza di quello che sanno. Una vera conoscenza richiede anche un percorso di evoluzione e trasformazione personale. Mi risulta comunque strano che tu non concordi che una ricerca avanzata vada di pari passo con un contesto sociale eticamente avanzato. E mi risulta strano che, per confutare tale assunto, evochi esempi come quello del Terzo Reich. Spero non riterrai che il Terzo Reich fosse un contesto sociale eticamente avanzato. E infatti, la ricerca condotta sotto quel regime, ad esempio nel campo medico, ha avuto dei risvolti mostruosi. Forse non ci intendiamo sul qualificativo di "avanzato". Avanzato, per me, non ha il significato di "tecnologicamente avanzato", ma il senso di una scienza sempre più integrale, che studia la realtà tutta, le leggi tutte, la vita tutta, in tutti i suoi piani, spirituale incluso. Detto questo, concordo con te che, se sono un ignorante, è bene che io cerchi una guida che mi aiuti a non commettere inutili errori nella vita. Il problema, ovviamente, è che da ignorante non è detto che saprò riconoscere una falsa guida da una vera guida. Il rischio più grande essendo quello di incappare in guide, o istituzioni, che non promuovono il mio avanzamento, lo sviluppo della mia intelligenza evolutiva, della mia maturità integrale, ma mi lasciano nella condizione di ignoranza e dipendenza in cui mi trovo. Naturalmente, non è un rischio che posso evitare: fa parte della crescita, sia in senso psicologico che coscienziale. Altrimenti, per quanto riguarda la vita, tutti dovrebbero intraprenderne lo studio, in modo da dipendere il meno possibile da autorità esterne, e sempre di più fidarsi dell'autorità del proprio giudizio interiore, proporzionalmente alla crescita del proprio discernimento. E un vero ricercatore, per quanto possa essere uno specialista, o anche un tecnico, in certi aspetti specifici della sua ricerca, non potrà mancare di essere un attento conoscitore (conoscenza, non sapere) dei temi importanti dell'esistenza. Naturalmente, questo è al momento più tra i "desiderata" che altro, in quanto ovviamente la situazione è in generale ben altra, su questo pianeta. Questo sia nel campo scientifico convenzionale, spesso dominato da logiche altre rispetto alla ricerca responsabile della verità, sia nel campo religioso, spesso dominato da un pensiero superstizioso e da una mancanza di vera ricerca al suo interno. Naturalmente, ci sono eccezioni. Vengo al punto 4. Mi chiedi: "La valutazione dell'eticità o antieticità di un determinato aborto chi la fa? La risposta è semplice: la donna, sulla base dei suoi convincimenti etici. Chi altro dovrebbe farla altrimenti, scusa? Comunque, non ho mai parlato di scelte arbitrarie, ma di scelte delicate, come è delicato il tema dell'etica, che come è noto non presenta soluzioni prefabbricate, cioè ricette applicabili in ogni circostanza, a colpo sicuro. E sicuramente, comprendere meglio quali siano le dinamiche alla base della vita, e dell'evoluzione della coscienza, è di grande aiuto alfine di approfondire la propria riflessione etica e trasformarla in un'etica più universale e matura. Per quanto attiene alle prove scientifiche che mi richiedi, faccio presente che le prove scientifiche non esistono. La scienza (quella buona) si occupa solo di congetture (spiegazioni) e refutazioni. Infine, affermi che alla Chiesa basta dire: non si può e basta. Ne prendo atto. Alla mia "Chiesa interiore" basta dire: vi sono alcune linee guida, ma il modo in cui tali linee (sempre in evoluzione) vengono applicate è in ultima analisi strettamente personale, così come è strettamente personale il karma che ne consegue.

MISHA. Egregio Maksim, non mi resta che sorridere per la conclusione (oltre che per qualche passaggio per me poco soddisfacente): ma quando dico «alla Chiesa basta dire "non si può e basta"» non dico «c'è qualcuno che dice "qui comando io e tanto mi basta"». Pensavo di essermi spiegato, sia pure in maniera lapidaria. Dico che una millenaria esperienza suggerisce alla Chiesa di riconoscere come indiscutibili dei princìpi (che Benedetto XVI chiama "non negoziabili"), evidenti di per sé e questa cosa succede anche nelle scienze, se non erro. In matematica non si può neppure cominciare senza assiomi e princìpi primi. Si può sempre esercitare una libertà di critica (per l'intelletto) e una libertà di comportamento (per la volontà), a patto che non ci siano discussioni infinite sul punto di partenza, le cui caratteristiche (dico del punto di partenza di ogni scienza) possono essere solo due: 1)–o è evidente di per sé, al punto da non poter essere discusso da nessuno (pensiamo al principio dei princìpi, il più noto, quello di identità, che non si fa scalfire neppure dai ragionamenti più rocamboleschi. "A = A" è un principio evidente di per sé, chiaro immediatamente, com'è chiaro immediatamente quello che dice che "il tutto non è la parte"! Indiscutibile e al contempo indimostrabile!; 2)–oppure il punto di partenza della scienza a cui ci dedichiamo è una conclusione "accertata" a sua volta da un'altra scienza (e dunque evidente non "immediatamente", ma "mediatamente", con una precedente procedura dimostrativa). Se la musica è applicazione della matematica al regno dei suoni, essa deve dare per scontate, se vuole partire, le conclusioni della matematica. Solo che, in questo secondo caso, l'evidenza accertata da un'altra scienza deve essere presa a scatola chiusa, se si vuole farla diventare il punto di partenza di se stessa. Non sono certo io, che non capisco nulla di scienza o di ricerca, che devo e posso insegnarle certe cose. In generale, se si vuole correre in pista, o se si vuole dis-correre con le idee, il punto di partenza deve rimanere indiscutibile, non perché qualcuno dice "è così e basta", ma perché è di per sé evidente alla ragione: o in modo "immediato" (come certi assiomi), o in modo "mediato", cioè con passaggi e conclusioni acquisite da altre discipline, con altre dimostrazioni. In etica è, in parte, la stessa cosa: il rispetto "assoluto" della vita umana (cioè non vincolato ad altro, perché è lui il principio al tempo stesso svincolato e vincolante) è il presupposto "primo" di ogni filosofia sulla vita e di ogni comportamento umano (creazionisti, reincarnazionisti, cattolici, musulmani, induisti, scemi o scienziati, donne e uomini, ricchi o poveri non possono partire se non "dal nastro di partenza"). Sembra banale, ma mi accorgo che non lo è. Il nastro di partenza è l'intangibilità della vita umana nella totalità delle sue dimensioni, compresa quella fisica. Lei, poi (ma solo poi!), è liberissimo di ritenere la dimensione fisica un "accessorio" e io libero di ritenerla costitutiva della mia umanità, ma l'essenziale deve rimanere indiscutibile. Chi non lo dimentica ha già la prima pietra per la costruzione della sua stessa libera "evoluzione", come dice lei; ma chi lo dimentica mette la prima pietra per la "dipendenza" da qualche autorità "esterna", preposta a ricordare e, al limite, a sanzionare la trascuratezza di quel principio primo! In questo senso dicevo "è così e basta"! e non nel senso del "diktat" (il diktat autoritario, quando si parla della Chiesa, purtroppo prima o poi fa sempre capolino nelle menti più lucide). Nessuno può decidere di "un altro", nemmeno la donna, e nemmeno la Chiesa può decidere o insegnare, se lo volesse, una cosa diversa, perché si tratta di un "assioma"! Naturalmente quando due valori entrano in conflitto, si decide praticamente il da farsi, come quando le circostanze ci mettono in un qualsiasi dilemma: la vita del bimbo o quella della madre? Ma risolvere un dilemma, viverlo nella sua drammaticità, è un puro fatto, non è un "diritto". I diritti naturali (cioè "primi") sono intangibili! Le "dinamiche" di cui parla lei sono "la corsa" e la corsa – ripeto – non può che svilupparsi da "un punto di partenza" valido per tutti i concorrenti. Altrimenti non c'è né lo "start" né l'evoluzione! Universale non significa "valido per tutti"? L'etica universale di cui parla lei non si "sviluppa", bensì preesiste allo sviluppo, perché è lei la condizione delle dinamiche di sviluppo! Senza un'etica universale di "diritto" (cioè già inscritta nell'umana natura) non potrebbe esserci "evoluzione" di fatto, né movimento né il dis-correre! Non voglio toccare, per ora, il tema del karma, che lei ha già citato due volte. Aspetto prima che sia lei a spiegarmi di che si tratta, quando vuole e come vuole, con parole che io possa comprendere facilmente e che siano convincenti o perlomeno persuasive. Voglio invece chiudere subito con la questione della "ricerca avanzata" in "un contesto sociale eticamente avanzato"! Qui, come al solito, non mi sono spiegato: proprio perché il Terzo Reich non era affatto un contesto eticamente avanzato, io non potrei aspettarmi da questo contesto una ricerca avanzata. Eppure alcuni grandi uomini erano figli e sostenitori di quel contesto. In ambito spirituale, le ho fatto l'esempio di Jung! Il fatto è che non c'è automatismo tra ambiente eticamente avanzato e ricerca avanzata. Si possono dare società avanzatissime sul piano della ricerca, anche interiore, che sono eticamente barbare! E viceversa: possono darsi società eticamente sviluppate che sono povere nella ricerca. Ed è qui lo scoglio! Lei connette l'etica ad una "coscienza evoluta" (e più c'è evoluzione più c'è etica) ma non è così, a mio parere! L'etica può stare benissimo senza coscienza. È la coscienza che non può stare senza l'etica! Nel mondo cristiano un vecchietto analfabeta e "povero di spirito" (le parlavo di San Giovanni Maria Vianney), se è rispettoso della "legge di Dio" e intrattiene con Dio un rapporto di dialogo nella preghiera, è già dentro quello stato di grazia, più di quei "sapienti coscienti" che conoscono l'uso e il controllo e la gestione delle proprie facoltà spirituali. Su questo punto mi rendo conto di non poter essere condiviso! Dio non è un'entità impersonale che si conquista saggiando il proprio stato attraverso "gradi sempre più alti" di realizzazione, come per esempio nella massoneria. Qui, nella massoneria, vale una certa "qualificazione" che impedisce agli "inferiori" di proseguire per i gradi superiori, se "non sono capaci". E si fermano. Per cui chi sta "su" è in uno stato che resta sconosciuto a chi è rimasto "giù"! No! Nel cristianesimo cattolico non c'è esoterismo! Dio è un Essere Personale che ama tutti allo stesso modo e ha fatto conoscere a tutti, a tutti i livelli, le condizioni del suo amore, dando a tutti la possibilità di unirsi a Lui attraverso dei "mezzi" poveri, ma sacri, segni veri della sua presenza! Questo rapporto è senza ambiguità e senza differenze. Nel cristianesimo non esiste uno stadio, per quanto alto sia, che porti la coscienza "al di là del bene e del male" (per dirla con Nietzsche). Nessuno è esentato dalla legge morale, che è la condizione prima della nostra umanità e della nostra spiritualità! Mentre la pretesa dell'esoterismo è quella di istituire una doppia o tripla morale, ciascuna valida nel grado in cui ci si trova. Può capitare, per intenderci, che i divieti che si fanno valere per il terzo grado vengano ritenuti superflui e superati nel grado 33°. Nel cristianesimo esiste una grande varietà di "anime", ma non un relativismo di realizzazioni spirituali a volte opposte le une alle altre (puoi avere la fedeltà coniugale al terzo grado e il libertinismo "magico" a un grado superiore). Il "pluralismo" massonico (per cui può entrare il cattolico o il pagano) non è condannato dalla Chiesa perché "pluralismo" (dunque per sete di potere accentratore), ma è condannato perché "esoterico" e relativista, vale a dire perché, per un malinteso senso della relatività delle cose, si accoglie a certi livelli la pratica satanista che si vieta ad altri livelli, per cui il criterio dell'unità non è la fede in qualcosa, bensì la tolleranza di ogni via senza alcuna discriminazione valutativa tra le vie! L'obiettivo di ogni cristiano, al contrario, dal Papa fino all'ultimo laico dell'ultima parrocchia di campagna, è lo stesso: la santità, da perseguire ognuno nello stato di vita in cui è posto, sia Cardinale, sia netturbino! Ci sono differenze di persone e di stili di vita, non di "qualificazioni interiori" più o meno alte, più o meno basse!

MAKSIM. I princìpi alla base di una scienza sono solo congetture, e il loro valore lo si riconosce dai frutti. Princìpi primi indiscutibili di per sé non esistono. In matematica non si può cominciare a lavorare seriamente senza porre prima dei princìpi, è vero, ma nuove matematiche sono state create "inventando" nuovi princìpi, che ad esempio hanno dato vita a nuove geometrie, che poi hanno trovato riscontro nel reale (vedi la relatività di Einstein); e c'è stato anche un certo signor Gödel (Göd-El = Dio-Dio ☺) che ha dimostrato l'incompletezza irriducibile di sistemi assiomatici come la semplice aritmetica. Per quanto riguarda invece il "fatto" che il tutto non è la parte, Cantor ti direbbe che dipende dal tutto. Un sistema infinito, ad esempio, viene definito proprio dal fatto che può essere messo in corrispondenza perfetta (biunivoca) con una sua parte, e poi ci sono le geometrie frattali, autosimilari, dove per l'appunto non c'è differenza strutturale tra il tutto e le sue innumerevoli parti. Questo, solo per dire che anche i cosiddetti "princìpi autoevidenti" vanno sempre presi "cum grano salis". Comunque, vedo che usi spesso il termine di "certezza", "dimostrabilità", ecc., in relazione alla pratica scientifica. Come già ribadito, la scienza non costruisce certezze. Si muove verso una maggiore oggettività, certamente, grazie allo strumento della critica, sia logico-razionale che sperimentale, ma non la raggiunge mai (o se la raggiunge non lo sa). Tutto questo non significa, certamente, che lo strumento dei princìpi-guida non sia essenziale per l'uomo, per orientarsi nella vita e nella sua evoluzione. L'importante è ben comprendere che questi princìpi, anche supponendo che ci sarebbero stati rivelati direttamente da Dio, vanno poi compresi, e, soprattutto, bisogna imparare ad applicarli nel concreto della nostra vita ed evoluzione. E poiché, come riconosci anche tu, la vita ci confronta a innumerevoli dilemmi, paradossi, ecc., dobbiamo imparare a spostare più in profondità la nostra riflessione, oltre l'apparente semplicità del principio stesso, se così si può dire, alfine di interpretarlo e applicarlo correttamente, con tutte le possibili sfumature e articolazioni del caso, tenendo anche conto dell'unicità della propria condizione personale. Visto che hai usato l'esempio della matematica, permettimi di aggiungere che un conto è sapere gli assiomi dell'aritmetica, e un conto è conoscerli fino al punto di saperli usare per dimostrare il teorema di Fermat! Detto questo, e poiché mi sembra di leggere tra le righe che la cosa potrebbe non essere del tutto chiara, ti informo che uno dei miei princìpi-guida è "primum non nocere". L'applicazione di questa "prima direttiva" è però, dal mio punto di vista, qualcosa di molto complesso, se si vuole tenere conto dei diversi strati del reale, dell'evoluzione della coscienza nella vita fisica, ma anche su altri piani, ecc. Ad esempio: è eticamente lecito mangiare carne, dal momento che gli esseri umani possono essere vegetariani, se non addirittura vegani? Come giustificare il consumo di carne considerando il primum non nocere? È possibile? Perché? In quali circostanze? Per quanto riguarda l'esempio di Jung, non credo che sia un buon esempio, considerata la complessità della situazione della Germania di quei tempi. Inoltre, mi sembra che non hai presentato tutti gli aspetti di questa controversia; leggo ad esempio su Wikipedia che: "I sostenitori di Jung in questa querelle affermano che Jung accettò questo incarico non a cuor leggero, ma nella speranza di salvare il salvabile, tant'è che quando si accorse di non poter fare nulla, nel 1939 rassegnò le dimissioni dalla carica di presidente della 'Società medica internazionale di psicoterapia' e da redattore della rivista. In questo periodo le autorità hitleriane avevano già preso misure contro Jung: gli era stato negato l'accesso in territorio tedesco, le sue opere vennero bruciate o mandate al macero nei paesi d'Europa nei quali era possibile ed il suo nome figurò nella famigerata 'lista Otto', vicino a quella di Freud e di molti altri (come testimoniato da alcuni conoscenti, Jung temeva di essere 'liquidato' dalle SS in caso di invasione della Svizzera durante la seconda guerra mondiale, proprio per via delle sue note posizioni critiche antinaziste)". Per il resto, non mi è chiaro se ritieni reale il fatto che persone differenti possano avere raggiunto gradi di realizzazione interiore differenti, quale conseguenza del loro percorso, e che un diverso grado realizzativo permetta una differente comprensione del reale, e del divino. Non sto parlando di differenze in termini di valore morale, ma di differenze in termini di progressione interiore. Per me questo è un dato di fatto, sperimentale. Se per te non lo è, difficilmente ogni ulteriore dibattimento potrà essere utile. Perché in tal caso, o i miei dati sono frutto di un errore, o a te mancano dei dati. E sì, indubbiamente, l'evoluzione dell'essere-coscienza, dalla mia prospettiva, è intimamente connessa a un'evoluzione della sua etica. (Per questo la ricerca interiore, per essere tale, deve essere anche una ricerca etica). Non perché le leggi della vita necessariamente cambino con l'evoluzione della coscienza, ma perché cambia la loro contestualizzazione e comprensione da parte della coscienza che le contempla e le mette in pratica. Detto questo, e concludo, concordo con te che Dio, qualunque cosa sia, in linea di principio, si offre in egual misura ad ogni sua creatura, a tutti i livelli. Ma questo non significa che tale sua offerta possa essere compresa da tutti a tutti i suoi livelli. Se così fosse, dalla mia prospettiva, il mondo in cui viviamo sarebbe assai differente. Ad esempio, la possibilità di discernere tra il bene e il male (tra ciò che è utile all'evoluzione e ciò che è controproducente all'evoluzione dell'essere-coscienza) fa parte dei doni di Dio, tramite la possibilità dell'intelligenza evolutiva. Ma tale intelligenza non nasce già adulta negli esseri, va sviluppata, coltivata, approfondita, nel corso di un cammino multimillenario e multiesistenziale. Dalla mia prospettiva, questo è un dato di fatto. Dalla tua, non so bene come fai a far quadrare i conti. Non sosterrai, spero, che Dio avrebbe creato le coscienze con diversi gradi di profondità interiore, simulando un'evoluzione della coscienza che in realtà non è avvenuta, così come alcuni sostengono, per non contraddire i testi biblici, che Dio avrebbe creato, solo qualche migliaio di anni fa, un pianeta già vecchio. Mi perdonerai la provocazione. Certo possiamo, di fronte a questi problemi, dire semplicemente "mistero della fede", e spegnere la mente, oppure, cominciare a porci domande nuove, correndo qualche rischio, come ad esempio quello di "sfidare" un'autorità che ci avrebbe raccontato un'altra storia. P.S.: Karma: ognuno raccoglie, in senso lato, il frutto (dolce o amaro) delle proprie azioni e non azioni, nel corso del proprio cammino evolutivo. In altre parole, porta con sé un "conto corrente karmico". È possibile, e utile, distinguere i concetti di karma individuale, karma di gruppo, e polikarma. Ma sarà magari l'occasione di un nostro futuro scambio.

SCETTICISMO

*29 giugno 2013*

MAKSIM. "Andrebbero insegnati valori comuni a credenti e non, il perdono, non fare del male agli altri, la solidarietà. Ma, soprattutto, bisognerebbe imparare a dubitare, a diventare scettici." [Margherita Hack]

MISHA. Credo che la dott.ssa Margherita Hack sarà ricordata da tutti meno per le sue benemerenze scientifiche che per la sua simpatia umana e per le sue battaglie civili e politiche. Proprio questo "post" dimostra in maniera sufficientemente chiara che alla sua passionalità "ideologica" non corrispondeva un rigore di pensiero altrettanto forte, impedito – a mio avviso – anche dal suo pregiudiziale anticlericalismo e ateismo. Altrimenti si sarebbe accorta che: 1)–ogni religione, anche quella cristiana, si fonda sulla predicazione di valori comuni, come il perdono, il non far male agli altri e la solidarietà e spesso con una concretezza che non lascia spazio alle sole enunciazioni teoriche: basti dare uno sguardo agli ospedali, le mense, le opere di carità disseminate dalla fede e dalle fedi in tutto il mondo. Addirittura anche nelle dottrine antroposofiche (i genitori della Hack erano seguaci della Blavatsky) nell'idea di "karma" potrebbe essere ravvisata una dottrina dell'espiazione in vista di un "perdono" (ovviamente inteso in un senso diverso da quello cristiano, come tensione all'eliminazione del "divenire" incessante di nascite-morti-rinascite, il samsara orientale). 2)–Ancor prima di Cartesio e del suo "dubbio metodico", già in Sant'Agostino (come riconosce lo stesso Cartesio) è presente il dubbio come punto di partenza della ricerca. San Tommaso, che è nato qualche anno prima dell'UAAR,[4] commentando Aristotele così definisce la filosofia: "UNIVERSALIS DUBITATIO DE VERITATE". E un grande pensatore domenicano vivente propone questo acrostico geniale per individuare il vero senso della parola "scettico": Senza Cer-

---

[4] UAAR: Unione degli Atei e degli Agnostici Razionalistici.

tezze E Traguardi Tace In Continua Osservazione. Il verbo di riferimento di "scettico" è dal greco e vuol dire "guardare, osservare, considerare, riflettere". Senza lo sforzo "ispettivo" dello sguardo non c'è ricerca. Lo sapevano dal Medioevo i due uomini senza i quali non ci sarebbero le Università e la cultura europea! Dunque l'uso del "dubbio" e dello "scetticismo" in senso metodicamente "antiveritativo" (cioè per tenere sistematicamente lontano la verità, che è il motore stesso della ricerca e l'attivatrice dello sguardo) è un uso errato o quantomeno pregiudiziale. Posso solo giustificare questo uso errato con la paura tipicamente moderna che la verità sia sinonimo di prevaricazione, per cui l'unica garanzia contro i prevaricatori sarebbe quella di far scendere dal piedistallo l'idea stessa della verità come esigenza ultima dello stesso scetticismo, per scendere sul piano di un egualitarismo nel quale tutto fa brodo e non ci sono più panorami organici, con un sopra e un sotto, un alto e un basso. Del resto una grande lezione della necessità assoluta di uno sguardo "scettico" ci viene proprio dalla Scrittura (il Qoelet[5]), che è un grande affresco della vanità di tutte le cose! Del resto la dott.ssa Hack lo sapeva benissimo in cuor suo che la ricerca è una molla che scatta in una specie di crepuscolo dello sguardo (= scetticismo, appunto) in cui non è chiaro ancora se sia "albeggiare" o "tramontare" perché la luce ambigua ti fa sospendere il giudizio e aguzzare l'attenzione. Dice il mio amico domenicano: in questa situazione di ambiguità dubitativa Oriente (Sole Nascente ma non ancora nato) e Occidente (Sole tramontante e non ancora tramontato) si somigliano, non sono differenti.

MAKSIM. Grazie, Misha, per l'interessante commento. Naturalmente, come puoi immaginare, nemmeno io mi trovo allineato con il pensiero filosofico della Hack. Indubbiamente era anticlericale, oltre che atea, e nelle sue prese di posizioni mancava spesso di osservare che lo scetticismo di cui è qui questione avrebbe potuto applicarlo anche al suo credo personale, che è

---

[5] Il Qoelet, o Ecclesiaste, è un testo contenuto nella Bibbia ebraica e cristiana.

quello del materialismo metafisico. Inoltre, avrebbe indubbiamente potuto dare più valore, da un punto di vista scientifico, alle innumerevoli evidenze circa l'esistenza di realtà più "sottili", che non si lasciano facilmente spiegare dalla visione riduzionista dell'attuale ortodossia scientifica. In tal senso, probabilmente senza saperlo, si è spesso ritrovata a praticare quello che a volte viene definito come "pseudo scetticismo". Cioè uno scetticismo condizionato da certi assunti di base che non vengono più messi in questione (e quindi si trasformano in un pericoloso filtro cognitivo). In tal senso, paradossalmente, il suo approccio filosofico era molto più simile a quello della Chiesa cattolica di quanto era forse disposta ad accettare, poiché anche la Chiesa, pur accettando – a differenza della scienza convenzionale – l'esistenza di dimensioni più "sottili", condiziona l'indagine di tali dimensioni partendo da presupposti insindacabili, che diventano materia di fede. Naturalmente, sto semplificando, ma è solo per spiegare che esiste una curiosa specularità tra certe posizioni, che appaiono diverse solo in apparenza. Naturalmente, lo ripeto spesso, vi sono – fortunatamente – numerose eccezioni. Sia nella Chiesa cattolica (o in altre religioni), sia nella "chiesa" dell'attuale ortodossia scientifica. Vi sono menti eretiche, maggiormente libere interiormente (eresia, dal greco "scelta"), più consapevoli dei presupposti su cui basano la loro indagine, e quindi anche più disponibili a rimetterli in questione, quando e se necessario. Questo non per promuovere un relativismo fine a se stesso, ma proprio per ricercare quel maggior grado di oggettività che è poi lo scopo sia del (vero) scienziato, che del (vero) uomo di religione. Detto questo, condivido tutto quello che scrivi. Molto bella la definizione della parola scettico "Senza Certezze E Traguardi Tace In Continua Osservazione". La parte difficile, naturalmente, è comprendere che cosa significa quella parola, "osservazione", soprattutto nel campo della ricerca interiore. Forse, a differenza di te, non direi che il dubbio è il punto di partenza della ricerca. Dalla mia prospettiva, il dubbio l'accompagna costantemente. Ma bisogna saper distinguere tra "dubbio sano" e "dubbio come forza dell'ostacolo". Il primo è una qualità che permette di continuare ad approfondire la propria indagine. Il secondo è una sorta di patologia mentale, che ti impedisce di camminare anche quando ogni evidenza ti indica che quel tratto di cammino è sicuro.[6]

---

[6] Sull'osservazione, vedi il *Numero 3* (2012) di *AutoRicerca* (N.d.E.).

COPPIE EQUIVALENTI?
*6 luglio 2013*

MISHA. «Affermare che omo ed etero sono coppie equivalenti, che per la società e per i figli non fa differenza, è negare un'evidenza che a doverla spiegare vien da piangere. Siamo giunti a un tale oscuramento della ragione, da pensare che siano le leggi a stabilire la verità delle cose». [card. Carlo Caffarra, arcivescovo di Bologna]

MAKSIM. Non conosco persone che affermano che si tratti di coppie equivalenti; già anatomicamente parlando non lo sono. E tra l'altro, nemmeno l'omosessualità femminile può essere considerata equivalente all'omosessualità maschile, per tutta una serie di ragioni. Si tratta però di coppie possibili, nel senso che non sono incompatibili con la costruzione di rapporti affettivamente stabili, equilibrati e costruttivi. (Tra l'altro, è bene osservare che l'eterosessualità non offre alcuna garanzia in tal senso.) Mi verrebbe quindi da aggiungere: "Affermare che omo ed etero non siano coppie parimenti possibili, indipendentemente dalle evidenti differenze, è negare un'evidenza che a doverla spiegare vien da piangere".

MISHA. Caro amico Maksim, se lei ad oggi mi conosce almeno un po', sicuramente non si aspetterà che io, quale vittima del dogmatismo clericale, le dica lapidariamente che ha torto, magari con una di quelle frasi fondamentaliste del tipo: "Dio lo vuole!". No! La cosa mi ripugna nel profondo. Ma so anche che, per parlare con lei di argomenti simili, bisognerebbe prima fare qualche introduzione più o meno lunga di "metodo", non per trovare una comunanza di idee (che può anche succedere "per accidens"), ma quantomeno per cercare di parlare una lingua comune. A me, come credo a tutti, capita di rinunciare ad approfondire un contenuto se non capisco la lingua nella quale viene affrontato (infatti avrà notato che intervengo raramente nei suoi "post" in altre lingue, perché non sono sicuro di quello che si dice per come lo si dice). Dunque, la lingua è fondamentale ed è importantissimo innanzitutto un alfabeto comune! Nella speranza che, prima o poi, se si vuole parlare con profitto reciproco, si affronti questa questione della lingua e del metodo, mi permetta almeno di osservare, per ora, che il suo commento è "impertinente" o "insufficiente" sul piano argomentativo in tre punti essenziali: 1)–Lei dice di non conoscere persone "che affermano che si tratta di coppie equivalenti", tanto più che nessuna coppia né omo né etero, maschile o femminile, è equivalente a nessun'altra. Con questo lei dice in pratica: «Che senso ha l'affermazione di costui, dato che lo sappiamo tutti che nulla è equivalente a null'altro? O dice una cosa in più, o parla da solo senza interlocutori reali, oppure vaneggia di gente (inesistente) che ritiene equivalenti cose che si sa che non lo sono»! Lei sa, però, che accanto alle parole ci sono i fatti. E dovrebbe sapere benissimo che il card. Caffarra è dovuto intervenire su fatti concreti reali, non su questioni di principio "ideologiche", esprimendo contrarietà alle adozioni gay auspicate dal sindaco di Bologna Virginio Merola. Lei mi potrebbe spiegare "laicamente" che cosa c'è di ragionevole in una coppia gay che, pur non ritenendosi equivalente alle altre, lavora da anni per la totale "equivalenza"? Per esempio, vuole "sposarsi" e vuole "adottare dei figli"! Dopo aver imposto un'idea contraria a ciò che "tutti sanno" (che nulla è equivalente a null'altro), passano all'azione per rendere tutto equivalente? Tanto rumore semplicemente per contraddirsi? E dunque: la lotta per questa equivalenza (lasciamo stare se è giusta o sbagliata) se l'è sognata il cardinale? 2) –Lei dice che si tratta di coppie possibili. Come si fa a non essere d'accordo? Chi conosce qualcosa di impossibile a questo mondo? Come le dicevo in altre occasioni, solo "il cerchio quadrato" è impossibile perché contraddittorio! Per il resto, il mondo è pieno di coppie, anche sessualmente parlando (l'incesto, non inviso a tutte le civiltà, è un esempio di "accoppiamento"; un altro esempio, non raro e a volte nemmeno punibile, è quello con gli animali). Lei però aggiunge: «possibili nel senso che non sono incompatibili con la costruzione di rapporti affettivamente stabili, equilibrati e costruttivi». Qui io le dovrei portare degli esempi pratici tratti dalla letteratura psicoterapeutica, ma preferisco che mi porti lei qualche prova concreta di quello che dice, dal momento che mi sembra un'affermazione astratta. Tenga presente, però, che quella della stabilità non dovrebbe essere una questione dirimente, proprio per quello che lei stesso afferma delle coppie eterosessuali: cioè, in un mondo di "instabili" come si fa a pretendere la stabilità solo da alcuni? Sarebbe una petizione ideologica o acritica, della serie "mal comune mezzo gaudio"! 3)–C'è un sofisma "polemico" nella sua conclusione-battuta: ci sarebbe più da piangere per un cardinale a cui si deve fare accettare l'evidenza dell'omosessualità, che non per una società che riconosce come equivalenti tutti i tipi di rapporto. Ma il cardinale sa già che l'omosessualità c'è e c'è stata, sa che c'è e ci sarà la coppia omosessuale. Quello che non capisce è l'equivalenza "genitoriale" o "giuridica" tra padre-madre-figlio da un lato, e dall'altro tra padre-padre-figlio o madre-madre-figlio. Se gliela può spiegare lei, tanto di guadagnato! Voglio chiudere, ritenendo di sapere dov'è l'elemento di confusione, dicendo chiaramente come la penso: il rispetto per tutti gli uomini, a qualsiasi costo, è obbligatorio! È un compito delle leggi, dell'educazione morale famigliare e scolastica, delle associazioni e aggregazioni sociali: non deve mai più succedere che un nero, un ebreo, un omosessuale, uno zingaro vengano perseguitati, messi a morte, insultati, derisi, sbeffeggiati! Qui lo dico senza paura: Dio lo vuole! Non deve neppure succedere che un gay contento di sé venga costretto a "cambiare" o, per usare un altro termine subdolo e sottilmente discriminatorio, a "guarire"! Ma bisogna impedire anche che succedano le seguenti cose: 1)–che un omosessuale che vuole cambiare, che soffre della sua condizione, venga perseguitato a sua volta e costretto a credere che la società è "omofoba", trasferendo l'idea di patologia nella società, dopo averla sconfitta negli individui. Delle leggi contro l'omofobia sarebbero assurde e pericolose perché, lungi dal favorire l'accoglienza o integrazione del "diverso", ridurrebbero a criteri da codice penale delle semplici libere opinioni sulla omosessualità (pensi lei a preti arrestati nelle chiese perché predicano contro la sodomia, secondo San Paolo, pur essendo magari assistenti e padri spirituali di sodomiti. Lei concederà a un prete di accogliere amorevolmente le prostitute e predicare contro la prostituzione...). Non è roba da codice! 2)–che si lasci credere che tutto fa brodo, pur di lasciare sacro e intoccabile il proprio "io" e le sue voglie, cambiate di significato: "diritti"! I preti si vogliono sposare perché non possono, gli sposati vogliono divorziare perché non possono, gli omosessuali vogliono il matrimonio (non civile, ma anche religioso) perché non possono e vogliono adottare bambini con la benedizione dell'autorità, perché non possono. La discriminante non è il senso dell'oggetto che vogliamo, non è interrogarci sul suo valore, ma il semplice "potere"! Un tempo la verità si faceva mettere in croce dal potere per accreditare se stessa, saggiando così la sua forza! Oggi tutto l'ideale è ottenere l'avallo della carta bollata? Soprattutto tenendo conto che i diritti individuali, anche patrimoniali, sono già ampiamente previsti dai codici senza bisogno si "sposarsi"? Ben misera e finta rivoluzione, quella che chiede al "potere" l'avallo notarile della trasgressione al potere stesso! Ma il VIETATO VIETARE purtroppo non è la soluzione! E riscoprire il senso delle parole che usiamo... forse è un pallido inizio! Caro Maksim, almeno si faccia venire il sospetto che esista una lobby gay minoritaria e rumorosa (che tocca anche la Chiesa, come riconosciuto dallo stesso Papa), che vuole scardinare i fondamenti della società, senza appigli nella storia, nelle consuetudini, nelle tradizione e nel diritti delle genti. Magari facendo appello a una non meglio precisata "evoluzione": un pregiudizio ideologico indimostrato, secondo il quale la storia va sempre avanti verso il meglio. Mentre ogni "meglio" e ogni "peggio", nell'uomo, è sempre il risultato di "opzioni morali", per giunta non garantite nell'esito da nulla e da nessuno, ma valide di per sé, "assolute"! NON NEGOZIABILI, per dire una parolaccia di Benedetto XVI!

Le conseguenze liberticide del "reato" assurdo di omofobia: "Gran Bretagna, Wimbledon, 1 luglio 2013, ore 16.50, davanti al Center Court Shopping Center. Questa è la scena in cui viene eseguito da tre agenti di polizia l'arresto di Tony Miano, quarantanovenne statunitense, ex Vice Sceriffo della Contea di Los

Angeles oggi "street preacher", predicatore di strada, che ha avuto la disavventura di commentare in pubblico il Capitolo 4 della Prima Lettera ai Tessalonicesi di San Paolo, nel punto in cui si condanna l'immoralità sessuale. Alcune ore prima, infatti, un'adirata signora, dopo aver apostrofato Tony Miano con un sonoro «F... off», ha richiesto l'intervento della polizia, sentendosi minacciata ed offesa dalle «affermazioni omofobiche al vetriolo» udite durante la predica." [Tratto da: "Gay, un arresto a Londra per avere letto San Paolo", di Gianfranco Amato, La nuova bussola quotidiana, 08-07-2013]

MAKSIM. Caro Misha, ovviamente ho risposto alla provocazione del cardinale con una dovuta contro-provocazione. Anche perché, affermare che gli viene da piangere nel spiegare cose così evidenti, è un modo alquanto sottile per squalificare chi la pensa diversamente. Quindi, magari qualcosina sul "metodo" la dovresti prima spiegare a Mr. Caffara ☺. Penso che la dovresti poi spiegare anche a quel predicatore americano che ha avuto problemi con le autorità londinesi. Qui il problema è che si è forse dimenticato di precisare che lui non ha autorità per parlare in nome di Dio, che nessuno, a dire il vero, ha quest'autorità, e che lui non conosce la volontà di Dio, e in particolar modo cosa Dio pensi circa l'omosessualità, sempreché Dio pensi. Chiunque, ovviamente, è libero di promuovere una riflessione morale, e proporla agli altri, anche sulla pubblica piazza, magari per far sì che in futuro venga aggiornata la legislazione di quel paese. Ma vedi, un conto è dire, "secondo me", "secondo la mia comprensione della cosa", "secondo la mia esperienza di vita", e un'altra è arrogarsi – in modo assai presuntuoso e poco lucido – l'autorità di parlare in nome di Dio, vomitando giudizi universali inappellabili e minacciando la collera divina. Un conto è andare nelle piazze a fare filosofia, magari anche una filosofia scomoda, rimettendo in questione certe credenze stabilite, nondimeno confrontandosi alla pari sui contenuti espressi, e un'altra è andare in giro come un folle, pretendendo di sapere cosa vuole e cosa farà Dio. Detto questo, magari un giorno avrò più tempo per elaborare il mio pensiero (non quello di Dio, che non conosco) sulla questione dei matrimoni e adozioni omosessuali. Qui di seguito, in stile telegrafico, espongo la mia posizione, sperando che non ti metterai a piangere per il livello di oscuramento della mia traballante ragione ☺. In breve, l'omosessualità non è un delitto, né una malattia, e gli omosessuali sono oggi pienamente accettati nelle società occidentali; quindi, negare il diritto al matrimonio civile (sottolineo "civile") alle coppie omosessuali è semplicemente opera di discriminazione. Come hanno lucidamente sancito i giudici costituzionali americani, lo stato non ha ragioni difendibili per negare alle coppie omosessuali i benefici cui hanno diritto le coppie eterosessuali, senza che tale negazione sia semplicemente opera di profonda discriminazione. C'è poi il tema più controverso dell'adozione. Qui è importante comprendere che le coppie omosessuali sono indubbiamente differenti dalle coppie eterosessuali, così come le coppie eterosessuali sono differenti dalle non-coppie monoparentali, e le coppie adottive sono differenti dalle coppie biologiche, ecc. Questo per dire che ogni coppia rappresenterà per il bambino adottato sempre e comunque una sfida da affrontare. E ognuna di queste sfide sarà necessariamente differente. Al momento non ci sono studi a lungo termine circa il funzionamento in senso parentale delle coppie omosessuali. Da quello che, però, è già emerso, è chiaro che se la cavano altrettanto bene, o forse bisognerebbe dire altrettanto male, che le coppie tradizionali. E comunque, ricordiamo che una famiglia non è un sistema isolato: i bambini hanno numerose figure di riferimento, oltre ai due genitori. Quindi, le coppie omosessuali sono differenti, non equivalenti, ma possono anch'esse funzionare, anche in senso adottivo. E chissà, forse funzioneranno anche meglio, dacché i figli di genitori omosessuali, dovendo affrontare questa nuova sfida, svilupperanno forse nella vita maggiore sensibilità, apertura mentale, e c'è da augurarselo una minore paura delle differenze. Aggiungo, Misha, che il fatto che si sia a favore del matrimonio tra omosessuali, ed eventualmente delle adozioni per le coppie omosessuali, non significa che "tutto fa brodo", come scrivi. Questo è un argomento fallace dal punto di vista logico. Non è perché si promuove un cambiamento, che allora si deve approvare ogni cambiamento. Ovviamente, lo ribadisco, un conto è il matrimonio civile (che io comunque ribattezzerei in altro modo, ad esempio "unioni civili", anche per le coppie tradizionali) e un conto è il matrimonio religioso. La religione cattolica è libera di pensarla come meglio ritiene, ovviamente. Ad esempio, osservo che al momento ancora esiste al suo interno una indubbia discriminazione nei confronti della donna (che deve obbedienza al marito, e non viceversa, che non può divenire sacerdote, cardinale, papa, ecc.). Difficile, dalla mia prospettiva, condividere una simile posizione, ma non essendo obbligatorio essere cattolici, il problema è molto relativo. Diversa la condizione di un cittadino, che meno facilmente può cambiare la propria cittadinanza (anche se a volte accade).

MISHA. Caro Maksim, 1)–quella del cardinale non è una provocazione che implica una contro-provocazione che ne richiami un'altra, come si fa in un dibattito o in una conversazione privata. Il cardinale dice quelle cose nell'esercizio delle sue funzioni perché, a torto o a ragione, i suoi interventi hanno una finalità pratica, non teorica o intellettuale e questa finalità attiene al suo "mestiere", come all'idraulico attiene la manutenzione dei lavandini a prescindere dalle opinioni di ciascuno sui lavandini. I medici curano i corpi, anche quelli "omosessuali", i preti curano le anime (dovrebbero, va!). È una condizione diversa dalla mia e dalla sua che facciamo il gioco delle "provocazioni"! 2)–Ci sono discorsi in cui Dio non c'entra assolutamente nulla! E questo è uno di quei casi. O meglio... si tratta di dare il giusto significato a dei fatti. Giusto che cosa vuol dire?... Mettiamo il caso che un marziano atterri a casa mia dalla cucina e veda delle cose: un televisore, un tavolo, delle forchette, coltelli, uno scolapasta, ecc. Lo scolapasta ha una sua "natura", la qual cosa è lo stesso che dire "ha una sua finalità", cioè chi lo usa lo fa secondo la finalità dello scolapasta. È vero che il marziano può prenderlo e usarlo come "elmo" e anche l'uomo potrebbe servirsene per riparare la testa dai petardi di Capodanno. Ma questo vuol forse dire che lo scolapasta non ha una sua precisa natura? C'è un costruttore, c'è un oggetto, c'è una finalità! Usare lo scolapasta per scolare la pasta implica forse porsi il problema di chi e come lo ha costruito? No! Un laico, se non si pone il problema dell'origine, si deve porre almeno quello della destinazione. Si può pure brandire uno scolapasta come un corpo contundente per scacciare dei ladri da casa, ma è implicito che: a)–per usarlo non è necessario porsi il problema del costruttore, anche se sicuramente sarebbe un po' curiosa l'idea che sta in cucina dall'eternità così com'è. Così per comprendere la sessualità: non è necessario riferirsi alla volontà di qualche "dio", in maiuscolo o in minuscolo; b)–per rispondere alla domanda "che cos'è" una cosa, anche il marziano deve individuare "a che cosa serve". Se la immagina lei una forchetta che, non conoscendo il proprio scopo di "arrotolare gli spaghetti", si ostinasse ad acchiappare il brodino? Sarebbe una follia! Se "secondo me" una palla da biliardo è "un uovo da cucinare", nascerà qualche problema o no? Il livello della natura di un oggetto non tollera "secondo me" e "secondo te", allo stesso modo in cui non lo tollera la formula "$E = mc^2$". Dicono i vecchi saggi tutt'altro che cristiani: "Se lei ha per le mani un orologio, lo può rigirare tra le mani come vuole, ma non lo conoscerà mai se non avrà individuato il suo "meccanismo", la sua "funzione", il suo "fine". In mancanza del fine, nascono i "secondo me" e dunque la "confusione". Tempo fa le facevo l'esempio dei denti del pettine ravvicinati. Sono incomprensibili come pettine! La finalità – dicono i filosofi classici – è, tra le quattro cause, la "causa causarum", cioè la causa che determina tutte le altre cause (le cause sono quattro: "materiale", "agente", "formale", "finale". Guardando un artigiano che fa una forchetta di alluminio, io dico: l'alluminio è la causa materiale, l'artigiano è la causa agente, la forma della forchetta è la "causa formale", lo scopo per cui è costruita – mangiare gli spaghetti – è la causa "finale"). La causa finale – lo scopo – è la causa delle cause perché è la molla "intenzionale" di partenza, che mette in moto il meccanismo di tutta l'esecuzione! Ora, non è assolutamente necessario che, per usare un libro, io mi debba porre il problema ("teologico") della causa agente: il libro è qui e lo uso. Ma la finalità ne stabilisce la forma e la materia, ed io – leggendolo – ne rispetto lo scopo. Non interviene mai il "secondo me", tranne se – derogando dallo scopo – io non decida di usare il libro per bruciarlo e riscaldarmi perché ho freddo. Per ripararsi dal freddo ci sarebbe la coperta, ma la coperta potrebbe essere stata usata per avvolgere un quadro da proteggere dagli agenti atmosferici. Ecco che cos'è la moralità di cui lei parla in maniera troppo soggettiva (e invece ha una sua chiarezza oggettiva): FARE USO DI UN OGGETTO SECONDO LA SUA NATURA (che per il credente può significare anche secondo la "intenzione del costruttore"), ma per tutti deve significare FARE USO DI UN OGGETTO SECONDO IL FINE DELL'OGGETTO STESSO! Se un professore di biologia-anatomia le mette davanti due manichini (uno maschile e uno femminile), prima di mettersi a spiegare nei particolari le componenti dell'organo maschile e quelle dell'organo femminile e mostrare la loro funzione-fine-complementarietà, lei pensa che dovrà preventivamente chiedere ai manichini qual è il loro orientamento sessuale per sapere qual è la natura dei loro organi sessuali? Non risponderanno! Ma, MUTI, parleranno alla scolaresca delle loro funzioni! La MORALITÀ DI UN OGGETTO "DETERMINATO" è l'uso di quell'oggetto secondo la sua "muta natura"! Tutti i problemi che nascono intorno o malgrado o ad eccezione della pura muta moralità dell'oggetto, sono problemi importanti, non secondari, non sottovalutabili, ma devono essere valutati, affrontati, discussi e risolti anche questi secondo la loro natura: come "eccezioni", come "storture", come "mancanze", come "deficit", come – appunto – problemi, e non affatto come cose "equivalenti" rispetto alla natura primigenia del manichino! Se l'occhio è fatto per vedere e non vede, questo non è naturale, è un problema! È assolutamente superfluo che lei si metta a studiare un "fantomatico" pensiero di Dio perché, se Dio c'è (e non mi importa in questo caso) si è abbondantemente espresso nei suoi oggetti e nella loro "con-formazione". Mettersi a domandare che cosa pensa Dio è un'impresa legittima, ma è poco più di un inutile gioco filosofico per uccidere il tempo, se non si comprende che il suo pensiero è già tutto espresso negli oggetti che ci circondano, con la loro finalità incorporata. Passato =

struttura; presente = oggetto; futuro = finalità incorporata. È LA STRUTTURA NUDA E CRUDA DI QUESTI OGGETTI ad esprimere IL PENSIERO DI DIO! Dunque, il cardinale non "vomita giudizi universali inappellabili, minacciando la collera divina" e arrogandosi "di parlare in nome di Dio". Anzi piange come colui che vede i bambini mettere il ditino nella presa di corrente con la pretesa di essere lasciati a se stessi! Sta ricordando l'alfabeto anatomico a studenti che si sono smarriti, ma non sta imponendo nulla. Quanta falsa letteratura "teologica" intorno a un fantomatico "pensiero di Dio"! 3)–Lei poi dice una cosa molto singolare: «l'omosessualità non è un delitto, né una malattia, e gli omosessuali sono oggi pienamente accettati nelle società occidentali; quindi, negare il diritto al matrimonio civile (sottolineo "civile") alle coppie omosessuali è semplicemente opera di discriminazione». Qui la singolarità è tutta nella congiunzione "QUINDI"! Se io le dico allora, come mi pare di aver già detto altre volte: «Lo stonato non è un malato, né un criminale. QUINDI negare il diritto a cantare nel coro polifonico della parrocchia è semplicemente un'opera di discriminazione», lei – come direttore del coro – che cosa mi direbbe? L'omosessualità non è un delitto: sottoscrivo a caratteri di fuoco! L'omosessualità non è una malattia: sottoscrivo a caratteri di fuoco! Quindi? Conseguenza logica: Dunque? Dunque, l'unica conseguenza logica è che non si ammazza o si perseguita uno che non commette delitti; non si fa il lavaggio del cervello a uno che non è malato. Tutto qua. Per il resto, per sapere come comportarsi con uno stonato, bisogna tornare alla domanda: "che cos'è un coro polifonico? Che finalità ha?" Non tutti sono adatti a un coro polifonico, ma possono essere adatti a tante altre cose. E la distinzione tra canti popolari e canti sacri (civile e religioso) non significa nulla ai fini della valutazione dello stonato! La religione non c'entra assolutamente niente! Ma non essere adatti al coro, significa che gli stonati vanno eliminati? Discriminati sul diritto alla vita, alla salute, alla casa, al lavoro, alla solidarietà...? Esistono già norme che regolamentano tutto questo. E se non è cambiato ancora l'atteggiamento morale degli imbecilli, nessuna legge di carattere "omofobico" potrà cambiarlo se non in maniera coattiva, privando le persone della libertà di pensiero, essendo il tema della "tolleranza" un problema esclusivamente etico ed educativo e solo dopo giuridico! Però non possono contrarre matrimonio due gay, come non possono contrarre matrimonio una mamma e un figlio, una nonna e un nipote, un maschio umano con una gallina... Perché? Lo ha imposto la Chiesa Cattolica? No! Ripeto: leggasi Cicerone, che con i cardinali ha poco a che fare! Il cardinale piange perché, avendo queste ideologie "gender", spiazzato la verità delle cose nell'angolo di una ideologia come un'altra, si vede ora negato il piacere della solidarietà verso i gay, perché l'amore per loro è stato trasformato o sostituito con un "diritto che spetta" di diritto, falsificando il senso di tutti i rapporti!

MAKSIM. Scrivi: "*Quella del cardinale non è una provocazione [...] È una condizione diversa dalla mia e dalla sua che facciamo il gioco delle 'provocazioni'!*". Diciamo, allora, che ho risposto con una contro-provocazione alla tua provocazione, e con un po' di ironia al tentativo di svalutazione promosso dal Cardinale. Scrivi: "*Se la immagina lei una forchetta che, non conoscendo il proprio scopo di 'arrotolare gli spaghetti', si ostinasse ad acchiappare il brodino? Sarebbe una follia! Se 'secondo me' una palla da biliardo è 'un uovo da cucinare', nascerà qualche problema o no?*". Questi sono esempi scelti ad arte per portare acqua al tuo mulino. Numerosi oggetti del reale sono multifunzionali. Un bellissimo esempio è il famoso coltellino dell'esercito svizzero, famoso in tutto il mondo. E con un po' di creatività, anche degli oggetti concepiti per una funzione, possono benissimo acquisirne una nuova, senza che per questo nasca un problema. Anzi, potrebbe nascere una soluzione. Le armi da taglio sono state concepite per uccidere, ma sono state creativamente usate in epoche più recenti dai chirurghi per curare. Il tronco di un albero diventa il colmo di un tetto, ecc. Scrivi: "*Se un professore di biologia-anatomia le mette davanti due manichini (uno maschile e uno femminile), prima di mettersi a spiegare nei particolari le componenti dell'organo maschile e quelle dell'organo femminile e mostrare la loro funzione-fine-*

complementarietà, lei pensa che dovrà preventivamente chiedere ai manichini qual è il loro orientamento sessuale per sapere qual è la natura dei loro organi sessuali? Non risponderanno! Ma, MUTI, parleranno alla scolaresca delle loro funzioni!". Tristemente, con questo esempio riduci l'essere umano a un manichino, e la dimensione dell'affettività e sessualità a un problema riproduttivo. Quel professore, se avesse una visione meno riduttiva, potrebbe menzionare altre funzioni di quei corpi. Ad esempio che sono animati, che sono in grado di sperimentare sensazioni coscienti, come quella del piacere, e che tali sensazioni non si limitano a quelle generate dai loro organi sessuali, che possono comunque essere stimolati in un numero incalcolabile di modi diversi, a prescindere dalla loro geometria specifica. Scrivi: "La MORALITÀ DI UN OGGETTO 'DETERMINATO' è l'uso di quell'oggetto secondo la sua 'muta natura'!". Un corpo è veicolo di espressione e manifestazione di una coscienza, che a seconda delle circostanze sarà in grado di adoperarlo in modi molteplici. Non esiste la moralità muta di un oggetto, esiste semmai l'intelligenza nel saperlo usare al meglio. E "usare al meglio" non è qualcosa dettato solo dalla struttura dell'oggetto, ma anche dai diversi contesti in cui tale struttura si trova ad interagire. Un manichino può avere innumerevoli funzioni, a seconda dei contesti. Può essere usato in una vetrina, per mettere in mostra degli abiti, o può essere usato per dimostrare come si effettua una respirazione bocca a bocca, in un corso per samaritani. Questi usi non sono iscritti nell'oggetto, ma nell'incontro tra l'oggetto e il suo utilizzatore. Scrivi: "Dunque, il cardinale non 'vomita giudizi universali inappellabili, minacciando la collera divina' e arrogandosi 'di parlare in nome di Dio'. ... Sta ricordando l'alfabeto anatomico a studenti che si sono smarriti, ma non sta imponendo nulla...". Veramente il mio "vomitando giudizi universali inappellabili e minacciando la collera divina" era riferito non al cardinale, ma al predicatore nella piazza di Londra. Ad ogni modo, vorrei ricordare al cardinale che gli esseri umani sono qualcosina in più che un alfabeto anatomico. E vorrei anche ricordare al cardinale che un corpo umano è uno strumento meraviglioso, multifunzionale, multisensoriale.

L'esempio del ditino nella presa è di nuovo tendenzioso, perché qui nessuno sta parlando di distruggere un oggetto di tale bellezza e utilità. Scrivi: "Se io le dico allora, come mi pare di aver già detto altre volte: «Lo stonato non è un malato, né un criminale. QUINDI negare il diritto a cantare nel coro polifonico della parrocchia è semplicemente un'opera di discriminazione», lei – come direttore del coro – che cosa mi direbbe?". Ti direi che prima di tutto il tuo esempio parte dal pregiudizio che l'omosessualità sia una nota stonata, e quindi premette già quello che vuole dimostrare; secondo, ti direi che non vedo quale sia il problema se, secondo la valutazione dei parrocchiani, che non apprezzano quella tonalità, gli è negato di cantare nel coro polifonico della parrocchia. La parrocchia è una specie di club privato, con le sue regole. Se però a quell'individuo è proibito cantare in generale, solo perché secondo l'opinione di alcuni sarebbe stonato, allora indubbiamente siamo di fronte a un caso di discriminazione. Scrivi: "Per il resto, per sapere come comportarsi con uno stonato, bisogna tornare alla domanda: 'che cos'è un coro polifonico? Che finalità ha?'". È una giusta domanda. La Chiesa ha dato al momento la sua risposta. E va bene. Liberissima di deliberare come meglio crede. Anche perché, dalla mia prospettiva, deve risolvere tematiche ancora più scottanti, dacché, per quanto ne so, ritiene ancora oggi, nel 2013, la donna più stonata dell'uomo (anche in questo caso per una questione anatomica?). Lo stato civile, che a quanto pare non ha seguito gli stessi corsi di anatomia, sembra avere una visione dell'uomo un po' più ampia, paradossalmente forse più spirituale, in quanto non riduce l'uomo alle sue mere funzioni corporee, riconoscendogli una dimensione culturale che integra, superandole, tali funzioni. Totalmente assente poi, nel tuo discorso, il fatto che l'omosessualità, presente anche nel regno animale (e comunque espressione di una tendenza minoritaria nelle diverse popolazioni), potrebbe avere una sua funzione sociobiologica, utile alla salute ed evoluzione della specie. Immagino che il silenzio su tale possibilità sia dovuto al fatto che tale ipotesi, se presa in considerazione, renderebbe tutta la tua argomentazione circa la "muta natura" di un corpo perfettamente auto contraddittoria. In quanto questa muta natura sarebbe di fatto molteplice. L'omosessualità è probabilmente uno dei tanti meccanismi non-riproduttivi che possono essere favoriti nell'ambito dell'evoluzione biologica, perché svolgono alcune funzioni utili. Una di queste potrebbe essere, pensa te!, proprio la cura dei cuccioli rimasti orfani. Un'altra potrebbe essere, semplicemente, la riduzione al minimo dell'aggressività intra-specie. Mi fermo qui, poiché il nostro non è un dibattito sulle teorie dell'evoluzione biologica. Concludo suggerendo che anche nei cori polifonici più prestigiosi vi sono a volte dei cantanti stonati, magari semplicemente perché non leggono attentamente la partizione, ossia, la realtà. P.S.: Con queste mie osservazioni non voglio certamente ridurre l'omosessualità a un mero fenomeno biologico. Non tutte le forme di omosessualità sono equivalenti. Alcune hanno origine prevalentemente da tendenze biologiche, altre hanno un'origine psicologica; altre ancora hanno un'origine multidimensionale. Ma questo è tutto un altro discorso.

MISHA. Tutti gli esempi sono "ad arte", ma non hanno la funzione di portare acqua a un mulino, servono per esemplificare una tesi, perché senza esempio la "cosa reale" potrebbe rimanere oscura. L'esemplificazione è necessariamente una "riduzione", come il concetto di "pane" è una "riduzione astrattiva" del pane: non mangiamo certo il concetto, mangiamo il pane reale. Ma non è necessariamente una "falsificazione" del reale attraverso il "taglio di una porzione". Con l'esempio del manichino io ho "tristemente" esemplificato, ma non ho voluto tristemente amputare la realtà di una sua "porzione" (quella spirituale) per attirare l'attenzione su quella "materiale". Così come la raffigurazione dell'Italia in scala su una cartina non ha l'intenzione di "sclerotizzare" la viva complessità dell'esperienza di una vacanza in Italia. Serve per dare un'occhiata panoramica (cioè "in astratto") ai sentieri e ai confini nei quali e con i quali lo spirito potrà muoversi, se non altro per non pretendere – durante il viaggio reale – di uscire fuori dall'Italia, ostinandosi a credere che ci è ancora dentro! Il corpo non è un'aggiunta o un rivestimento dello spirito: è una "condensazione" in scala materiale visibile dello spirito stesso, che non si vede. Il corpo non è un "abito" che lo spirito mette e toglie, come un "di meno di me stesso". Il mio corpo sono tutto "io"-anima, che mi metto a disposizione di me stesso e degli altri per esprimere me stesso. Non posso comprendere – come mi diceva un'amica antroposofa steineriana – che lei aveva preso il corpo di un uomo in un'altra vita e c'è chi include – alla faccia dello spirito – anche l'assunzione del corpo di uno scarafaggio. La struttura (che ho chiamato "muta") del corpo è la "dote", la qualità dello spirito da cui è inseparabile. Quando il professore di anatomia spiega il corpo nelle sue "funzioni oggettive visibili", non ha l'intenzione di ridurre il significato dell'amore, dell'incontro, delle emozioni: spiega semplicemente l'apparato con cui tutte queste cose si manifestano per rendere possibile l'incontro. Scusi, Maksim, ma ecco perché uno si mette a piangere: il pene, "di suo", che cos'è? Lei come lo spiegherebbe a un marziano? Sull'omosessualità degli animali abbiamo già parlato e se si torna indietro non andiamo avanti. Io, poi, non ho detto che l'omosessualità deve sparire, che non ha una sua funzione, che è una perversione, e via regredendo all'indietro sul già detto! Io ho detto solo che non può costituire "matrimonio" né "fecondità". La "moralità" del matrimonio è diversa dalla moralità dell'omosessualità perché hanno due "ragioni" diverse, come un cucchiaio e una forchetta, come un concavo e un convesso, un "cielo" o "una terra", uno Yin o uno Yang! Ora sto piangendo come il cardinale perché ho dovuto spiegare con fatica una cosa facile che capisce il muratore e lo scienziato, il povero e il ricco, l'uomo e la donna e l'omosessuale e l'eterosessuale. Il dramma è che si confonde la discriminazione con la giustizia: dare a ciascuno il suo, senza togliere nulla a nessuno, ma senza trovarsi davanti a un falso problema: obbligare le istituzioni a dare una cosa che non spetta! Il rispetto, una casa, un lavoro, una dignità... ma non "un matrimonio". Esistono tante coppie, ripeto, che stanno bene insieme e vengono tutelate dalla legge: ma non per questo chiedono "il matrimonio". Il matrimonio è la richiesta di una lobby minoritaria e rumorosa per scardinare istituti millenari. Questo oggi, con la tecnica, è ritenuto fattibile. È fattibile secondo la tecnica, ma "illecito" secondo l'intrinseca moralità" dell'oggetto-matrimonio. Intrinseca, non del cardinale o della Chiesa! La Chiesa lo ha trovato nel reale prima di Cristo! Per il resto, non sono riuscito a capire gli "stonati" che cantano e simili cose assai deboli! Non so poi da dove abbia desunto l'idea che per la Chiesa la donna è più stonata dall'uomo, dal momento che con il cristianesimo la donna è uscita dal suo livello di puro "oggetto" in cui era tenuta da tutte le altre tradizioni. Ancora oggi l'Islam ne è una prova. E Giovanni Paolo II ha dedicato alla donna (per riconoscimento delle stesse donne) una delle più belle lettere apostoliche: la "Mulieris dignitatem", senza contare la "lettera alle donne" del 1995.

MAKSIM. Solo per capire meglio la tua posizione Misha: tu sei a favore del riconoscimento, in Italia, alle unioni civili tra omosessuali, degli stessi diritti oggi garantiti alle coppie eterosessuali dall'istituto giuridico civile del matrimonio, fatta eccezione dell'adozione (e senza che si attribuisca a tali unioni la denominazione di matrimonio)?

MISHA. Detta così, NO! Unione "civile" e "matrimonio" differiscono soltanto per la natura "profana" o "religiosa" dell'unione. Ma qui non è questione di distinzione tra "profano" e "religioso". Alla domanda si può rispondere soltanto dopo un'altra domanda: "Secondo lei, che cosa "fa", a che cosa mira l'unione "civile" tra un uomo e una donna? Ciò a cui mira l'unione religiosa, tranne l'aspetto "religioso" che non si condivide! Tutto il resto resta tale e quale. Cioè, tutto il resto che cosa? La risposta riveste un certo interesse, perché poi si può scivolare (si scivola, si è scivolato) dall'unione civile all'unione "di fatto", che è ancora un'altra cosa. E cioè che cosa? Senza gettare un'occhiata alla sequenza storica dei fenomeni (alla "evoluzione" o "involuzione" nel tempo), non se ne capisce la "tendenza" e dunque la finalità e dunque "la natura"! Il passaggio è stato (senza dare giudizi): dal matrimonio indissolubile tra un uomo e una donna al divorzio; dal divorzio al matrimonio civile (officiato dallo Stato e non più dalla Chiesa); dal matrimonio tra uomo e donna, all'unione di fatto tra uomo e donna; dall'unione di fatto tra uomo e donna all'unione di fatto tout court. Dall'unione di fatto all'unione gay, con l'aggiunta del matrimonio gay in Chiesa (una "avanzata": unione gay, ma anche una retrocessione: matrimonio in Chiesa). Qual è la linea di tendenza di tutto ciò? Che cosa guida il processo? Se il processo fosse un romanzo scritto da uno scrittore, a che cosa punta lo scrittore, senza dirlo? Se demolisco una cattedrale per farne una villa e poi demolisco la villa per farne un palazzo di due piani e poi demolisco il palazzo di due piani per farne un magazzino... che cosa è successo dalla cattedrale al magazzino? Qual è la linea di tendenza nascosta nell'intervallo dalla "musica sacra" alla "musica dodecafonica"? I suoni perdono progressivamente la "consapevolezza" del posto di ciascuno in un "insieme", lo scardinano secondo alcune fasi e si ritrovano "autonomi". I suoni, liberatisi dalle "catene" di un canone ritenuto "oppressivo", si ritrovano ciascuno a guardarsi l'ombelico (in una prima fase) e poi a ricercare una unità sostitutiva di quella perduta. Non aderendo più a nessun "canone" prescritto, ormai dimenticato, l'unica via è un'unità costruita artificialmente tra i suoni, secondo un criterio di "assemblaggio" spontaneistico. L'armonia si fa un'accozzaglia stridente di suoni dove la "fusione" (unione armonica dei distinti) viene soppiantata dalla "con-fusione" unione disarmonica e disarticolata dei "diversi"). Una piccola idea di questo processo di disarticolazione fino all'indistinto lo dà il Bolero di Ravel, ancora tuttavia ben lontano dalla disarticolazione del "dodecafonico" perché conserva la tonalità calda che non ha l'accozzaglia fredda dei suoni contemporanei. Lo ascolti integralmente con attenzione (anzi cercando di tenere l'attenzione): è l'espressione musicale di una controascesi, in cui i suoni perdono il contatto con lo "spartito dato" e si rincorrono in una reinvenzione artificiosa e irrazionale di un'indistinta unità. Se analizziamo i fatti nella loro dinamica storica troviamo più facilmente la reale posizione degli elementi nel quadro della tendenza "globale". Le lascio il bolero e ci ritorniamo su, "a dio piacendo"!

MAKSIM. Leggendoti, mi sembra di intuire una certa nostalgia dell'Ancien Régime... Comunque, molto bello il Bolero di Ravel, la cui caratteristica principale non è solo quella della fusione di innumerevoli suoni e melodie, quanto il suo inesorabile crescendo, e il suo maestoso finale! A Dio piacendo?

MISHA. Ah ah ah! No, niente "ancien regime". "Nessuno torna indietro" (come disse in un titolo una scrittrice – Alba De Cespedes). Ma nessuno si illuda di inventare qualcosa di nuovo, andando avanti. Cambiano le forme, nel tempo. Ma la sostanza rimane identica a se stessa. Ce lo dice il Qoelet! Bellissimo, ovviamente, il Bolero di Ravel. Io però, per il finale, non uso l'aggettivo "maestoso" (per quanto capisco bene che cosa lei voglia dire), che riservo ad una "elevazione dell'anima", non a una "discesa agli inferi" della disaggregazione (se mi posso permettere un linguaggio simbolico che non mi trascini in discussioni razionalistiche). Qui è chiaramente simboleggiata una insistenza quasi litanica di uno stesso – diciamo – mantra, per favorire una lenta discesa, malgrado il crescendo. Dice un famoso demonologo: «Vera e falsa mistica sono fenomeni del mondo pretersensibile: essi possono avere luogo solamente con il distacco dai sensi e con l'esclusione dei disturbi e degli impacci che dai sensi derivano. Nella mistica vera ciò accade per mezzo dell'elevazione estatica, nella falsa invece per mezzo della trance». La musica (come l'alcool, la droga, la preghiera) è un aiuto a "rompere" il limite dei sensi, orientandoci o verso la "mistica" o verso la "trance". Il Bolero sembra descrivere magistralmente più un itinerario verso la seconda. Ma il viaggio si arresta alle soglie del "regno subumano", senza entrarvi.

### Esperienze extracorporee

*12 luglio 2013*

MAKSIM. È importante affermare in modo chiaro che le esperienze extracorporee sono unicamente uno strumento di conoscenza. In quanto strumento, la loro valenza è neutra e il fatto di essere in grado di proiettarsi al di fuori del proprio corpo fisico, anche volontariamente, non è necessariamente sinonimo di evoluzione coscienziale. È indubbiamente vero che, proporzionalmente alla propria progressione interiore, e salvo situazioni particolari, una coscienza intrafisica avrà tendenza a sviluppare una sempre maggiore consapevolezza delle dimensioni più sottili dell'esistenza, propriamente extrafisiche. Ma tale consapevolezza non sempre è garanzia di comportamento etico, o di un utilizzo corretto di tali capacità e conoscenze.

MISHA. Per quel che vale, qualcosa non mi è chiara: se, «proporzionalmente alla propria progressione interiore, una coscienza intrafisica avrà tendenza a sviluppare una sempre maggiore consapevolezza delle dimensioni più sottili dell'esistenza», come mai questa "maggiore consapevolezza" potrebbe non corrispondere a un giusto comportamento etico, al punto da non potersi configurare necessariamente come "evoluzione coscienziale"? Se ne dedurrebbe che "aumento della consapevolezza" ed "evoluzione coscienziale" non si corrispondano necessariamente e il metro della "evoluzione coscienziale" non è l'"aumento della consapevolezza", bensì un loro "utilizzo corretto" nel "comportamento etico". In altri termini, l'aumento della consapevolezza può benissimo accompagnarsi ad una diminuzione del "senso etico". Dunque, non basta l'"essere consapevole" per "essere"! Almeno, così capisco io. Se ho capito bene, allora si poteva dire la cosa in modo più facile: si può anche crescere in "intelletto" diminuendo in "volontà". Non sempre la consapevolezza di tutti gli "stati" (intra o extra) garantisce una volontà "retta", che si chiama virtù ("utilizzo corretto delle conoscenze"). In fin dei conti, saremo giudicati dall'amore e non dalla "scienza" dei nostri stati intrafisici o extrafisici. Che cosa si intenda, poi, per "corretto" – se si esclude un paradigma a priori (metafisico) della correttezza – non mi è chiaro!

MAKSIM. Quello che affermi, Misha, è sicuramente corretto. Il punto è che alcune capacità, entro un certo limite, possono indubbiamente essere sviluppate a prescindere da uno sviluppo di un retto pensiero e di una retta volontà. Un po' come è possibile sviluppare un muscolo, se abbiamo sufficiente motivazione nel farlo, a prescindere poi da come pensiamo di utilizzarlo. D'altra parte, questo è vero solo entro un certo limite. Possiamo dire, per usare la metafora dei muscoli, che il numero di muscoli che possiamo sviluppare cresce proporzionalmente alle nostre virtù. Quindi, direi più propriamente che la conoscenza e sviluppo di tutti gli stati (la conoscenza e sviluppo di tutte le fasce muscolari) garantisce di fatto una volontà "retta", poiché senza tale rettitudine non è semplicemente possibile accedere alle conoscenze e alla comprensione necessarie. Nel linguaggio dell'esoterismo si usa esprimere questo fatto dicendo che il "mago nero" opera al di sotto del livello del cuore: è in grado di fare molte cose, manipolando l'energia non solo a un livello fisico, ma la sua progressione, e comprensione del reale, restano necessariamente limitate, in quanto mancano quelle "fasce muscolari" che gli consentono di muoversi in tutti gli strati del reale. Comunque, tutto questo è ben espresso anche nelle tradizioni antiche, come quella dello Yoga, per esempio nell'Ottuplice Sentiero di Patanjali, dove per l'appunto, le prime due fasi implicano una comprensione e applicazione di una corretta visione etica nella vita.

MISHA. È la "virtù" che presiede allo sviluppo della coscienza, dunque. Allora, per capirlo, perché è necessario l'esoterismo (vale a dire un "sapere non per tutti"), se questa verità è valida per tutti? L'ottuplice sentiero non sono che le otto beatitudini dette all'orientale! Ma soprattutto: che cosa significa "corretta" se non ho un "metro"? Le Beatitudini evangeliche sono otto: 1ª Beati i poveri in spirito, perché di essi è il regno dei cieli. 2ª Beati gli afflitti, perché saranno consolati. 3ª Beati i miti, perché erediteranno la terra. 4ª Beati quelli che hanno fame e sete della giustizia, perché saranno saziati. 5ª Beati i misericordiosi, perché troveranno misericordia. 6ª Beati i puri di cuore, perché vedranno Dio. 7ª Beati gli operatori di pace, perché saranno chiamati figli di Dio. 8ª Beati i perseguitati per causa della giustizia, perché di essi è il regno dei cieli.

MAKSIM. Penso sia aperto a tutti poter scoprire, tramite un percorso di ricerca, ciò che è nascosto. "Esoterismo" è solo una parola, che fa riferimento a ciò che è nascosto, occulto. Anche la fisica, in questo senso, è una scienza esoterica, con le sue iniziazioni (accademiche). Purtroppo molti movimenti del passato, in parte per proteggersi, hanno sviluppato un vero e proprio "autismo spirituale". È una parola che pertanto, di solito, evito, in quanto foriera di troppi malintesi. E no, l'Ottuplice Sentiero di Patanjali, da non confondere con l'Ottuplice Sentiero Buddista (anche se ci sono punti in comune), non ha molto a che vedere con le otto beatitudini. Cosa significa "corretta"? QUESTA È LA DOMANDA, da cui parte l'indagine, ovviamente ☺.

MISHA. E dunque è sempre bene evitare la parola "esoterismo". Essa non implica solo un "metodo" per scoprire cose "nascoste", altrimenti ogni ricerca sarebbe esoterica. Essa individua, almeno da un certo punto in poi, in maniera ormai consolidata, un "sapere" superiore a quello "essoterico", adatto ai più, mentre quello esoterico sarebbe adatto a pochi. La semplice "morale" è per l'esoterismo un "rivestimento" esteriore di una specie di "scienza" o "tecnica" che sarebbe tutta interiore ("esoterica"), in cui predomina – tra altre cose su cui non voglio attardarmi – un principio di "trasmutazione interiore" dalla materia grezza allo spirito e una catena iniziatica "segreta" di una sapienza che tale deve rimanere: segreta perché non è da tutti! Quanto alla domanda da cui parte l'indagine, essa è destinata ad essere il "criterio" purtroppo preventivo di tutta l'indagine, altrimenti non si saprebbe dire – nel corso dell'indagine stessa – se c'è o non c'è "evoluzione" (parola troppo sopravvalutata, tra l'altro, in tante correnti iniziatiche). A chiusura, per non esagerare, voglio aggiungere che per me la parola "occulto" non ha lo stesso significato di "problematico" né tanto meno di "misterioso", pur riferendosi tutte apparentemente a "cose nascoste"! Diceva un maestro: c'è un "nascosto" che genera paura e un "nascosto" che genera stupore! Tutti e due possono essere "propellenti" per la ricerca, ma non tutti e due – per tornare al discorso di prima – sono "buoni"!

MAKSIM. Credo che vi siano molti miti sulla questione. Intanto, non è necessario tenere nascosto nulla, dato che, senza la dovuta preparazione e il dovuto sviluppo personale, ogni sapere, per avanzato che sia, rimarrà del tutto inutilizzabile (non è possibile trasformare quel sapere in conoscenza). Non è il principio di "trasmutazione interiore" a porre problema, ma la sua associazione a qualcosa che non sarebbe per tutti. Resta però chiaro che non ci troviamo tutti allo stesso livello. Per fare sempre un esempio semplice, la fisica è per tutti, ma non è da tutti comprendere l'equazione di Schrödinger. Per arrivare a farlo è necessario un percorso. Il percorso è per tutti, ma non è da tutti percorrerlo. Quanto alla DOMANDA, essa ovviamente presuppone l'acquisizione di modelli virtuosi, che vanno indagati con discernimento, studiati attentamente, praticati, eventualmente rimessi in questione, ecc. E, naturalmente, la nostra comprensione di tali modelli muterà col crescere della nostra maturità coscienziale e intelligenza evolutiva.

MISHA. Sono d'accordissimo, ma nell'esoterismo non si misura il livello a cui ci si trova sulla base del medesimo contenuto più o meno approfondito; al contrario, si misura il contenuto (o lo si cambia) a seconda del livello a cui si perviene. Esempio spicciolo: l'etica dei dieci comandamenti può valere per tutti, a tutti i livelli, oppure può essere semplicemente un gradino "relativo" rispetto a una scala più ampia che sto salendo: se li intendo come "assoluti" (che valgono per tutti e per sempre), allora la differenza dei "livelli" non consisterà in una differenza di leggi ad hoc per ogni livello, ma consisterà nella realizzazione più o meno profonda degli stessi Dieci Comandamenti; se invece li considero un "gradino relativo" a un certo stadio e non a un altro, ovviamente si dà per possibile e lecito la realizzazione pratica di un altro stadio o livello che prescinde dai Dieci Comandamenti come "gradino relativo"! Per cui si può avere un livello in cui vige – per esempio – la temperanza sessuale, un altro livello in cui la sessualità viene considerata "libera" al punto da essere "coscientemente" usata (senza limiti imposti da un comandamento) come "tecnica" di ascesi spirituale. Viceversa, si può lasciare – sono sempre esempi – l'etica matrimoniale o l'accoppiamento sessuale come leciti a certi livelli – essoterici o exoterici – coltivando contemporaneamente, a livello esoterico, un odio tanto mortale per "la carne" da praticare un ascetismo spiritualistico ai limiti della materialità della nostra natura. Tutto dipende dalla propria "visione del mondo" o "metafisica": se credo che la carne è opera dello Spirito del male o è un "accessorio" dello Spirito o un ostacolo, la mia opera sarà liberarmi della carnalità che mi ostacola e favorire lo spirito che mi realizza! Prima di ogni "opus", dichiarami la tua metafisica e ti dirò chi sei e che cosa farai! O a che cosa tenderai!

MAKSIM. Penso sia importante osservare che l'esoterismo non è un qualcosa che funziona secondo regole prestabilite, adottate e riconosciute da ogni organizzazione che opererebbe in tal senso. Occhio a non mettere un'etichetta piuttosto riduttiva su una realtà che è di per sé molto diversificata, nel bene e nel male. Quello che non funziona nel tuo discorso è quel "leggi ad hoc". Qui c'è un pregiudizio. Perché ad hoc? Esoterismo a parte, la realtà è indubbiamente stratificata, e le leggi operanti nei diversi strati del reale non sono necessariamente le stesse. Alcune sono emergenti, altre immergenti. Pertanto, già parlare di leggi assolute, valide in tutti gli strati del reale, interiori e/o esteriori, è una curiosa ipersemplificazione. Certo, alcuni principi potranno avere un campo di applicabilità più vasto di altri, operare a più livelli, ma non è a priori scontato. Va verificato, secondo una metodologia di indagine oggettiva. Le regole di condotta poi, vanno sempre contestualizzate. In un asilo, ad esempio, ciò che è possibile fare o non fare differisce sensibilmente da ciò che è possibile fare o non fare in un'università. Ma queste differenze non necessariamente esprimono "cambiamenti ad hoc". Sono semplicemente l'espressione di diversi ambiti, e di diverse possibilità. Il discorso è vasto e si presta ovviamente a innumerevoli malintesi. Comunque, senza una sufficiente libertà interiore, controbilanciata da sufficiente maturità e discernimento, l'orientamento in questo ambito è difficile. Per questo lo studio e l'approfondimento della dimensione etica della vita riassume in sé tutta la difficoltà di una ricerca interiore. Parli di dieci comandamenti. Da dove vengono? Chi li ha enunciati? Sulla base di quale comprensione? Per chi? In che contesto? Erano davvero dieci in origine, o ne sono stati aggiunti alcuni in seguito, e se del caso quali e perché? Esistono "comandamenti" più fondamentali?... Diceva Jiddu Krishnamurti: il maestro è la domanda! Ma la risposta non può essere di natura intellettuale. È l'inizio di un percorso.

MISHA. Se io riesco a esprimere il senso di quello che dico, ho ancora qualche speranza nelle parole che uso, altrimenti ogni sforzo è vano, perché prendere le parole alla lettera è il miglior modo per vanificarne il significato: "leggi ad hoc" è stata una formula breve per dire che ci sono "vie" di perfezionamento interiore che, a certi livelli ritenuti "superiori", non assumono gli stessi contenuti dei livelli inferiori in maniera più approfondita, ma li cambiano radicalmente e questo cambiamento non avviene come per la matematica o la fisica, nel senso che comunico gradualmente le nozioni secondo la difficoltà e la capacità di ricezione. La comunicazione graduale in questo caso è la presentazione organica di un sapere a disposizione di tutti, ma gradualmente. Per "fascia d'età" qui non significa che la legge d'indeterminazione" sarebbe vietata a un bambino di 11 anni. Non è vietata, bisogna solo aspettare un'età più ricettiva. Non c'è nessuna censura "ai minori di 18 anni" per la legge di indeterminazione. La visione di un film per "fascia d'età", invece, risponde a un criterio diverso, non certo alla "gradualità" di un sapere. L'esperienza dei livelli sempre più interiori della vita spirituale non appartiene né al sapere graduale né al divieto dei film per i minori: appartiene a una dimensione totalmente diversa: per alcuni questa dimensione va "sezionata" in due grandi gruppi: uno per i "molti" o la massa (exoterico), un altro per i pochi o le élites (esoterico), insomma per chi ne "regge il peso"; e spesso, ai livelli più interiori non c'è uno "sviluppo", ma un "capovolgimento" delle esperienze che si fanno a livello exoterico. I livelli sempre più "interiori", in questa suddivisione, non sono modi di interpretazione (in senso teatrale) diversa di una stessa "commedia". Più si entra nel "segreto", più si ribalta lo stesso "copione". Non si spiegherebbe altrimenti perché "il segreto" è una delle condizioni "sine qua non" della Massoneria, che la Chiesa condanna proprio in quanto "segreto"! Ovviamente il senso di questo segreto non sta al livello – per esempio – del segreto della confessione. Questo riguarda la vita intima e privata a salvaguardia della dignità e "privacy" di ciascuno, quello invece è vincolato a condizioni che sono incomunicabili a chi non riesce a entrare ai piani "esoterici"! P.S.: sui comandamenti, io accetto volentieri tutti i tipi di domande, purché non siano "retoriche", nel senso che si conosca già la risposta, ma siano davvero per avere una risposta, sia pure da mettere sotto cauzione per eventuali approfondimenti. Essi sono, comunque, una "esemplificazione" promemoria (come una bussola, una mappa, una cartina geografica), per memorizzare le leggi basilari elementari UNIVERSALI del comportamento "etico" positivo (quello che "misura" il grado di "evoluzione coscienziale intra o extra fisica). Ciò che lei cerca come "atteggiamento etico corretto" per i gradi di consapevolezza in buona parte è lì. Non se lo deve inventare. Se ne può servire da criterio per portare un giudizio sulla sua "coscienza". L'esemplificazione promemoria è occidentale e cristiana, ma il loro contenuto è universale e immutabile, cioè è conosciuto da tutti e da sempre, anche prima di Cristo. È legge naturale non scritta su tavole (quelle bibliche erano come un "prendere appunti") ma nel cuore dell'uomo in quanto tale! (vedi l'Antigone di Sofocle, che si appella già nel mondo greco a una norma naturale non scritta contro la norma repressiva e invadente del "potere"!) La norma implicita nel cuore umano è l'unica salvaguardia alla prevaricazione di qualsiasi potere. Disconosciuta quella, si rimane inesorabilmente e "scientificamente" in balìa del potere, o di ogni artifizio e di chi meglio la sa raccontare. Si diventa, prima o poi, schiavi di qualcosa o di qualcuno! Anche di vescovi e cardinali non tanto retti!

MAKSIM. Penso siamo sostanzialmente d'accordo, Misha. Le mie domande sui comandamenti volevano solo mettere in guardia a non dare nulla per scontato, soprattutto quando le origini di un sapere sono antiche e pertanto c'è tendenza a considerarle automaticamente autorevoli. Altrimenti, penso vi siano molte distorsioni circa gli insegnamenti "segreti" e di natura "iniziatica". Oggi comunque, i tempi sono cambiati, e tale livello di segretezza non è più necessario. Per il "capovolgimento" delle esperienze di cui parli, il discorso diventa troppo astratto, senza un esempio concreto. A volte il capovolgimento è il frutto di una nuova comprensione, come quando, ad esempio, ci rendiamo conto che ciò che ritenevamo corretto si rivela essere errato. Il capovolgimento diventa allora un raddrizzamento. Altrimenti, non ho esempi di "capovolgimenti esoterici", tali che una cosa non sarebbe "permessa" a un livello ma lo sarebbe a un altro.

MISHA. Sì, ci sono distorsioni circa gli insegnamenti "segreti", ma una cosa inesatta (qui trapela un pregiudizio "evoluzionistico") è che oggi non sia più necessario "tale livello" di segretezza. C'è ancora! «Il mistero della massoneria è per sua natura inviolabile; il massone lo conosce solo per intuizione, non per averlo appreso. Lo scopre a forza di frequentare la loggia, di osservare, di ragionare e dedurre. Quando lo ha conosciuto, si guarda bene dal far parte della scoperta a chicchessia, sia pure il miglior amico massone perché, se costui non è stato capace di penetrare il mistero, non sarà nemmeno in grado di profittarne se lo apprenderà da altri. Il mistero rimarrà sempre tale. Ciò che avviene nella loggia deve rimanere segreto, ma chi è così indiscreto e poco scrupoloso da rivelarlo non rivela l'essenziale. Come potrebbe, se non lo conosce? Conoscendolo, non lo rivelerebbe.» [Giacomo Casanova, cabalista e massone]

MAKSIM. Penso che il bisogno di segretezza nasca soprattutto come necessità storica; cioè era legato a una questione di sopravvivenza di certi movimenti nella materia. È in tal senso che ho affermato che il segreto non è oggi più necessario, almeno alle nostre latitudini. Il mio non è un pregiudizio "evoluzionistico", è la constatazione che c'è stata un'evoluzione culturale, che ha permesso la libertà di culto, di associazione, di ricerca, ecc. Non è sempre stato così. Il resto è solo una questione di didattica. Un insegnante, a seconda della tipologia di allievo con cui avrà a che fare, si esprimerà in modo diverso, e approfondirà la materia, sia in senso teorico che pratico, in modo diverso.

MISHA. Il bisogno di segretezza sull'essenziale esiste ancora, non può morire, perché non ha motivazioni storiche, mi creda, ma strutturali. La logica è sempre quella espressa da Casanova, che se ne intendeva molto bene.

MAKSIM. Se parliamo di persone e/o organizzazioni che si muovono secondo logiche non luminose, il discorso è differente. Altrimenti, ogni coscienza che si muove nella luce cercherà di facilitare l'avanzamento di ogni altra coscienza, offrendo tutto quanto è in grado di offrire, con ogni mezzo disponibile, e non certo fabbricando oscuri segreti volti all'accrescimento del proprio potere personale. Il bisogno di segretezza non è un requisito strutturale dell'evoluzione. Non lo è mai stato. Anzi, direi che tutti i movimenti luminosi, che hanno promosso frammenti di una conoscenza autentica su questo pianeta, sin dall'alba dei tempi, hanno sempre cercato di semplificare, tradurre, rendere fruibile, promuovere tale conoscenza, attraverso cammini realmente percorribili. Quindi, tutto l'opposto di un sistema fondato sulla segretezza fine a se stessa. L'Ottuplice Sentiero del Raja Yoga, già evocato, è un perfetto esempio di sistema studiato per guidare chiunque, in modo graduale e sicuro, in un percorso di studio, trasformazione e realizzazione personale. Poi, naturalmente, ogni praticante, cercherà l'accompagnamento di colleghi più esperti, ma questo, ancora una volta, fa parte della didattica teorico-pratica dell'insegnamento.

## Il bicchiere mezzo vuoto

*20 luglio 2013*

MAKSIM. Se riempite per metà un bicchiere d'acqua, il bicchiere è mezzo pieno o mezzo vuoto? Per l'ottimista è mezzo pieno. Per il pessimista è mezzo vuoto. Per il realista è mezzo pieno d'acqua e mezzo pieno d'aria. Per il realista lucido, da una parte è mezzo pieno d'acqua e mezzo pieno d'aria, dall'altra contiene l'universo intero.

MISHA. C'è poi il punto di vista dello storico pragmatico, che non è quello pessimista, ottimista, realista o realista lucido: "se riempite il bicchiere a metà" si fa un'azione che lo rende "mezzo pieno", anche se appare "mezzo vuoto"; se lo "svuotate a metà" si fa un'azione che lo rende "mezzo vuoto", anche se appare "mezzo pieno". La stessa cosa succede a una strada ripida: che sia una salita o che sia una discesa non è un dilemma per lo storico pragmatico (e un po' relativista): se si sale, è una salita; se si scende, è una discesa.

MAKSIM. La visione dello storico pragmatico (SP) è una visione dinamica, orientata al processo. Questo significa che per lo SP il bicchiere, in generale, potrà essere contemporaneamente mezzo pieno e mezzo vuoto, nel senso che queste due condizioni corrisponderanno a due proprietà simultaneamente potenziali, attualizzabili a seconda del contesto (riempire o svuotare). Lo SP può, a dire il vero, spingersi più in là, in quanto il bicchiere potrebbe anche cessare di essere (se nell'operazione di riempirlo o svuotarlo lo si fa cadere). Insomma, lo SP potrebbe facilmente giungere alla "rivelazione" del tetralemma del buddismo, che afferma che tutte e quattro le proprietà seguenti sono contemporaneamente soddisfatte: (1) il bicchiere è mezzo pieno (quando lo si riempie), (2) il bicchiere non è mezzo pieno (quando lo si svuota), (3) il bicchiere è mezzo pieno e non è mezzo pieno (quando non si fa nulla e le due proprietà sono simultaneamente potenziali), (4) il bicchiere né è mezzo pieno né non è mezzo pieno (quando lo si rompe).

MISHA. Queste per me sono considerazioni troppo difficili. Io entro in una cucina e vedo un bicchiere semi-pieno/semi-vuoto. La prima cosa di cui sono sicuro è che non è rotto, quindi introdurre nella mia domanda (il bicchiere è semi-pieno o semi-vuoto?) un bicchiere rotto è una specie di "forzatura filosofica" usata quasi come "arma di distrazione dal "dato"! Il bicchiere davanti a me c'è! Poi mi faccio la fatidica domanda: è mezzo pieno o mezzo vuoto? Se la domanda prescinde dalla sequenza storica, è destinata a rimanere senza risposta oppure ad alimentare diatribe astratte senza sbocco tra pessimisti, ottimisti, realisti. Al limite, diventerà un alibi per l'autogiustificazione del "relativismo": la verità non c'è. Ognuno vede le cose a modo suo. La "ricerca" sarà vana e la risposta impossibile, o soggettiva, perché basata su illazioni o predisposizioni psicologiche. Se invece qualcuno mi dice: «Quel bicchiere che vedi lo ha lasciato tuo figlio dopo aver bevuto», allora posso tranquillamente dire che la risposta "il bicchiere è mezzo vuoto" è più esatta dell'altra (perché "svuotato a metà"), anche se dall'esperienza sensibile del "dato" anche l'altra risposta vorrebbe accampare le sue ragioni. Il contrario accade se mi si dice: «Quel bicchiere lo ha lasciato tuo figlio: lo aveva riempito per bere ed è dovuto scendere di corsa, chiamato giù al portone». Una nota: la quarta proprietà non la comprendo, a meno che lei non me la faccia capire meglio; la terza è per me praticamente impossibile, perché un bicchiere, per stare lì, ha dovuto necessariamente subire un'azione (o di riempimento o di svuotamento: non è lì così, "ab aeterno"), sebbene il suo stato possa cambiare nel futuro: ma le due potenzialità (di "poter" essere riempito, contemporaneamente al "poter" essere svuotato ancora) riguarda il suo futuro, non la sua storia. E non possiamo ancora dire se sarà "svuotato" o "riempito"! Insomma, se noi, quando ci poniamo la domanda sostituiamo il verbo all'aggettivo, la risposta viene più facile: Il bicchiere è "mezzo svuotato" (al posto di "mezzo vuoto") o "mezzo riempito" (al posto di "mezzo pieno")?

MAKSIM. Sì, il mio "storico pragmatico" è uno "storico" orientato al futuro, cioè si interessa unicamente di storie future. Andrebbe ribattezzato "futurologo pragmatico" ☺. In fisica una proprietà è uno stato di predizione. Se la predizione è certa, la proprietà è attuale; se non è certa, è potenziale. Quando una proprietà viene testata, l'esito, idealmente, può essere sia positivo (la proprietà viene confermata) sia negativo (la proprietà viene sconferma). Ma qualcosa potrebbe andare storto nel corso del test, quindi c'è anche la possibilità che la proprietà non sia né confermata né sconfermata.

MISHA. Non le resta che farmi un esempio comprensibile di "proprietà attuale" con "predizione certa"!

MAKSIM. Un cubetto di legno possiede la proprietà di "bruciare bene". Possiede anche la proprietà di "galleggiare". Ci si potrebbe chiedere se il cubetto possiede anche, contemporaneamente, la proprietà di "bruciare bene e galleggiare". La risposta è affermativa ma la ragione è sottile; A tal proposito, consiglio la visione, su YouTube, di un'interessante video: "La fisica degli spaghetti - Principio di Indeterminazione di Heisenberg e Non-spazialità Quantistica".

MISHA. ...ma continuo a non capire una "proprietà attuale con predizione certa".

MAKSIM. Un cubetto di legno possiede la proprietà di "bruciare bene". La possiede in senso attuale, non potenziale. Perché? Perché posso predire con certezza che se lo avvicino a una fiamma brucerà bene. La certezza della predizione è ciò che mi consente di attribuire al cubetto la proprietà in questione, in senso attuale. Mi sa che non hai visto il video ☺.

MISHA. Il video l'ho visto, ma non ho capito bene il nesso. Ma sa perché? Mi è parso "fuori tema" scomodare Aristotele occultando la potenza e l'atto dietro parole come "predizione certa".

Quindi continuo a non capire una "proprietà attuale con predizione certa" e come sia pertinente con la questione del bicchiere "mezzo svuotato" e "mezzo riempito": mi sembra che le qualità di un oggetto vengano definite più dalle sue caratteristiche in atto che da quelle in potenza: un "ginecologo" non è uno che diventerà ginecologo, ma che lo "è diventato", lo è "in atto", anche se in questo momento non lo sta facendo. Per lui la "ginecologia" – direbbero gli scolastici – è un habitus. Non so che cosa c'entri, per un riconoscimento e una definizione, la "predizione certa"!

MAKSIM. L'habitus implica la predizione certa. Allo stesso modo, la possibilità della predizione certa implica la presenza di un habitus. Stiamo quindi parlando essenzialmente della stessa cosa. Per il resto, concordo che la discussione di cui sopra sulle proprietà del bicchiere è un po' bizzarra; era una specie di divertissement ☺.

## Genitori omosessuali

*24 luglio 2013*

MAKSIM. "[...] I risultati di questa ricerca suggeriscono che gli adulti omosessuali assumono con successo il loro ruolo di genitori adottivi e che i loro bambini si stanno sviluppando in direzioni positive [...]" [Rachel H. Farr Ph.D., Charlotte J. Patterson Ph.D., "Lesbian and Gay Adoptive Parents and Their Children", in: LGBT-Parent Families, Springer New York, 2013, pp. 39–55].

MISHA. Già! Un bambino senza storia e senza memoria, felice e gaudente! Quasi napoletanizzato: "scordammoc'e 'o passato, simm'e Napule, paisà"! La perfetta realizzazione "tecnocratica" dell'agognato "carpe diem" iniziata dai genitori naturali e completata dalle "ricerche di laboratorio". Mi piacerebbe conoscere gli esimi ricercatori e piangere ai piedi della loro "scienza" tristemente incompleta e tragicamente riduttiva! E se mi riuscisse di parlare mentre piango, direi loro: «ci sono cose che non avete potuto misurare perché neppure potete vederle: impegnati come siete a scavare in una caverna, queste cose vi sfuggono perché sono fuori dalla caverna in cui state cercando. Ma vi bacio le mani per averci dato la felicità che erroneamente i poeti e i pensatori pensavano si trovasse nel "ricordo" o anche nel racconto lineare della storia dei propri genitori adottivi e che voi avete finalmente trovato nell'eterno "spensierato" CARPE DIEM. Quale uomo potrà mai essere più felice di quello che, nell'eterno presente, vive incantato da una vertiginosa utopia senza "basi d'appoggio"? Orfano tre volte: dei genitori naturali, dei genitori adottivi e della sua unica storia sepolta in un inebriante nulla! Vorrei essere presente una sera, senza psicologi, sociologi e strizzacervelli, alla tavola dell'esemplare famiglia "nuova", non per cenare con loro, ma per ascoltare dalla loro viva voce i racconti che si fanno al bambino attorno "al focolare", magari sotto forma di favole! E assaporare tutte le delizie dei risultati di queste ricerche!

«Qual'è il segno del padre? Cosa manca al figlio che non ne ha vissuto la presenza...? Il segno del padre è quello della ferita. Il dolore, il colpo prodotto dalla perdita [...]. Il padre insegna, testimonia che la vita non è solo appagamento, conferma, rassicurazione, ma anche perdita, mancanza, fatica. Le esperienze più profonde, a cominciare dall'amore, prendono origine e forma proprio da quella perdita. Nella vita dell'uomo, il padre trasmette l'insegnamento della ferita perché la sua prima funzione psicologica e simbolica è quella di organizzare, dare uno scopo alla materia nella quale il figlio è rimasto immerso durante la relazione primaria con la madre, e che di per se tenderebbe semplicemente alla prosecuzione dell'esistente. Per questo il padre infligge la prima ferita, affettiva e psicologica, interrompendo la simbiosi con la madre... e proponendo, da quel momento, allo sviluppo del bambino, una direzione, un télos, una prospettiva. Ogni prospettiva, però, focalizza lo sguardo su alcune direzioni e ne esclude altre. Valorizza dei comportamenti, a scapito di altri. L'intervento del padre, dunque, limita, in una prima fase, la vita del giovane; lo "ferisce", per renderlo più forte. È la dura, difficile, emozionante fase dell'educazione, in cui il bimbo impara a rinunciare. [...] Chi ha ricevuto il segno del padre porta nel suo organismo psicofisico il marchio della perdita, come ferita profonda, ben visibile anche se ben cicatrizzata. Questo colpo, doloroso, rende chi lo riceve più forte: quando verrà la perdita, esperienza non evitabile della vita umana, essa non lo distruggerà psicologicamente e spiritualmente. Anzi, egli saprà trarne il succo più prezioso: l'amore» [Claudio Risé, "Il Padre, l'Assente Inaccettabile", Edizioni San Paolo, 2003, pp.11-13].

Credo in tutta franchezza che queste verità restino ben nascoste alle ricerche cosiddette "scientifiche"!

MAKSIM. Perché mai, Misha, un bambino senza storia e senza memoria? Ma soprattutto, su che base affermi che la "scienza" in questione sarebbe tristemente incompleta e tragicamente riduttiva? Altrove affermi che, discutendo di questi temi, desideri aprire dei piccoli varchi nelle certezze della gente. Ma mi chiedo: sei a tua volta aperto a questo esercizio di rimessa in questione? Sei a tua volta disposto a lasciare che il dubbio possa aprire dei piccoli varchi nelle tue, di certezze? Da come giudichi a priori il summenzionato articolo, senza averlo nemmeno letto, solo perché le sue conclusioni (solo provvisorie) non si allineano con le tue, sembra che la risposta sia purtroppo negativa. Difficile proseguire una discussione su queste basi. Circa la visione del ruolo del padre, non entro nel merito specifico, ci vorrebbe troppo spazio. Quello che penso, però, è che confondi "principio maschile-principio femminile", con "pene-vagina". Il principio maschile esprime una modalità particolare, un modo di porsi e di agire a più livelli nel reale. Questa modalità, ovviamente, può essere manifestata sia da una coscienza con un corpo maschile, sia da una coscienza con un corpo femminile. E lo stesso vale ovviamente per il principio femminile. Ora, una personalità matura avrà imparato a integrare sia la modalità maschile che quella femminile, a prescindere dalla topologia dei suoi genitali. Una vera madre è anche in grado di dare direzioni (tra i mammiferi, è la madre che abbandona i cuccioli, quando pronti a divenire adulti), e un vero padre è anche in grado di curare ed accogliere (ho un'esperienza personale a riguardo). Il problema è che di vere madri ce ne sono poche, così come ci sono pochi veri padri. Ma è solo un problema di maturazione psicologica, di adultità, non di pene e di vagina.

MISHA. la questione dei "piccoli varchi" era una battuta che su facebook probabilmente non si sente, pazienza! Io non voglio aprire niente né so se io sia aperto o chiuso e se per me maschio e femmina significhino pene e vagina. Non credo. Io credo soltanto che basti uno sguardo aperto al reale per sapere se il fuoco fa fumo, se la donna partorisce (e non l'uomo), se d'inverno fa freddo, se la cicala canta e se da un cane non può nascere che un cane, o se i genitori di un bimbo debbano essere due complementari, biologicamente e spiritualmente, e se la barba di un uomo e i seni di una donna siano "segni" esterni di un "significato" interiore che si comunica a noi senza sforzi "filosofici", ma secondo una intrinseca razionalità che è nelle cose, come è dai "primordi" e come sarà in eterno, malgrado le cantonate del cervello umano. Tutto il resto gira intorno a poche evidenze elementari, alle quali rendono omaggio anche le problematiche apparentemente più complesse. Anche per fare un figlio "in vitro", o per riuscire a far volare un aereo, il successo dell'impresa "in laboratorio" è inesorabilmente legato alla "imitazione" di ciò che la natura fa da sé in condizioni normali, secondo regole basiche immodificabili che si impongono anche nello stadio delle "evoluzioni" più avanzate. Anche l'adozione è costretta a imitare la natura. (Dell'idea di "natura" parlo in altra conversazione). Tutto ciò che potrei aggiungere di più, al cospetto di "esperti scienziati" (più che altro "tecnocrati", il che è diverso), lo direi solo "alla presenza del mio avvocato", quando sarò ricoverato o arrestato ingiustamente per "omofobia" (le fobìe sono una malattia mentale) o per aver scambiato la vagina per una donna (a scanso di equivoci, è una battuta che credo si capisca anche su fb). Dunque, lei dice che c'è una ricerca, e che i risultati di questa ricerca dicono che i bambini adottati da genitori gay si stanno sviluppando in direzioni positive. Bene. Chi l'ascolta, può avere due reazioni: o prende tutto a scatola chiusa perché "ha parlato la ricerca"; oppure si fa una domandina: come fanno costoro a parlare di "direzione positiva", se non hanno un parametro chiaro (necessariamente pre-giudiziale, prefissato) che li guida nel giudizio? Che cosa significa "positivo" e "negativo" in un universo metafisicamente, antropologicamente e moralmente relativistico, in cui un pensiero vale un altro e un comportamento è omologabile a qualsiasi altro? In cui non esiste né un punto di partenza indiscutibile (o quanto meno accettato da tutti universalmente), né la consapevolezza di un punto di arrivo? Che senso hanno le parole "uomo" e "donna" se i giochetti simbolici intorno ai termini sono infiniti e non si fondano su evidenze primarie, riconoscibili da tutti, secondo le normali intuizioni del senso comune (che può essere superato solo a patto che sia almeno riconosciuto come la base "comune" di un discorso)? Sulle evidenze biologiche cui si richiama la differenza uomo-donna mi sono state fatte delle obiezioni che sono la spia della loro grande incomprensione. Si è detto che l'interpretazione del simbolismo uomo-donna su basi biologiche è riduttivistico, perché – si rileva – gli esseri umani sono più della "biologia"). Ma la "biologia" in realtà non è che "il linguaggio espressivo visibile materiale delle realtà invisibili, immateriali, spirituali". In tutte le più alte civiltà tradizionali, indipendentemente dal credo religioso, la "legge dell'analogia" era lo strumento principe non delle esercitazioni letterarie e filosofiche, ma della conoscenza razionale, la conoscenza che puntava al "quadro scheletrico" della realtà, senza perdersi nelle vicende particolari del sig. Maksim o del sig. Misha. La struttura "biologica" non è il "tutto" di una persona, ne è però il richiamo visibile, la chiave d'accesso a ciò che visibile non è. Ecco perché il mio comprendonio non arriva a capire frasi sibilline come queste, che avrebbero bisogno di essere chiarite (ma chiarite davvero!): «*Il principio maschile esprime una modalità particolare, un modo di porsi e di agire a più livelli nel reale. Questa modalità, ovviamente, può essere manifestata sia da una coscienza con un corpo maschile, sia da una coscienza con un corpo femminile. E lo stesso vale ovviamente per il principio femminile*». E poi: «*una personalità matura avrà imparato a integrare sia la modalità maschile che quella femminile, a prescindere dalla topologia dei suoi genitali*». Ora, ridurre l'uomo ai suoi genitali è davvero un'idiozia e anche una patologia; ma – al contrario – considerare l'uomo "a prescindere dai suoi genitali" mostra un'accentuata incomprensione del linguaggio simbolico e del rapporto esistente tra il mondo interiore e i suoi simboli esteriori. Purtroppo questo può accadere soltanto in una visione antropologica in cui il "corpo" viene visto come un accessorio dello spirito, un "optional", non il suo "imprescindibile alfabeto" simbolico. Qualcosa che si può prendere o lasciare come un cappotto o addirittura sostituire o scegliere, come mi diceva un'amica antroposofa che in "un'altra esistenza" era stata maschio (sic!), togliendo al marito persino il gusto "romantico" di giurarle ETERNO AMORE! Nessuno spirito può dire "io!" senza mostrarsi come "questo specifico corpo", veicolo identificativo della "persona spirituale" (che senza di esso rimarrebbe invisibile, sconosciuta, non identificabile, INDETERMINATA e inespressiva)!

MAKSIM. La ricerca su questi temi è in corso. I risultati circa le adozioni omosessuali sono incoraggianti, ma sicuramente non definitivi. Ma, essendo il metro di paragone quello delle coppie eterosessuali, assai nevrotiche delle nostre società occidentali, c'è da immaginare che difficilmente le coppie omosessuali faranno di peggio. Siamo solo agli inizi di una raccolta dati complessa, in quanto l'essere umano è molto complesso, e ci sono numerosissime variabili in gioco. In altre parole, il dibattimento scientifico di questi temi è in corso. Devo dire però che il tuo squalificare questi studi, tacciando a priori i ricercatori di "tecnocrati", mi lascia un po' perplesso. A quanto pare, se seguo il tuo ragionamento, sarebbe meglio che la ricerca non si occupi di questi temi, visto che la religione (o certa metafisica) avrebbe già deliberato, e che in fin dei conti sarebbe sufficiente qualche analogia, qualche identificazione (o quasi) tra biologia e anima (escludendo evidentemente ogni anomalia che crei disturbo) per comprendere come dovrebbero funzionare esattamente le cose. Insomma, mi sembra di capire che qualunque sia il grado di scientificità dei futuri dati raccolti, la pertinenza dei parametri scelti per misurare lo sviluppo psicologico dei bambini, la loro realizzazione futura in quanto adulti, per quanto attendibili e verificabili possano essere o saranno questi studi, di fronte a tutto questo, tu rimarresti comunque dell'idea che "è sbagliato". Correggimi se sbaglio. Se è così, come immagino che sia leggendo attentamente quello che scrivi, perché parlare di evidenze empiriche da un lato, per poi negare quelle stesse evidenze dall'altro? Non stai selezionando quelle evidenze che fanno comodo al tuo discorso, squalificando a priori quelle che invece potrebbero rimetterlo in questione? (Annacquandole con il tuo pianto ☺). Non sarebbe a questo punto più onesto affermare, semplicemente, che le coppie omosessuali disturbano, ad esempio, il proprio senso estetico, o che disturbano perché violano le leggi della propria religione, così come disturberebbe a un cattolico una donna che si rifiutasse di giurare obbedienza all'uomo, al momento del matrimonio. Almeno in questo caso sarebbe chiaro a che livello si situa veramente il problema. Detto questo, aggiungo solo che vi sono sicuramente più evidenze circa il processo di serialità esistenziale (reincarnazione) – vedi gli studi di Ian Stevenson, di Jim Tucker e altri – che sulla resurrezione dei corpi alla fine dei tempi, ma questa è un'altra storia. Tra l'altro, non ti è mai sorto il dubbio che alcune espressioni di omosessualità (non tutte, ovviamente) potrebbero essere proprio la conseguenza di un'immagine residua che la coscienza si porta da altre vite? Un'ultima osservazione. Nella mia esperienza personale, noto che le persone che hanno problemi con il mondo omosessuale, o più generalmente con il mondo LGBT, sono spesso persone che non hanno mai conosciuto da vicino queste persone, cioè che non hanno avuto amici di questo genere, che hanno viaggiato poco tra le culture, o viaggiato poco tout court. Naturalmente, tutto questo non aiuta ad osservare il reale da altre prospettive, relativizzando il proprio punto di vista, e le proprie idiosincrasie, e a cercare una visione più oggettiva e universalistica.

MISHA. Caro amico Maksim, per ridere le dirò innanzitutto che si rafforza sempre di più in me la convinzione di poter parlare "solo in presenza del mio avvocato" (oppure abbiamo un'alternativa: il telefono, dove le considerazioni si possono fare in tempo reale con un contraddittorio "più caldo"). Le dico solo che non mi passa neppure per l'anticamera del cervello voler squalificare una qualsiasi ricerca, prima di tutto per realismo: le "ricerche" se ne fanno un baffo delle mie "squalifiche"! Ma poi soprattutto perché l'orientamento alla conoscenza della realtà, proprio della scienza, è il migliore alleato della verità, in qualsiasi forma essa si presenti (per favore, ritengo che la plausibilità di un qualsiasi discorso debba prescindere dalla fede, dal cattolicesimo, dalla Chiesa, con tutti i riflessi condizionati che questi temi portano con sé – dogmatismo, inquisizioni e via equivocando: per queste cose si deve aprire una corsia di conversazioni quasi a sé, perché come ci sono pregiudizi "cattolici" e "clericali", ci sono pregiudizi anticattolici e anticlericali e le assicuro che sono molto forti e durissimi a morire!). Ma la scienza è orientata a conoscere la realtà; ciò che, a partire dalla scienza, tende a "modificare il reale (in bene o in male) io la chiamo tecnica. La tecnica (e i tecnici) sono sempre a servizio di un fine che le viene da fuori e che essa non ha gli strumenti per sindacare (un bravo elettricista che viene a casa mia a farmi l'impianto elettrico deve seguire le mie istruzioni sulla postazione delle prese e delle lampade da distribuire nel mio appartamento. I governi "tecnici" devono seguire la politica e non sostituirvisi). Chiamo poi tecnocrazia la tecnica che diventa fine a se stessa e non avverte più la sudditanza di una istanza superiore che le detta le condizioni del suo operare tecnico. La tecnocrazia viaggia col motto: tutto ciò che mi è possibile mi è lecito, o per lo meno decido io sulla liceità delle mie possibilità. Se la tecnica mi dà oggi il potere di costruire un uomo in vitro, lo posso fare anche a richiesta, senza sindacare sulla moralità di quella operazione, per il semplice motivo che non esiste moralità oggettiva, essendo tutta lasciata alla discrezione o alla insindacabilità degli "attori"! Dunque, se c'è stato qualche equivoco anche sui "tecnocrati", soprassiedo volentieri. Detto questo, dovremmo uscire anche dalla "psicologizzazione" di un problema, perché essa sposta subdolamente la discussione dal problema sul tappeto ai soggetti che ne discutono: se è "normale" un matrimonio gay (non nel senso di patologico) è normale anche se le coppie omosessuali disturbassero qualcuno; se non è normale, non è normale anche se piacessero a qualcuno! Psicanalizzare le intenzioni è un gioco al massacro molto sterile, specie dove manca (o non si vuole vedere) un terreno oggettivo comune sul quale costruire il "ring dialettico"! Io le ho detto quel che penso, senza psicologismi: gli elementi biologici contano come terreno di "senso comune" per partire da un "dato" certo, anche in funzione di un suo eventuale superamento. La struttura "anatomico-fisiologica" maschio-femmina può essere questo dato certo indiscutibile, perché mostra ad una pronta evidenza "oculare" la propria conformazione "finalistica" (indipendentemente se questo fine è poi possibile o no, si realizza o no, è ostacolato o no, è favorito o no). Se il polmone è fatto per respirare, l'opinione contraria non è segno di "democrazia", ma di "rotella fuori posto"! La convivenza "democratica" delle opinioni si può avere sul "sesso degli angeli", ma non sulla finalità dello sperma! Certamente – ripeto – l'essere umano non si può ridurre a "biologia", ma questa non è una "riduzione" dell'uomo spirituale, NE È PRECISAMENTE IL LINGUAGGIO VISIBILE! Di questo si deve tener conto per ogni espressione "democratica" successiva! Per evitare la "ruota libera" dei pareri io conosco solo questa strada: ancorarsi a un'oggettiva realtà riconoscibile da tutti. Altrimenti finisce fatalmente per prevalere l'effetto osservatore! Per ultimo, suggerisco ancora una volta di non ridurre il tema a diagnosi "psicologico-sociali" degli interlocutori: è antipatico per me presentare credenziali di conoscenza sperimentale delle persone gay per far accreditare i miei discorsi. Ma, dato che mi costringe, la inviterei alla lettura di un libro di poesie di un mio amico omosessuale. Il ricordo di lui (che vive a Milano e non vedo da tempo) e la dimestichezza che ho – costante – con i suoi famigliari non aggiungerebbero nulla alle vostre persuasioni che, né più e né meno delle persuasioni religiose, hanno fatalmente un retroterra pre-giudiziale. È amico di grandissima sensibilità e levatura culturale (insegna in una scuola elementare di Milano), e mi sembra sia contrario alla "menata demagogica del matrimonio gay" perché "matrimonio" e "gay" è un ossimoro folle!

MAKSIM. Naturalmente, Misha, la mia osservazione non voleva lasciare intendere che tu non avessi conoscenze di prima mano circa le persone omosessuali, o di altro genere. Era solo una constatazione, che ritengo abbia valore generale. Molti si esprimono su questi soggetti senza veramente comprenderli. Anche perché, per comprenderli veramente, probabilmente bisognerebbe poterli vivere sulla propria pelle. L'omosessualità è una realtà che esiste, a prescindere, non un prodotto di una tecnica, come la fecondazione in vitro. E la finalità dello sperma non è mai stata in questione. Quello che qui è in questione è se un'unione debba essere solo finalizzata alla procreazione biologica. Ritenerlo, secondo me, sarebbe un errore, un pericoloso riduzionismo dell'essere umano. Quello che qui è anche in questione è se due donne, o due uomini, che vivono una relazione affettiva stabile, sono adatti o meno ad allevare dei cuccioli umani. Gli studi dicono che molto probabilmente sì. In altre parole, non sembrano esserci controindicazioni. Qui non stiamo parlando di utilizzare dei polmoni al posto di uno stomaco. Stiamo parlando di persone capaci di cure amorevoli, con due braccia e due gambe, quindi con la capacità di sovvenire ai bisogni reali di un bambino. Per il resto, capisco che una certa visione del matrimonio possa non contemplare le coppie omosessuali, soprattutto in ambito religioso, e come ho spiegato altrove, penso che gli omosessuali avrebbero di fatto interesse a parlare solo di unioni. D'altra parte, se anche loro desiderano il sogno romantico del matrimonio, o patrimonio, chi sono io per impedirglielo? Come diceva il buon vecchio Immanuel Kant: "Nessuno mi può costringere ad essere felice a suo modo, ma ognuno può ricercare la felicità per la via che a lui sembra buona, purché non rechi pregiudizio alla libertà degli altri di tendere allo stesso scopo".

MISHA. Caro amico Maksim, ormai mi fido quasi ciecamente di lei (per la disponibilità a dialogare), e perciò voglio solo sperare che, man mano che si discute (malgrado i grossi limiti di fb), si chiariscano sempre meglio le posizioni, anziché oscurarsi sempre peggio. Però dobbiamo essere disposti a usare la razionalità fino in fondo, senza recalcitrare, deviare o tornare indietro quando la "ragione" ci obbligherebbe a superare un ostacolo. Nessuna persona assennata potrebbe rifiutare la frase di Kant (anche se quella frase è "portatrice sana" di un trabocchetto insidioso, ma lasciamo stare). Quella frase, però, è necessaria ma non sufficiente per dirimere la questione "sul da farsi" per la soluzione di certi problemi. Già il suo senso viene negato (e non può essere che così, data la sua insufficienza) proprio da chi l'assume come principio-base, quando – per esempio – due libertà dovessero confliggere tra loro anziché armonizzarsi. Se – per esempio – una donna vuole abortire e il medico fa obiezione di coscienza (oppure se non vuole abortire e il fidanzato fosse di parere contrario) qualcuno dovrebbe persuadere o costringere uno dei due a decidere per un verso o per l'altro e qui si rivelerebbe in tutta la sua inconsistenza (o quantomeno incompletezza) la bella frase kantiana. Io faccio sempre l'esempio di Eluana Englaro: se io porto delle ragioni plausibili per non farla morire e lei porta delle ragioni plausibili per farla morire, come mai poi, a parità di condizioni razionali, si decide "come se" il suo parere pesasse più del mio? La risposta è semplice: perché nella decisione non ha agito il principio (orizzontale) del controbilanciamento delle libertà di opinione (un principio di questo tipo blocca le decisioni anziché favorirle), ma ha agito uno di questi due princìpi impliciti: o quello del "potere" (zitto tu, decido io! – che è la conseguenza tipica ineluttabile di una filosofia "relativistica" e infatti Benedetto XVI luminosamente la chiama "dittatura del relativismo"); oppure l'altro principio (verticale e non orizzontale) della giustezza o ingiustizia dell'atto: vale a dire che farla morire è sembrato più giusto che farla vivere. Nell'un caso e nell'altro non si è agito nell'osservanza dell'assioma relativistico: ("io la penso così e rispetto te che la pensi cosà"), bensì nell'osservanza tacita di un assioma "assoluto": ("io la penso così e ho ragione, zitto tu che la pensi cosà" e hai torto). Nella vita di tutti i giorni agisce sempre o un criterio di valore verticale (è giusto o non è giusto?), più o meno cosciente, più o meno implicito, o un criterio di puro "potere"! In entrambi i casi, un "assoluto"! Le "conversazioni filosofiche" implicano sempre il massimo rispetto della libertà altrui, ma le decisioni della vita no. Noi non dobbiamo immaginare che la vita concreta sia un salotto più o meno virtuale in cui ciascuno, comodamente seduto, e magari dopo un bel pranzo, legittimamente rivendica la libertà di dire e di fare le proprie cose. Andremmo nell'onirico e, quel che è peggio, finiremmo (come abbiamo finito) per crederci! Qui il bel principio kantiano rivela tutto il suo limite e a volte – per essere radicali – rivela la sua vera natura: una debole foglia di fico per imporre al più debole i nostri pensieri e i nostri comportamenti, con l'aggravante dell'ipocrisia! Ci sarebbe un terzo criterio di giudizio, che però non tengo in considerazione perché assimilabile a quello del "potere": il criterio delle "maggioranze": siccome la maggioranza dice no, stia zitto il sì e si adegui; siccome la maggioranza dice sì, stia zitto il no e si adegui! Dopo queste premesse, il discorso dovrebbe entrare nel merito del tema in questione, tenendo conto di tutto il suo commento. Lo farò più tardi, a meno che lei già condivida poco tutta la premessa e allora ogni continuazione sarebbe perfettamente inutile!

MAKSIM. Difficile non condividere tale premessa. Naturalmente, è importante che quell'assoluto che menzioni, usato per far valere il proprio punto di vista, ritenendo di avere ragione, sia correttamente interpretato come un "assoluto relativo". Ossia, "io ho ragione, fino a prova del contrario". Infatti, non posso esserne certo: trattasi solo della mia valutazione del momento, sulla base delle mie conoscenze attuali, sicuramente incomplete, e del mio discernimento di oggi, sicuramente imperfetto. E, naturalmente, entrambe le parti potranno pensare di avere assolutamente ragione, quando magari potrebbero avere entrambe assolutamente torto. Quindi, posso essere d'accordo con l'idea che, in linea di principio, si agisca sulla base di un criterio verticale, che potremmo definire anche, semplicemente, un criterio di verità, di oggettività, di realtà. Ma questo non è sufficiente a far sì che tale "verità verticale" sia tale nella pratica. Possiamo solo andare verso una maggiore verità. Il metodo scientifico è un tentativo per muoversi con una certa sicurezza nella giusta direzione. Il principio kantiano, come ogni principio, indica unicamente una direzione, non come percorrerla. È come il terzo principio della dinamica: è facile da enunciare, ma poi, quando si tratta di applicarlo per risolvere le equazioni del moto di un sistema concreto, la faccenda si complica notevolmente. Inevitabilmente, bisognerà fare delle approssimazioni, considerare certe variabili come più importanti di altre, quindi, per dirla in altro modo, operare delle scelte. Per questo ci vuole esperienza, discernimento, e capacità ad assumersi delle responsabilità personali. E naturalmente, a meno di vivere come un eremita in una caverna, alcune delle nostre scelte andranno a urtare contro quelle di altre persone. Quindi, la manifestazione pratica della nostra libertà, compatibilmente con la manifestazione pratica della libertà degli altri, necessariamente dovrà essere il frutto di una mediazione, di una negoziazione, di un compromesso. Questa è la sfida del "vivere assieme", con tutti i suoi svantaggi ma anche i suoi innumerevoli vantaggi. Gli esempi che fai – di cui abbiamo già parlato altrove – Englaro, medico obiettore, ecc. – devono ovviamente sottoporsi a questo processo di creazione di consenso e di ricerca di compromesso. Il difficile è far sì che tale compromesso resti un compromesso sano. Detto questo, e tornando alle nostre conversazioni sul tema delle adozioni omosessuali, penso che la nostra discussione sia sul livello sbagliato. Ci troviamo a valle quando il "problema" (in senso cognitivo) si trova (forse) già a monte. Infatti, prima delle adozioni da parte di coppie omosessuali, c'è il tema del matrimonio omosessuale, ma prima dei matrimoni omosessuali, c'è il tema delle unioni civili omosessuali senza adozione, ma prima delle unioni civili omosessuali senza adozione, c'è il tema delle unioni omosessuali tout court, ossia la possibilità per due omosessuali di avere una vita affettiva e sessuale, al pari delle coppie eterosessuali. Ora, visto che qui non si tratta di improvvisarci legislatori (io se non altro non ne ho le competenze), ma semplicemente di discutere del possibile valore etico-morale di una possibile scelta, ritengo che dovremmo semplificare la nostra discussione, cominciando con l'elucidare la seguente questione più fondamentale, che ti pongo in forma di domanda: Secondo te, è eticamente/moralmente legittimo che un omosessuale, al pari di un eterosessuale, viva una relazione di coppia, su tutti i suoi piani (quindi anche quello sessuale)? Se la tua risposta è sì, allora possiamo passare allo scalino superiore (unioni civili, senza adozioni). Se la risposta è no, mi piacerebbe sapere, in poche e sintetiche parole, le ragioni di tale posizione, compatibilmente con il principio kantiano. Perché un omosessuale avrebbe secondo te interesse ad astenersi da una vita di coppia?

MISHA. Caro Maksim, finalmente lei ha descritto né più né meno, in senso inverso, il preciso itinerario che percorre la tendenza gay quando, uscendo dal privato, opera il tentativo (del tutto nuovo nella storia) di farsi accreditare "pubblicamente" come "legittima" (donde non si può evitare il passaggio a considerazioni legislative, come vorrebbe lei). Le tappe sono ben descritte: dalla vita affettiva e sessuale si passerà alle "unioni civili", dalle unioni civili si passerà al "matrimonio" e dal "matrimonio" si passerà alle "adozioni". E qui noto, con un certo sorriso amaro, che lei salta pudicamente questo passaggio (dice "senza adozioni"), che però è precisamente lo scopo penultimo di tutto l'itinerario: le adozioni di bambini. Dico penultimo, perché lo scopo ultimo, il traguardo definitivo di tutti i traguardi parziali (che sono un semplice mezzo provvisorio), ciò a cui tutto l'itinerario tende, è il cambiamento della mentalità "comune", vale a dire che le persone si convincano, con la forza imperativa delle leggi, che l'omosessualità è "naturale" e non è un "disordine oggettivo" da affrontare e capire come tale. Perché, in effetti, a questa alternativa né io né lei né nessun altro può sfuggire: o si nasce "per natura" omosessuale (e allora ogni comportamento gay deve farsi valere nella storia come "diritto", così come è successo per la donna, per i neri, per gli schiavi, ecc.); oppure l'omosessualità è "un disordine oggettivo" (cioè qualcosa di cui "il soggetto" non ha colpa né responsabilità e che "contraddice" la natura della sessualità umana (qui spero non debba ripetermi sulla inopportunità logica di fare analogie con gli animali). Se il suo esercizio è "un diritto", tutti gli altri diritti ne devono conseguire necessariamente; se è un "disordine", o una "eccezione" alla regola, ciò non può tuttavia implicare automaticamente – come tutti i disordini oggettivi – un giudizio negativo o una "discriminazione" dei soggetti che ne sono portatori. L'esempio che ripeto di frequente è quello dello "stonato", che mi consente di farmi capire e contemporaneamente di evitare nei miei interlocutori ogni "interpretazione" di carattere moralistico o religioso di quello che dico. Sul piano individuale, chi sa cantare deve capire che "lo stonato" ha una sua pari dignità (perché non è la "stonatura" che determina la "moralità soggettiva" di una persona); chi è "stonato", dal canto suo, deve conoscere e riconoscere i propri limiti in quel campo e non pretendere di entrare nell'organico di un coro polifonico. A ciascuno il proprio compito: al primo, quello di rispettare la dignità della persona; al secondo, di non pretendere l'impossibile (entrare nel coro), forzando la "ratio" stessa del concetto di "diritto"! In ogni caso, lei ha perfettamente ragione: se si acconsente ad uno solo di quei passaggi, sarà vana ogni obiezione a tutti gli altri: il processo andrà avanti da sé! Ma allora, come si può rispondere alla domanda se è "eticamente/moralmente legittimo che un omosessuale, al pari di un eterosessuale, viva una relazione di coppia, su tutti i suoi piani (quindi anche quello sessuale)"? Come si può dare una risposta in maniera serena, essendo sicuro che l'interlocutore non calerà su di te la mannaia dell'omofobia o dell'arretratezza mentale o della "paura inconscia" e via fantasticando? Io, in base alle mie premesse, rispondo così: «Nessuno può ritenere "soggettivamente" illegittima la vita affettiva di un altro; ma nessuno può usare qualsiasi "modo affettivo" come lasciapassare "legittimo" per un matrimonio!» Questo perché il "diritto" privato e il diritto pubblico sono due mondi distinti, dal punto di vista morale, ma anche dal punto di vista di ogni giurisprudenza "positiva". Se non si tiene in considerazione questa distinzione, avremo sempre due errori contrapposti: da un lato, la mancanza di rispetto e di riconoscimento "etico" della persona gay da parte del non gay; dall'altra, l'assenza di realismo del gay che, spesso maliziosamente (e lo dico anche perché qui parliamo di "lobby di minoranza") e non di rado con una beffarda cattiveria intenzionale, non vuole rispettare i "limiti "pubblici" della sua condizione! C'è cattiveria e immoralità "privata" nel primo: c'è cattiveria e immoralità "pubblica" nel secondo! Caro Maksim, del suo commento ho tralasciato tutta la prima parte dove lei ritorna inguaribilmente sul "relativo", anche quando parla di "assoluto". "Assoluto relativo" è per me un concetto incomprensibile. Ci sono situazioni in cui "il relativo" è quasi costretto a rendere omaggio, suo malgrado, all'assoluto perché ne avverte l'autorità suprema. Per capirci, tornerei – se non le dispiace – a Eluana Englaro: gli scienziati possono battibeccare come vogliono sulla questione se Eluana è viva o è morta". In assenza di ragioni e torti oggettivi, gli "operatori" che cosa dovrebbero fare? Prendere atto che entrambe le ipotesi possono essere vere e "regolarsi di conseguenza". In questo "regolarsi di conseguenza" appare di soppiatto l'assolutezza della "vita" sulla morte", perché, NEL DUBBIO, l'operatore – se non ha perduto il bene dell'intelletto o non è uno "che comanda lui e basta" – deve astenersi dall'eliminare la persona in coma. Per adire a certi comportamenti in modo "assoluto", non è necessario sapere prima come stanno le cose in maniera "scientifica"; è sufficiente avere qualche dubbio per fare infallibilmente la scelta giusta. Ma, come si sa, mentre gli scienziati battibeccavano nell'incertezza di quale fosse "la verità oggettiva", gli operatori dell'Ospedale "La Quiete" avevano già perduto il bene dell'intelletto e si incamminavano sulla strada sbagliata. Su questo argomento mi è capitato di scrivere un articolo su un settimanale, intitolato: *"Eluana e la moralità del cacciatore"*, in cui facevo notare che i medici sarebbero stati giusti soltanto se si fossero comportati come il cacciatore che rinuncia a sparare se non sa con certezza chi c'è dietro il cespuglio che sta prendendo di mira: se un coniglio o un bambino. Insomma, caro Maksim, anche in assenza di verità oggettive, il "dubbio" si mette a servizio della verità e ispira agli uomini comportamenti etici CERTI, ASSOLUTI, vale a dire INDISCUTIBILI, non "discutibili fino a prova contraria"! Così è anche quando mi innamoro: 1)–Solo tu! 2)–Per sempre! L'assoluto non tollera l'apparente assennatezza del "relativo" che, con l'occhiolino beffardo, ti fa aggiungere a ogni promessa la postilla: "fino a prova contraria"!: 1) ma si sa che ci potrebbe essere un'altra; 2) ma si sa che siamo mortali e nulla è "per sempre"! Bisogna solo scegliere sotto quale bandiera vogliamo vivere, combattere e morire: se dietro le insegne dell'assoluto (che è perdente, come Cristo, in partenza) o sotto quelle del relativo (che parte vincente, come il mondo, col suo realismo apparente, direi "scientifico"!). Nel primo caso la via è difficile, ma sicuro il traguardo; nel secondo caso la via è un po' più facile, ma il traguardo è deludente! Gliel'ho detto qual era il segreto di mia madre e di mia suocera (90 anni) per resistere al "realismo distruttore" del tempo: l'ASSOLUTEZZA DEFINITIVA E INCONDIZIONATA della PROMESSA! Che donne! Che coraggio! Che umanità profonda! CHE POTENZA DELLA VOLONTÀ (senza yoga)!

MAKSIM. Caro Misha, il tuo punto di vista mi è ora molto chiaro; non lo condivido, ma ovviamente lo rispetto. Anche perché so che sei una persona mossa da alti ideali. Se non lo condivido è, a dire il vero, per le stesse ragioni che evochi tu: quelle del dubbio. Detto "en passant", la tua affermazione che "anche in assenza di verità oggettive, il 'dubbio' si mette a servizio della verità", mi sembra un po' azzardata. Infatti, presuppone che, pur nel dubbio su come sia giusto comportarsi, si sappia nondimeno esattamente come comportarsi. Quindi, anche nel dubbio, non ci sarebbero dubbi! Una specie di contraddizione in termini, che viene mascherata dal tuo esempio del cacciatore, in quanto nel tuo esempio non esiste dubbio alcuno. Il cacciatore non è in dubbio se sparare o non sparare, è in dubbio unicamente se si tratta di un coniglio o di un bambino. Mescolare questi due livelli di dubbio non è corretto. Per introdurre il dubbio al livello giusto nel tuo esempio, cioè al livello in cui si compie la scelta, dovresti aggiungere un successivo elemento. Ad esempio, il cacciatore e la sua famiglia sono dispersi da molto tempo, stanno morendo di fame, e quella che intravvede potrebbe essere l'ultima preda disponibile per molto tempo, in grado di salvare loro la vita... Ad ogni modo, non mi inoltro nell'analisi di questi esempi didattici. La letteratura filosofica è piena di esempi di dilemmi etici, e solitamente non esiste un modo unico e infallibile per affrontarli. In questo senso, il relativo la fa da padrone. Non nel senso che tutto va bene a prescindere. Ma nel senso che è sempre necessario contestualizzare accuratamente, con discernimento, tenendo conto delle circostanze; e non c'è una regola a priori che ci conferisce un modo infallibile per farlo. Ma di questo abbiamo già discusso altre volte. Lascio stare il caso della Englaro, in quanto troppo complesso e anche perché non lo conosco così bene. Voglio invece tornare sul punto nevralgico della nostra discussione. Tu parti dall'assunto che l'omosessualità sia un disordine. Se è così, ovviamente il tuo discorso non fa una piega. Ora, personalmente, trovo che pensare all'omosessualità solo in termini di disordine è a sua volta il frutto di un disordine cognitivo. (Lo dico con tutto il rispetto naturalmente, sono a mia volta pieno di disordini cognitivi, ne scopro di nuovi tutti i giorni!). E, più esattamente, di quel disordine che si chiama "pregiudizio infondato". Naturalmente, come ho più volte affermato in altri scambi, è indubbio che l'omosessualità possa essere vissuta come disordine da alcuni omosessuali. In altre parole, non escludo che l'omosessualità possa essere anche un disordine. Ma questo cambia poco, in quanto anche l'eterosessualità può essere vissuta come disordine, quindi questa considerazione non toglie né aggiunge nulla al dibattito. Il punto qui, del pregiudizio in questione, sta nel considerare tutti i comportamenti omosessuali come necessariamente il frutto di un disordine, cioè di un disturbo da curare! Questo, mi dispiace, ma è scientificamente insostenibile. Guarda, per venirti incontro, potrei anche accettare che sulla questione si coltivi ancora un ragionevole dubbio scientifico. In questo caso – e qui uso le tue stesse armi – di fronte a questo dubbio, che cosa facciamo: spariamo o non spariamo? Se il dubbio si mette al servizio della verità, e se supponiamo che vi siano elementi di dubbio circa la questione dell'omosessualità come disturbo del comportamento sessuale, cosa facciamo: nel dubbio diamo più valore al sentire della persona omosessuale, o alla rigida istituzione tradizionale del matrimonio? Per me la risposta è evidente. Ma veniamo al succo della questione. Non sono un esperto, quindi mi limiterò a poche considerazioni. Prima di tutto osservo questo. È solo negli anni settanta che l'associazione psichiatrica americana ha eliminato l'omosessualità dalla sua lista di disturbi psichici. Questo significa che fino a un'epoca molto recente, l'omosessualità, anche in ambito scientifico, ha subito una pregiudiziale di tipo non-scientifico. Quindi, semplicemente, è venuta a mancare una ricerca seria e approfondita, ad esempio della presenza e funzione dell'omosessualità nel mondo animale. Naturalmente, il fatto che esistano determinati comportamenti negli animali, e che questi comportamenti non siano il frutto di un disturbo, non necessariamente significa che questi siano da adottare anche in ambito umano. L'uomo è un animale culturale, in grado di fare delle scelte, di emanciparsi dal mondo animale. Possiamo prendere l'esempio del maschio in natura, che cercherà di diffondere il proprio seme il più possibile, fecondando il numero maggiore di femmine. Questa possibilità è una prerogativa dei maschi più forti, quindi possiede una chiara logica evolutiva. In alcune tradizioni culturali e/o religiose questa dinamica è stata codificata nei cosiddetti matrimoni poligamici, che per l'appunto nella pratica sono solitamente riservati ai ceti sociali elevati. In altre culture invece è stata abolita. Scelte diverse, sul merito delle quali qui non entro. Quello che però è difficile affermare, ad esempio nel caso della poliginia, è che questa, necessariamente, debba essere considerata il frutto di un disturbo psichico. Affermarlo sarebbe alquanto azzardato. Allo stesso modo, certi comportamenti sessuali, come quello dell'omosessualità, potranno essere integrati o meno all'interno di una cultura, ma considerarli un disturbo richiede di analizzare attentamente l'origine e la funzione di tali tendenze sessuali. E, come dicevo, tale studio, tale osservazione neutra della questione, è qualcosa di molto recente dal punto di vista scientifico. Oggi ci si sta rendendo conto non solo che l'omosessualità è diffusissima nel regno animale (soprattutto come espressione di bisessualità), ma anche che rappresenta una costante selezionata dall'evoluzione biologica, con i suoi specifici vantaggi per la specie. Riguardo questi vantaggi, vi sono ovviamente varie ipotesi, tuttora dibattute, e questo sicuramente non è lo spazio giusto per discuterle. Ma la cosa più importante da comprendere, o più esattamente, semplicemente, da osservare, sia negli animali che negli uomini, è che l'omosessualità è prevalentemente una caratteristica innata. In altre parole, non è né il risultato di un disturbo psichico acquisito in fase di sviluppo (anche se in alcuni casi specifici potrebbe esserlo), né una scelta operata in modo consapevole da certi individui. Tutto questo andrebbe approfondito. Osservo che se si fa una rapida ricerca su internet, si trovano numerosi articoli scientifici in lingua anglosassone che analizzano questi temi in modo serio e disincantato. Si trova molto poco materiale invece in lingua italiana, a dimostrazione del ritardo che l'Italia ha nel dibattere in modo oggettivo di queste delicate questioni. Per riassumere: difficile sostenere, alla luce di quello che si sa oggi, tramite l'osservazione del regno animale, ma anche del regno umano, che l'omosessualità sia una patologia psichica. Non è un caso se trent'anni fa, sebbene con notevole ritardo, questa sia stata stralciata dalla lista delle patologie. E non basta qui evocare le famose lobby gay, per affermare che sarebbe una loro opera di disinformazione. Posso comprendere, considerando l'antichità del pregiudizio, che alcune persone possano coltivare dei ragionevoli dubbi sulla questione. In fondo, quella che studia l'omosessualità è una scienza nuova. Bene, ma nel dubbio cosa facciamo? Qui parliamo di essere umani, non di cavie da laboratorio (con tutto il rispetto per le povere cavie). Dalla mia prospettiva, è necessaria una presa di posizione chiara, che è la seguente: nel dubbio (per chi ancora coltiva questo genere di dubbi), non possiamo che prendere il sentire degli omosessuali sul serio, e considerare l'omosessualità come forma di sessualità terza, non patologica. Solo in questo modo il dibattito su come codificare in termini culturali questa possibilità, potrà esprimersi senza basi pregiudiziali, come puro dibattito culturale. P.S.: C'è poi tutta la questione, assai interessante ma indubbiamente ancora più controversa, di comprendere la dimensione del fenomeno dell'omosessualità dal punto di vista della serialità esistenziale (reincarnazione), sia nel regno animale che umano. Ma ovviamente, qui la cosa diventa oltremodo controversa. Per quanto riguarda l'aspetto della promessa, l'unica promessa che personalmente desidero è quella di autenticità. Che cosa me ne faccio di una compagna che resta al mio fianco, suo malgrado, non più desiderandolo veramente, solo perché me lo aveva promesso? E, naturalmente, se guardiamo indietro nel tempo, scopriamo matrimoni in effetti molto solidi. Lo erano per una semplice ragione: a quei tempi non c'era altra scelta.

MISHA. Caro Maksim, per discutere con lei, devo almeno essere sicuro di essermi spiegato bene, altrimenti la conversazione gira in tondo a sostegno di "tesi pregiudiziali". Infatti: 1) la prima parte del suo commento mi sembra proprio fondata su "obiezioni filosofico-didattiche" poco convincenti, perché io ho fondato l'esempio del cacciatore su un caso del tutto concreto, vitale, eticamente sensibile e che ha avuto un esito concreto e vitale, lasciando strascichi di incolmabili divisioni ideologiche: il caso, appunto, che lei vuol tralasciare perché da lei ritenuto "complesso", mentre invece mi sembra il più chiaro, il più semplice e anche il più concretamente drammatico. La domanda di tutti (e della "scienza") era: Eluana è viva o morta"? Secondo alcuni (vedi anche un maître à penser della nostra povera Italia, Corrado Augias) Eluana era già morta nel 1992, anno dell'incidente; secondo altri un "coma vegetativo persistente" non autorizza a parlare di morte. Dubbio "teoretico": È viva o è morta? (segue l'altro dubbio: è dignitoso far vivere in quel modo una persona?). Subito, a seguire, il dubbio "pratico-etico": che si fa? Ora, quello che non capisco io è questo: qual è l'esempio più astratto e meno aderente alla concretezza delle cose: quello mio del cacciatore che deve decidere se eliminare un "qualcosa in movimento" dietro una siepe? O quello suo, del cacciatore pressato dalla fame dei suoi famigliari? Ammettiamo pure che un cacciatore in quelle condizioni sia "autorizzato" a sparare a prescindere (il che non è! La drammaticità della situazione famigliare può tutt'al più costituire – in sede di giudizio morale e giuridico – una attenuante ai fini dell'espiazione della pena, se la vittima non era un coniglio, ma ammettiamo – dicevo – che in quelle condizioni il cacciatore sia autorizzato a sparare: quale attinenza ha quell'esempio con il caso drammaticamente concreto fatto da me? C'è una donna in coma che non dà segni esteriori di vita: il cacciatore-medico si chiede se deve sparare o astenersi, questo è il dubbio, conseguenza di quell'altro: è viva o è morta? Risposta: se è viva o se è morta non lo sappiamo. P-E-R-C-I-Ò sappiamo che non si deve sparare! Perché, se fosse morta, il cacciatore non farebbe che completare l'opera, nulla di male; ma se fosse viva, il cacciatore determinerebbe il passaggio di una persona dalla vita alla morte, l'AMMAZZEREBBE, dunque precauzionalmente si astiene! ...il cacciatore normale! Il cacciatore matto invece, davanti al "dubbio" teorico, agisce d'imperio, sulla base di valutazioni che non hanno nulla a che fare con quel dubbio "teorico", ma con interessi di varia natura, compresa la necessità di dar da mangiare ai propri figli (e qui mi astengo dal continuare). In sintesi, io faccio un esempio per "raffigurare" un caso non di scuola, ma reale; lei fa un esempio di scuola, in cui l'unico scopo sembra essere quello di reggere "debolmente" un'obiezione con ipotesi non concrete, diverse dal REALE (che lei intanto liquida come "complesso"). Insomma qualcosa non mi quadra nei suoi commenti relativi a Eluana e il cacciatore. Veniamo ora al resto. Io non so davvero come spiegarmi: lei attribuisce a me un significato alla parola "disordine" che non mi è mai passato per la testa: DISORDINE = Disturbo da curare. Ma io non parlo di "disordine" come "disturbo da curare", sebbene non possiamo chiudere gli occhi di fronte a persone che vogliono uscire da quella condizione e che – per questo – subiscono una forte discriminazione al contrario: (la ragione di questa discriminazione al contrario spesso sta nel fatto che questi soggetti vanno inopportunamente a contraddire la tesi che l'omosessualità è "naturale" – si nasce così – come dice lei). Ma lasciamo stare: io parlo di "disordine oggettivo", che non necessariamente è un "disturbo a curare", ma non è neppure una cosa di cui andare orgogliosi (l'orgoglio gay, no?) È semplicemente un fatto nel quale si "vede" un'imperfezione oggettiva (che non implica affatto la discriminazione di chi ne è portatore): mio suocero aveva la mano destra mozzata da una mietitrebbia. Di fronte a questo nudo "FATTO" uno può fare due cose: o permettere a quella mano di recuperare la sua funzione attraverso l'utilizzo delle tecniche moderne (come è successo per le gambe di Zanardi) o rassegnarsi a quel fatto (che fotografa una manchevolezza oggettiva relativamente a una "perfezione dovuta" – come direbbe Aristotele – ad un organo che però manca. Quando manca una qualità dovuta a un organo per motivi "oggettivi", io dico che quell'organo ha un "disordine oggettivo". Questo vuol dire trattare mio suocero come una bestia rara? Discriminarlo? Certamente, in mancanza di una mano, se a mio suocero fosse venuto in mente da vivo (ora non c'è più) di fare il giocoliere in un circo e si fosse ostinato al punto da costituire una associazione dei "senza mano", per reclamare il diritto di fare il giocoliere da circo, io avrei lavorato per farlo inserire nel manuale diagnostico delle patologie psichiatriche, accettando eventualmente le calunnie del prossimo sull'inesistente discriminazione. E quindi, quale difficoltà dovrei avere a rispondere? «*Nel dubbio (per chi ancora coltiva questo genere di dubbi), non possiamo che prendere il sentire degli omosessuali sul serio*». Il sentire va rispettato, aiutato, considerato ed eventualmente integrato nella propria cultura. Ma, scusi, lei conosce una qualsiasi cultura – dalle Alpi alle Piramidi, dal Manzanarre al Reno – che abbia integrato l'omosessualità nel "rapporto matrimoniale"? E perché dovrei accettare una falsa alternativa: o l'omosessualità è una patologia psichica oppure è una potenzialità benedetta per un rapporto matrimoniale? Sarebbe come dire che, se mio suocero senza mano è comunque una persona per bene, allora sono obbligato ad accettare il suo capriccio di voler fare il giocoliere in un circo!

MAKSIM. C'è un equivoco, Misha. Il tuo esempio del cacciatore è perfetto. Il punto è che non descrive una situazione dove ci sarebbe un dubbio su come agire. C'è solo un dubbio circa l'identità della preda, non circa il fatto di sparare o meno. Quindi, non è il "dubbio che si mette a servizio della verità", ma l'assenza di dubbio! In altre parole, sono d'accordo con te che, se si considera come assunto imprescindibile che un medico non debba mai, in nessuna circostanza, smettere di offrire assistenza terapeutica, allora, di fronte al dubbio circa il fatto che una persona in stato vegetativo sia morta o viva, non si deve staccare la spina. Quando dico, però, che la situazione è più complessa, mi riferisco al fatto che tu hai menzionato solo un aspetto del problema (*viva o morta*?), mentre ve ne erano altri se ben ricordo. Ad esempio: qual era la volontà di Eluana? O anche: dov'è la frontiera tra "sovvenire ai bisogni primari" e "accanimento terapeutico"?. Visto che il tema della nostra discussione non era l'eutanasia, e aspetti annessi, mi sembrava giudizioso evitare di inoltrarsi in quelle acque. Quindi, sono d'accordo con il tuo esempio, se si accettano certe premesse. Ho solo voluto puntualizzare, maldestramente forse, che non si tratta di una situazione che esprime un dubbio di tipo operativo (se si accettano le tue premesse). Per il resto, che il presunto disordine dell'omosessualità sia da curare o meno, il succo del discorso non cambia. Trattasi di un disordine, oppure fa parte di una possibilità codificata nelle leggi biologiche naturali? Tu affermi che si tratta di un disordine oggettivo e, a quanto pare, non esprimi dubbi sulla questione. Io affermo che ci sono numerosi studi che indicano il contrario, ma che tu, a quanto pare, non sei pronto a prendere in considerazione. Non che tu debba ritenerli necessariamente pertinenti, ma potrebbero comunque instillare in te il dubbio che forse chi ritiene l'omosessualità una "imperfezione oggettiva" stia semplificando oltremodo la questione, riducendo un fenomeno complesso, e apparentemente onnipresente in natura, a un mero stereotipo. Detto questo, il passaggio al matrimonio nella nostra discussione è prematuro. Qui si stava solo discutendo dell'eticità-naturalità del rapporto omosessuale in senso lato. Una volta che viene considerato OK, questo potrà sia portare al matrimonio, sia no. Trattasi a questo punto di un problema di evoluzione culturale, e come tale va affrontato, sulla base dei principi su cui si decide di fondare la convivenza civile.

MISHA. Per le coppie eterosessuali non è la stessa cosa: in esse c'è in partenza l'ORDINE OGGETTIVO della fecondità, che può venir meno nella considerazione dei soggetti che si uniscono. Qui invece si pretende di costruire qualcosa su potenzialità inesistenti in partenza. l'Italia non è né in ritardo né in anticipo. Vadano avanti le ricerche sulla "natura" dell'omosessualità, ma non pazziamo sull'essenza giuridica di un "matrimonio". Caro Maksim, infine, se posso, la vorrei mettere in guardia da una visione un po' "romantica" della vita di coppia che, come lei (e tutti noi) sappiamo, non è basata su una verifica della autenticità della relazione 24 ore su 24. Ci sono momenti lunghi di stanchezza, di noia, di rigetto, ci sono anni di "croci" impreviste, di dubbi, di desiderio spasmodico di tornare indietro, di illusioni (tante illusioni!). LA PROMESSA "non romantica" o "illusoria" ha come base il sentimento, ma non trova la sua fondazione ultima nei capricci sentimentali dell'anima (di cui siamo esperti tutti). Anzi, io direi che qui si annida una delle più serie ragioni della "liquidità" (come direbbe Bauman) di una società che crede di evolvere "liquefacendo" la stabilità dei rapporti umani. Qui preferisco non argomentare, perché mi basterebbe che lei ricordasse il classico immortale dell'Odissea, dove il protagonista non cade nella trappola del provvisorio e del liquido, perché il suo spirito ha una meta ed ha fatto una promessa o SI È PROMESSO a quella meta. La sua umanità e la sua spiritualità consiste nel mantenersi fedele alla promessa, perché in questa piccola grande cosa consiste la stabilità, l'eroismo e la gioia della sua dignità e non nell'assecondare tutte le fantasmagoriche volubilità del tempo e dei suoi venti! Non ho mai visto né mia madre né mia suocera indagare l'animo del partner o se stesse per sapere come si muove il sentimento autentico. Poi c'era la mancanza di scelta, ma le troppe possibilità di scelta non fanno che chiederci una maggiore maturità verso la stabilità! Maksim, mi scusi, io non capisco assolutamente certi suoi "distinguo" e uno di noi due se ne va per li rami delle astrazioni: l'esempio del cacciatore non potrebbe affatto mettere il dubbio su come agire! Sarebbe un'assurdità: ha mai visto lei una decisione che non sia CERTA? La decisione è certa e vera sempre, per definizione! "Prendo una decisione" significa; sciolgo la riserva, sono SICURO, è sicuro che prendo certamente questa decisione. Il dubbio non è mai nella decisione (opera della volontà). Il dubbio è solo e sempre sulla valutazione conoscitiva dei dati di realtà, non sulla decisione che ne segue. Dunque la sua precisazione al primo rigo che senso ha, se sulla decisione non ci possono essere mai dubbi, per definizione? Io decido certamente di sparare, se so per certo che si tratta di un animale; decido certamente di non sparare se so per certo che si tratta di un bambino. Ma il fatto interessante è proprio laddove, pur non avendo risposta cognitiva certa sul dato reale (perché non so se si tratta di un bimbo o di un animale) questo dubbio impone lo stesso (cioè si mette al servizio di una decisione CERTA), di non sparare! Il dubbio non può essere nella decisione, ma il dubbio cognitivo ispira univocamente una certezza: NON POSSO SPARARE!, la stessa che si prenderebbe se si fosse certi che è un bambino. "Il dubbio al servizio della verità" significa: un'incertezza cognitiva qui non mi fa esitare sul da farsi (la decisione non può esitare), non so per certo che cosa c'è là dietro, ma proprio per questo so per certo che cosa devo fare! NON SPARARE! Del resto, insisto, nel dialogo che l'intelligenza cognitiva intrattiene con la volontà decisionale, non potrebbe mai essere questa a dubitare, qualunque sia la risultanza del dato cognitivo. Il dubbio è nell'intelletto, che si mette a servizio della certezza operativa della volontà! E siccome non so più come dirlo che il dubbio qui rende omaggio alla certezza, anzi la invoca, passo oltre, per il totale esaurimento del mio vocabolario esplicativo. Poi ci sono altre cose che non capisco: che senso ha la domanda: *«quale era la volontà di Eluana»*? Già io e lei, su uno stesso oggetto, modifichiamo la nostra volontà dalla mattina alla sera e non solo da un giorno all'altro. Immaginarsi Eluana, che ha fatto l'incidente nel 1992 ed è stata (...) (ci metta lei il verbo più azzeccato a indicare l'azione commessa) il 9 febbraio 2009, diciassette anni dopo, in stato di coma vegetativo persistente. Che domanda è: *"qual era la volontà di Eluana"*? Ieri sera una mia amica voleva morire, stamattina ha cambiato idea e se qualcuno avesse voluto "rispettare" (altro verbo ipocrita del *politically correct*) la volontà di ieri sera, la mia amica sarebbe già all'obitorio dopo la sollecita assistenza al suicidio di un premuroso e democratico amico come me. Immaginiamo ora una persona a cui si accredita una volontà di morire 17 anni dopo aver pronunciato una frase, non si sa se vera e non si sa dove e non si sa in quali contesti precisi. Io non so *«dov'è la frontiera tra "sovvenire ai bisogni primari" e "accanimento terapeutico"»*. Mi dicono gli esperti di bioetica che somministrare acqua e cibo a chi non può assumerli non è né terapia né accanimento. Ma lasciamo stare: c'è un fatterello poco scientifico, ma molto istruttivo, che la dice lunga sul significato "ideologico" che è stato appiccicato artificiosamente alla vicenda: le suore che la curavano hanno implorato fino all'ultimo di poter continuare a farlo. "Datela a noi, Eluana non è nei rantoli della sofferenza, dunque lasciatela alle nostre cure». NO! Si deve compiere il destino che le hanno assegnato i "tecnici", "i demagoghi", gli "ideologi". Ritornando al tema principale, io non ho l'abitudine a esemplificare le cose complicate, ma evito accuratamente anche di complicare le cose semplici. Il continuo ritorno al "fenomeno presente in natura", mentre mi dice che alcuni miei commenti sugli animali sono andati a vuoto (compreso l'argomento che in natura non ci sono comunque "matrimoni"), mi ripete anche insistentemente che ci sono cose che cadono sistematicamente nel non detto: quale che sia la natura del fenomeno (studiamolo in lungo e in largo, per carità), esso non è idoneo a produrre gli effetti di quello che è un "matrimonio" umano! E il discorso su questo punto non è prematuro, come dice lei, perché è proprio il fine a cui punta la legittimazione di tutto il resto, prima del traguardo dell'adozione. Non è mai troppo prematuro per trattarne perché già c'è nei progetti, pronto per essere servito prossimamente su questo schermo!

MAKSIM. L'ordine oggettivo della fecondità biologica non è certo l'unico su cui è possibile concepire un'unione stabile tra due persone. Conosco molte coppie sposate che hanno espressamente manifestato il desiderio di non avere figli biologici, per potersi meglio dedicare a un altro tipo di gestazioni, diciamo di tipo coscienziale. Infatti, dedicarsi a un figlio richiede molto tempo ed energia, e questo tempo ed energia è rivolto all'attenzione di una singola coscienza. In un certo senso, è uno spreco di risorse. Pertanto, queste persone pensano sia più utile usare i propri talenti per portare assistenza a un numero maggiore di persone, e la coppia diventa allora uno strumento di stabilità nella materia , per poter portare avanti tale compito assistenziale con la massima efficacia. Questo tipo di "matrimonio", dove il focus non è sui figli biologici, ma sull'assistenza al prossimo in senso più ampio, non solo è perfettamente sensato, ma in un certo senso è anche una forma di unione più avanzata che non il matrimonio con figli classico. E questo tipo di unione, con gestazioni coscienziali, ovviamente è fruibile sia dalle coppie eterosessuali che omosessuali. Questo solo per dare un esempio di possibilità, che tu mi sembra escluda a priori. Riguardo la promessa, concordo con la tua ultima frase, quando dici che "le troppe possibilità di scelta non fanno che chiederci una maggiore maturità verso la stabilità". È esattamente questo il punto, un'evoluzione verso una maggiore maturità. A quanto pare, questa potrà avvenire solamente tramite il passaggio di una fase di liquefazione dei rapporti, cui farà seguito, sicuramente, una susseguente fase di strutturazione, su basi rinnovate. Sul dubbio, la mia era solo una puntualizzazione, probabilmente, come ho detto, un po' maldestra. Sono sostanzialmente d'accordo con quello che scrivi. È solo che per me esiste anche un dubbio che blocca l'azione, e inizialmente mi sembrava che fosse a questa forma di dubbio a cui ti riferivi. Possiamo infatti distinguere il "dubbio cognitivo" di cui parli, che è una sorta di forza costruttiva, poiché, come spieghi, sarebbe al servizio dell'azione, se ben compreso, dal "dubbio forza dell'ostacolo", che invece produce una stasi, un bloccaggio dell'azione, una paralisi. In realtà il dubbio è sempre e solo uno: è il modo in cui ci relazioniamo ad esso che ne cambia la natura. Il dubbio è un fenomeno della mente, come giustamente spieghi, quindi, in quanto tale, è fondamentale il modo in cui ci poniamo in relazione ad esso. Possiamo farlo come uno studioso, che fa un passo indietro e osserva, in modo distaccato, oppure identificandoci con il flusso di emozioni e pensieri contrastanti che esso genera, rischiando così di produrre un bloccaggio, figlio della paura (ad esempio di sbagliare). Ma qui entriamo in un dibattito di altro tipo, e non credo che vi sia dissonanza tra le nostre posizioni. Aggiungo questo: esistono circostanze in cui, di fronte a un'alternativa, non sempre è possibile valutare in modo razionale quale sia la linea d'azione più vantaggiosa. In tali circostanze è possibile bloccarsi, cioè rimanere nel dubbio, oppure operare una scelta puramente creativa, non predeterminata. Faccio un esempio elementare: il gelataio ci chiede: fragola o limone? A me piacciono entrambi, che faccio? Ci penso per tre giorni? Non mangio il gelato? Oppure opero una scelta creativa e non lascio che il dubbio diventi un ostacolo alla mia azione? Ecco, questo tipo di situazioni è molto diverso da quello descritto nel tuo esempio del cacciatore. Non sempre la migliore linea di azione è una linea pre-determinabile! Riguardo Eluana, tutto quello che posso dirti è che non ho una posizione chiara circa quale sarebbe stata la migliore linea d'azione. Qui bisogna distinguere cosa è possibile fare in termini legali, in un dato paese, da ciò che poi uno di fatto sceglie di fare, proprio perché la scelta può seguire strade di diverso tipo. Ad esempio, il padre avrebbe potuto di notte entrare in contatto con Eluana, in astrale, e questa avrebbe potuto chiedergli di non staccare la spina, oppure di farlo, e ovviamente questo genere di esperienza potrebbe cambiare notevolmente le carte in tavola. Poi però, il padre dovrà comunque confrontarsi con quello che è possibile o non possibile fare, con le leggi del paese in cui si trova, con i suoi mezzi finanziari, con i suoi dubbi interiori (era autentica quell'esperienza astrale?) ecc. Riguardo al tuo ultimo paragrafo, sono un po' sorpreso. Se il matrimonio non è un fenomeno presente in natura, allora, siamo d'accordo, è un fenomeno puramente culturale. Quindi, in quanto tale, può essere ridefinito, ampliato, cambiato, ecc. Infatti, non c'è nulla di immutabile nelle costruzioni culturali umane, come dimostra il fatto che sul pianeta esistono diverse tipologie di matrimonio, codificate in modo diverso nelle diverse culture. Quello che a me interessa sapere da te è semplicemente se la coppia omosessuale è eticamente sostenibile o meno. Ed è ovvio che rispondere "sì" apre poi alla possibilità del matrimonio omosessuale, non fondato sulla fecondità, ma possibilmente fondato sulle adozioni, o più generalmente sulle gestazioni coscienziali. E mi sembra ovvio. da come scrivi. che la tua risposta è negativa. Quello che resta per me un piccolo mistero sono i fondamenti di tale tua risposta. Ma, a quanto pare, qui tocchiamo i limiti del nostro confronto dialettico. Dalla mia prospettiva, come ho già affermato, bisognerebbe comunque usare due nomi differenti per distinguere il matrimonio eterosessuale tradizionale da quello omosessuale. In questo modo, gli eterosessuali potranno non avere l'impressione che il "loro" antico istituto sia stato "inquinato" da qualcosa che non lo rappresenta. In altre parole, bisognerebbe inventare un nuovo termine. Propongo: "sodalizio". Vuoi tu prendere come sodale... vi dichiaro sodale e sodale... ☺.

MISHA. D'accordo sulla questione dell'evoluzione verso una maggiore maturità, ma sulla sua premessa bisogna capirsi: se io decido di sposarmi, decido di entrare prima di tutto in una "regola oggettiva" inscritta nel matrimonio (regola in senso monastico, non razionalistico): mi sposo per mettere su famiglia (in termini biologici). In termini "soggettivi" questo può anche non verificarsi (perché mia moglie è sterile o io ho problemi), ma può anche legittimamente ampliarsi: accanto ai miei figli ne adotto altri che mi permettono un "esercizio educativo multicoscienziale". Ma sarebbe del tutto assurdo decidere di entrare in un "ordine oggettivo" e poi fare, pretendere di fare, in quell'ordine, cose diverse: si può seguire il richiamo della vocazione "multicoscienziale" (come dice lei), ma per far questo è del tutto superfluo sposarsi. Anche alcuni ordini laicali o religiosi attendono all'educazione di molti giovani senza sposarsi, perché la "ragione sociale del matrimonio" è quella che è, nell'"ordine oggettivo" della fecondità biologica e dell'educazione dell'eventuale prole! Per quello che scrive sul dubbio, potrei essere d'accordo. Non concordo invece sulla questione di Eluana: 1) a qualsiasi latitudine, non tutto ciò che è legale è lecito, quindi per conoscere il da farsi bisogna puntare su ciò che è lecito, non sulle usanze giuridiche; 2) tralascio volutamente i "contatti astrali", della cui vaghezza anche lei si rende fortunatamente conto con la domanda finale. Riguardo la questione "natura-cultura", forse in altra sede non sono stato molto chiaro: quando si dice che l'uomo è un "animale culturale", non si dice che è autorizzato a cambiare la struttura "naturale" dell'uomo "anatomico", biologico, sponsale o altro: si dice semplicemente che ci sono "modi diversi", nel tempo e nello spazio, per "ritualizzare", "significare" fenomeni identici: il colore nero per un lutto dipende dalla "cultura" (altrove usano il bianco), ma con ciò non si elimina il lutto o lo si cambia di natura. Durante il MedioEvo c'era lo "jus primae noctis" che, visto nel contesto culturale, non metteva affatto in discussione il fine e il senso del matrimonio. C'è anche da dire che, spesso, motivi contingenti e di valutazioni prudenziali, suggeriscono di tollerare un male minore a scapito di un bene in sé. È il caso, ad esempio, della "poligamia", oppure – cosa più vicina a noi – è il caso delle disposizioni italiane in materia di fecondazione medicalmente assistita! Su quanto scrive in ultimo, rispondo e ribadisco: 1) le coppie, fuori o dentro la specifica connotazione sessuale, devono godere di diritti individuali al pari di qualsiasi "sodalizio" in cui sia implicata la dignità umana, il mutuo aiuto, la solidarietà e l'affettività; 2) la coppia che abbia dichiarate e specifiche connotazioni "omosessuali" non è eticamente sostenibile, ma perché nega il carattere etico "oggettivo" che deve avere una coppia sessualmente identificata. Per il sodalizio, vedasi il punto 1).

MAKSIM. Scrivi: *"...sarebbe del tutto assurdo decidere di entrare in un 'ordine oggettivo' e poi fare, pretendere di fare, in quell'ordine, cose diverse..."*. Se per "oggettivo" intendi "prestabilito", concordo, da cui il mio suggerimento di usare un nuovo nome – ad esempio "sodalizio" – per definire una nuova regola, differente da quella tradizionale, che non avrebbe tra le sue ragioni quella di dare alla luce dei figli biologici. Scrivi: *"...si può seguire il richiamo della vocazione "multicoscienziale" (come dice lei), ma per far questo è del tutto superfluo sposarsi"*. Forse in alcuni casi, ma, in generale, non è certo superfluo formare un duo evolutivo, cioè una coppia che si sostiene a tutti i livelli, con la quale poter costruire un'intimità, anche di tipo sessuale. In altre parole, si è meglio equipaggiati come coppia, che come singoli, sebbene sia certamente possibile offrire assistenza in senso polikarmico anche come singoli, ovviamente. Ma come dice il proverbio, in questo caso l'unione fa la forza. Scrivi: "... non tutto ciò che è legale è lecito, quindi per conoscere il da farsi bisogna puntare su ciò che è lecito, non sulle usanze giuridiche...". Sono d'accordo. D'altra parte, quando si agisce, è necessario tenere conto dei vincoli della legislazione presente. Poi, ovviamente, si può scegliere di disubbidire, di emigrare in un altro paese (se si hanno i mezzi economici) ecc. Scrivi: *"... quando si dice che l'uomo è un 'animale culturale', non si dice che è autorizzato a cambiare la struttura 'naturale' dell'uomo 'anatomico', biologico, sponsale..."*. Non esiste solo l'uomo anatomico. Esiste anche l'uomo fisiologico, l'uomo in quanto parte di una specie, soggetto alle dinamiche di specie, l'uomo culturale, spirituale, multidimensionale. Ma per rimanere sulle cose semplici, a che cosa serve un organo sessuale, nella fattispecie umano? Alla riproduzione? Certo. Ma serve solo a questo? Non serve ad esempio anche alla minzione? E cosa dire della sua incredibile innervazione, in quanto organo di senso? Non è forse anche un organo preposto a produrre degli scarichi di tensione, tramite la produzione di un profondo piacere, come dimostrano numerose specie superiori, che fanno uso della masturbazione, o della stimolazione reciproca senza per questo avere l'obiettivo della procreazione. Insomma, gli organi sono multifunzionali, e ritenere che siano preposti a un'unica funzione è un modo assai riduttivo per descriverli. Vi è poi lo sguardo sistemico, che rivela funzioni che vanno oltre le dinamiche individuali. Scrivi: "*...C'è anche da dire che, spesso, motivi contingenti e di valutazioni prudenziali, suggeriscono di tollerare un male minore a scapito di un bene in sé. È il caso, ad esempio, della 'poligamia'...*". Quale principio fondamentale dell'universo indicherebbe che non sia etico per un uomo avere più donne contemporaneamente, o per una donna più uomini contemporaneamente? Non dico che tali "ménage" siano semplici da gestire, ma premesso che siano debitamente ritualizzati, nel rispetto reciproco, quale legge dell'universo andrebbero a violare?

**MULTICULTURALISMO**

*17 ottobre 2013*

MAKSIM. "Il multiculturalismo, è il separatismo, e non la solidarietà, poiché ciascuno si allinea sulla sua comunità e l'universalismo muore." [Élisabeth Badinter][7]

MISHA. Non conosco la signora Badinter, ma so che le parole contengono delle insidie pericolose e vedo che in questa intervista non si tiene sufficientemente conto di queste insidie. Per esempio: che cos'è la "raison universelle" (ragione universale)?[8] Se viene concepita come un "contenente vuoto" dove ci stanno bene tutti e ove tutti sono accomunati "senza identità specifiche", è un conto; se si concepisce la "raison universelle" come una serie di contenuti riconoscibili da tutti, a qualsiasi cultura si appartenga, e che per questo sono "oggettivi" e universalmente validi, allora è un altro conto. La stessa cosa vale per la "multiculturalità": la multiculturalità può essere concepita come "incontro di culture diverse", e allora essa è un fatto incontestabile, e non può diventare una questione di principio, perché – come mi piace sottolineare spesso – *"contra factum non valet argumentum"*; altra cosa è, invece, se la "multiculturalità" si trasforma in "multiculturalismo", cioè in una ideologia dove ogni "cultura" viene artificialmente bloccata in un suo ghetto, per i più svariati motivi, compreso quello della paura di essere presi d'assedio da "stranieri" più o meno minacciosi, che non si affiancano a noi, ma che vogliono cambiarci i connotati. La stessa ambiguità è contenuta nella parola "differenza", che diventa buona o cattiva soltanto secondo il modo di concepirne e interpretarne (in senso "teatrale") la natura. Le coppie "indivi-

---

[7] *http://vigile.net/La-soumission-au-religieux-est-un*
[8] Nel summenzionato articolo, la filosofa francese *Élisabeth Badinter* sostiene che con il multiculturalismo abbiamo gradualmente eroso la 'ragione universale', secondo la quale è bene pensare prima a ciò che ci unisce, rispetto a ciò che ci separa (N.d.E.).

dualismo-individuo", "nazionalismo-nazione", "comunismo-comunità", "ugualitarismo-uguaglianza", "maschilismo-mascolinità", "femminismo-femminilità", sono accostate in modo tale che in ogni coppia il primo termine è una degenerazione del secondo, ma il secondo è una realtà originaria da rispettare, nel senso che nessuno di noi l'ha fatta e dunque nessuno di noi la può disfare. Mi sembra che, nell'analisi della signora Badinter, manchi la consapevolezza di questa ambiguità. Si immagini lei se l'uguaglianza di diritto degli uomini davanti alla legge venisse interpretata (e i pazzi, in questo senso, sono esistiti ed esistono ancora!) come uguaglianza "materiale" (economica, linguistica, di statura....) Uno che ama l'uguaglianza di statura per sfizio si mette a tagliare teste, no? Se bastasse la testa! Ovviamente il discorso precedente vale a maggior ragione per la religione! Nessun uomo, a nessuna latitudine, può vivere senza "religione", che non è altro che un modo culturalmente soggettivo di rendere culto a Dio, vale a dire rientra nella virtù morale della giustizia (dare a ciascuno quel che gli è dovuto, in questo caso rendere a Dio quel che è di Dio e... a Cesare quello che è di Cesare). Come vede dalla formula famosa, una forte affermazione di religiosità comporta anche un'altrettanto forte affermazione di laicità. Se, però, la religione diventa un pretesto per una "teocrazia" e la laicità diventa un pretesto per il laicismo (dimenticarsi di Dio o addirittura combatterlo come un avversario della nostra ragione, del nostro progresso, della nostra indipendenza, ecc.) allora anche qui la degenerazione ideologica (che è sempre contro i fatti e l'esperienza) non può che portar male!

MAKSIM. Grazie, Misha, dell'interessante commento. Diciamo che mi trovi d'accordo al 99%. Se non raggiungo il 100% è perché anche tu, nel tuo commento, non definisci alcuni concetti chiave, che dai in un certo senso a tua volta per scontati, ma che scontati sicuramente non sono. Ad esempio, affermi senza ulteriore spiegazione che ciò che proviene da una realtà originaria, che non abbiamo fatto noi, non possiamo disfarla, cioè cambiarla. Già, ma che cos'è questa realtà originaria, e perché ciò che è originale non potrebbe essere modificato? Curiosamente, qui saresti soggetto alla stessa critica che fai alla Sig.ra Badinter. Ma soprattutto, e qui tocco il secondo punto dove sei rimasto un po' vago: anche ipotizzando che vi siano delle cose originali che non è possibile modificare, e che quindi tentare di farlo sarebbe un esercizio non solo sterile, ma anche in grado di generare solo sofferenza, come si distinguono queste cose originali dalle altre, quelle che invece possiamo/abbiamo interesse a modificare? In altre parole, come possiamo distinguere l'oggettivo dal soggettivo, l'assoluto dal relativo, l'essere dal divenire, ecc.? Leggendoti, sembrerebbe che la differenza tra queste categorie salterebbe agli occhi (ma forse è solo una mia errata interpretazione delle tue parole). Naturalmente, non è così. Lo sviluppo della moderna impresa scientifica, con la sua ricerca di un metodo, il più possibile affidabile, sebbene mai infallibile, si muove proprio nel tentativo di avvicinarsi a ciò che è maggiormente oggettivo, tramite un difficile percorso di ri-educazione cognitiva e tramite un'osservazione sempre più sofisticata ed articolata del reale. Lo stesso vale per quella dimensione di ricerca, detta ricerca interiore, cui l'uomo può dedicarsi per raggiungere, per l'appunto, maggiore oggettività, e sulla base di tale maggiore oggettività fondare una ragione maggiormente universale – in grado di guidare le sue scelte, come individuo e come membro di una collettività. Ma il punto delicato è quello di ritenere che un uomo ordinario abbia accesso facilmente a questo livello oggettivo del reale. Dalla mia prospettiva non è così. Spesso scambiamo per dimensione oggettiva una dimensione che invece è solo il frutto dei nostri pregiudizi sul reale, e dei nostri passati condizionamenti. Inoltre, dobbiamo considerare che la ricerca della dimensione dell'oggettivo possa anche essere il frutto di un incontro, tra una dimensione di scoperta (ciò che è) e una dimensione di creazione (ciò che quel "è" può diventare), e che la summenzionata "ragione universale" sia in fin dei conti proprio espressione di tale incontro, i cui esiti non sono predeterminati, poiché fanno intervenire sia aspetti di scoperta che di creazione (e trasformazione). In altre parole, l'universale, forse, non è solo da scoprire, ma anche da creare.

MISHA. Una risposta al sig. Maksim, malgrado abbiamo trattato più volte l'argomento delle sue obiezioni: 1)–Primo punto: che cos'è questa realtà originaria che non può essere modificata. Ogni oggetto ha una sua natura e una sua finalità [tanto che le due domande fondamentali dei bambini e della scienza si somigliano: a)-che cos'è questo?; b)-perché questo? Anche quando non si riesca a rispondere a queste due domande o quando di risposte se ne diano cento, magari una per ogni ricercatore, ciò non implica: a) che lo scetticismo sia l'ultima parola su quell'oggetto, perché è soltanto la dichiarazione di impotenza conoscitiva dell'oggetto stesso. L'esclamazione di risposta "boh, non lo so" non può significare "l'oggetto non è niente", può solo significare: "boh, non lo so": il dubbio può fare solo da premessa metodologica, ma non può essere la "risposta" a quelle domande, come vorrebbe "il dubbio metodico" delle volpi che non riescono ad arrivare all'uva, oppure il pregiudizio per cui nessuno può avere la verità in tasca; b) che le interpretazioni "plurali" dell'oggetto e delle sue finalità siano tutte legittime, cioè colgano nel segno sulle "vere" finalità dell'oggetto. La verità su un oggetto qualsiasi va ovviamente cercata da parte di tutti, senza preclusioni, con metodi "plurali" tutti legittimi, ma le conclusioni possono dirsi vere solo nella "corrispondenza" di esse con la struttura e lo scopo dell'oggetto stesso. Al limite dell'incertezza, la via più breve e sicura è quella di interpellare direttamente il costruttore dell'oggetto per farci dire da lui come lo ha fatto e perché! Voglio chiarire anche che, una volta scoperta la struttura e la finalità di un oggetto (es. un paio di forbici), non è "severamente proibito" modificarne sia l'una che l'altra, purché lo si faccia tenendo conto della eccezionalità di quella modifica: alle scuole elementari ho visto utilizzare dalle suore le mollette per i panni come strumenti per costruire quadretti, o utilizzare forbici come figure umane bipedi opportunamente "pupazzate" con varie tecniche di collage. Anzi, in parte possiamo dire che la vera scaturigine del senso dell'umorismo nell'uomo nasce proprio dall'utilizzo di qualcosa per una finalità diversa (e sorprendente) rispetto alla sua "finalità ontologica": in un certo senso si ride proprio quando si conosce perfettamente il senso di un oggetto e lo si vede scientemente cambiato di senso: le forbici-pupazzo sono provvisorie eccezioni alla "regola" dell'oggetto, come a Carnevale si possono lecitamente invertire i ruoli e i rapporti tra le cose o le persone per giocare (scartando le dovute eccezioni esagerate del carnevale di Rio dove il gioco spesso si fa anche pericoloso e violento): uomini vestiti da donne e viceversa, persone addobbati da animali, gente con una precisa identità che gira mascherata senza suscitare le preoccupazioni delle forze dell'ordine. La struttura e la finalità incorporate in un oggetto, non sono solo la scaturigine della "moralità" di quell'oggetto (indipendente da convinzioni religiose), ma rimane anche il sottofondo "non detto" delle sue eccezioni. È quello che io chiamo ORIGINARIO. 2)– Secondo punto: quando ci poniamo le domande "che cos'è questo" e "a che cosa serve" non costruiamo nulla, facciamo solo "scienza" di un oggetto "dato", in cui convergono la dimensione "intenzionale" dell'intelletto (diciamo, l'effetto osservatore) e la dimensione reale dell'oggetto. Ma in questo incontro non consta né la dimensione modificativa o creativa dell'oggetto da parte del soggetto né la dimensione modificativa del soggetto da parte dell'oggetto. Quello che consta è la compresenza simultanea dei due, nel senso "fenomenologico" descrittivo. Questa è tutta dottrina classica, non nuova, ripresa poi nel Novecento, dopo tanti secoli, da Husserl per superare le sterili diatribe tra idealisti e realisti. È da rilevare, poi, la mia incapacità di focalizzare quello che lei intende per "oggettivo" e "universale". "Costruire" l'universale, se non c'è già prima, è una contraddizione in termini! Sarebbe come dire che il contesto viene dopo le determinazioni che lo compongono. Questo è contro tutte le logiche, credo anche le più relativistiche.

CREPE

*18 ottobre 2013*

MAKSIM. Occultare l'integrità perduta o esaltare la storia della ricomposizione? La metafora della tecnica Kintsugi: "Quando i giapponesi riparano un oggetto rotto, valorizzano la crepa riempiendo la spaccatura con dell'oro. Essi credono che quando qualcosa ha subito una ferita ed ha una storia, diventa più bello. Questa tecnica è chiamata 'Kintsugi'. Oro al posto della colla. Metallo pregiato invece di una sostanza adesiva trasparente. E la differenza è tutta qui: occultare l'integrità perduta o esaltare la storia della ricomposizione? Chi vive in Occidente fa fatica a fare pace con le crepe. 'Spaccatura, frattura, ferita' sono percepiti come l'effetto meccanicistico di una colpa, perché il pensiero digitale ci ha addestrati a percorrere sempre e solo una delle biforcazioni: o è intatto, o è rotto. Se è rotto, è colpa di qualcuno. Il pensiero analogico – arcaico, mitico, simbolico – invece, rifiuta le dicotomie e ci riporta alla compresenza degli opposti, che smettono di essere tali nel continuo osmotico fluire della vita. La Vita è integrità e rottura insieme, perché è ricomposizione costante ed eterna. Rendere belle e preziose le 'persone' che hanno sofferto... questa tecnica si chiama 'amore'. Il dolore è parte della vita. A volte è una parte grande, e a volte no, ma in entrambi i casi, è una parte del grande puzzle, della musica profonda, del grande gioco. Il dolore fa due cose: Ti insegna, ti dice che sei vivo. Poi passa e ti lascia cambiato. E ti lascia più saggio, a volte. In alcuni casi ti lascia più forte. In entrambe le circostanze, il dolore lascia il segno, e tutto ciò che di importante potrà mai accadere nella tua vita lo comporterà in un modo o nell'altro. I giapponesi che hanno inventato il Kintsugi l'hanno capito più di sei secoli fa e ce lo ricordano sottolineandolo in oro". [Jim Butcher]

MISHA. *«Chi vive in Occidente fa fatica a fare pace con le crepe».* Non mi piace dare l'impressione che io faccio per mestiere il "bastian contrario" e pertanto sottoscrivo questa affermazione! Ma devo necessariamente sottoscriverla come una verità "a metà", nel senso che essa "ci azzecca" senz'altro per l'Occidente moderno, secolarizzato e dominato da un certo delirio di onnipotenza, l'Occidente – io dico – immerso nell'oblio di Dio. Se, invece, parliamo dell'Occidente "originario" (la parola originario ritorna), quello "cristiano", cioè quello che non dimentica le sue radici, l'affermazione non solo non è vera, ma non si può neppure contrapporre ad una presunta superiorità della prospettiva dell'Oriente, alla quale – al contrario – rassomiglia. Un manualetto che circolava un tempo tra i credenti si intitolava significativamente *"l'arte di utilizzare le proprie colpe"* e tutta la visione cristiana della vita è fondata sulla convinzione che il male, la sofferenza, il peccato, "la crepa" non hanno l'ultima parola e non hanno potere sull'immagine del volto dell'uomo, anzi lo nobilitano, lo abbelliscono, lo fortificano. Semmai, voglio far notare (non senza sorridere) che, nel modo come viene presentata qui questa verità universale, c'è un certo "bagliore retorico", perché viene presentata come la scoperta geniale di una "tecnica", che ha per giunta un nome preciso, come quello che si dà alle scoperte delle leggi fisiche: "tecnica Kintsugi". E infatti tutto il linguaggio usato, lontano dalle prescrizioni apparentemente a-scientifiche e moraleggianti della visione cristiana (con la sua idea della "misericordia" che ripiana), appaga meno gli spiriti "semplici" che gli spiriti "intellettuali", i quali hanno sempre bisogno di credere che la "consapevolezza" è tutto, e la "bravura tecnica" un suo strumento. O, meglio, che la "scienza" ha una dignità superiore alla "fede"! È un tallone d'Achille degli adoratori della scienza, vale a dire un pre-giudizio come un altro. Lei può vedere qui sotto (ad un incontro realizzato a Bologna tra il domenicano padre Giuseppe Barzaghi – mio amico e maestro – con un esponente della cultura tibetana) come si possano "integrare le fratture" semplicemente in una visione dell'intero che non necessariamente ha a che fare con una "tecnica", né con una privilegiata dottrina orientale *["I Martedì di San Domenico – L'anima di fronte al mistero – Dialogo tra un monaco tibetano (Jigmey Wangyal) e un frate domenicano (Giuseppe Barzaghi), Convento San Do-*

menico, 3 maggio 2011; regista: Roberto Salani; produttori: Lepida Spa, Anno: 2011].

MAKSIM. La parola "tecnica" indubbiamente, Misha, a te non piace. Eppure, solo per fare un esempio, non possiamo considerare anche la preghiera (nelle sue diverse forme) – che presumo tu pratichi – come una tecnica, utilizzata per avvicinare il proprio cuore a quello di Dio e/o quello di Dio al nostro? O forse che la pratica della preghiera sarebbe senza alcun effetto? Se così fosse, perché praticarla? Detto questo, dalla mia prospettiva non è necessario contrapporre scienza e fede, ecc. Guardiamo semplicemente ciò che funziona, e proviamo a distinguerlo da ciò che non funziona: le false vie dalle vere vie. Non so dirti se la consapevolezza è tutto, ma sicuramente è molto, e sicuramente la fede senza consapevolezza è come una torta senza lievito: non cresce, non produce nessun progresso, né interiore, né esteriore. Comunque, capisco la tua diffidenza verso possibili errate interpretazioni del summenzionato testo, e fai bene a mettere in guardia. Quando un vaso si rompe, dobbiamo imparare a ripararlo, e nel farlo possiamo non solo renderlo più bello, ma anche più forte: è questo che ho visto (a prescindere dal testo sottostante) nella bellissima immagine di quel vaso con quei suoi vasi sanguigni dorati. Ma bisogna imparare, indubbiamente, a non fare cadere i vasi e che, per divenire più forti e più belli (in senso lato), non è necessario usare la tecnica del 'rompi e ricostruisci'. È possibile utilizzare tecniche più avanzate. Esse richiedono però lo studio attento di sé e del mondo. Richiedono, in sostanza, di imparare prima che i vasi si rompano, quando cadono. Grazie per il video.

MISHA. Mi sforzerò, in tutta la mia insufficienza, di farmi intendere bene, fermo restando – a scanso di equivoci – che a me piace sicuramente la metafora della tecnica di cui si parla; dico solo che per comprenderne il contenuto non è necessario l'Oriente (che, nella mia esperienza, è diventato un vezzo di chi – senza conoscerla – ripudia per pregiudizio la tradizione occidentale). È un po' come andare a cercare una fontana piuttosto lontano, senza accorgersi ("la consapevolezza") che ce n'è una proprio sotto casa! Dunque, cerco di spiegarmi: La preghiera è, tra l'altro, invocazione! Se io ho fame e non mangio da un mese, "pregare" significa gettarmi ai piedi di qualcuno che abbia un pezzo di pane per me. Certo, un fotografo o un regista può studiare dettagliatamente a rallentatore il modo in cui sono caduto ai piedi del mio benefattore, che cosa ho fatto e come! In questo senso, ogni azione contiene "un modo", una "tecnica". In questo senso, non è esatto che la parola "tecnica" non mi piace. Senonché, nell'idea di "tecnica" è implicita la convinzione (o pretesa) che io possa ottenere il pane che mi manca soltanto padroneggiando consapevolmente un metodo di invocazione e metterlo in atto con precisione. Concepita così, la parola non solo non mi piace, ma perde il suo significato, perché le si attribuisce il potere di un esito che non è per niente nelle sue mani: io posso essere più che perfetto nel chiedere, nell'invocare, con le inflessioni di voce giuste e gli atteggiamenti di corpo al posto giusto e nel momento giusto; posso applicare in maniera superlativa il mio "manuale d'istruzione" di vita interiore e tuttavia non ottenere il pane che cerco, come insegna abbondantemente, oltre tutto, l'esperienza concreta! Tra parentesi, basta vedere la fine che fanno fare alle nazioni i governi guidati da "esperti perfetti", i cosiddetti "tecnici"! Questo accade perché la tecnica non può produrre deterministicamente un risultato più che un elettricista non possa produrre la riuscita di una festa con la semplice accensione e perfetto coordinamento di tutte le luci in una sala da ballo.

MAKSIM. Perfettamente d'accordo, Misha. E infatti: la tecnica va abitata, cioè fecondata dalla presenza reale e autentica di chi la pratica. Così è per la preghiera, e così è per una festa, che richiede da parte dei partecipanti "il giusto spirito", sicuramente più importante delle luci. Ma una volta che il giusto spirito è presente, non è una cattiva idea avere a disposizione un bravo elettricista, che aiuti a far fluire meglio l'energia. P.S.: Essendo la tradizione occidentale imbevuta di quella orientale, che è più antica, anche se rimaniamo in occidente, andando in profondità ci muoviamo anche, inevitabilmente, in oriente ☺.

MISHA. Senza luce non c'è la festa, è vero; ma la festa non dipende affatto dalla perfezione degli elettricisti utilizzati. Quindi guardare solo a ciò che "funziona" è un modo per alimentare in noi grosse illusioni, seguite irrimediabilmente da grossissime delusioni. Come è la fame a spianare e dettare la via del pane, così è l'amore e il bisogno o il bisogno dell'amore a far lievitare la consapevolezza. In altra occasione le dicevo che la scienza dell'aratura e della potatura sono vane per la produzione del frutto senza l'intervento della fotosintesi clorofilliana, che è un "dono", metafora dell'imponderabile, del gratuito, di ciò che è assolutamente indipendente da noi! Se poi questo "imponderabile" non dovesse essere, per ipotesi, un astratto principio cosmico, ma una Persona Trascendente, allora non si invocherebbe più la semplice "funzionalità" di leggi deterministiche, ma la benevola condiscendenza di una Intelligenza e Volontà padrona di tutte le leggi (e dunque anche in grado di sospenderle a nostro beneficio). Compresa (aggiungo casualmente) la legge, in fondo "disperante", del "karma"! Ma so che così metto inopinatamente altra carne a cuocere.

MAKSIM. Il dono indubbiamente esiste, e sicuramente ogni legge, anche quella del karma, possiede il suo campo di applicazione. Se ci si sposta oltre quel campo – qualora ciò sia possibile – abbiamo sicuramente accesso ad altre possibilità. È strana però la tua affermazione che "guardare a ciò che funziona sarebbe un modo per alimentare illusioni e delusioni". È una sorta di contraddizione in termini. Io parlo di "ciò che funziona" e tu intendi "ciò che non funziona". Se avessi scritto: "Guardiamo a ciò che produce frutti", che è solo un altro modo per dire la stessa cosa, avresti commentato allo stesso modo? Comunque, per tornare al dono, cioè a ciò che è abbondante e onnipresente, il grande problema è saperlo riconoscere, accettare, e mettere a frutto. La tua metafora della piantina è perfetta. Ma, non a caso, ti sei dimenticato di menzionare che, prima ancora di essere potata, quella piantina è dovuta crescere, passare per l'appunto dallo stadio di seme a quello di pianta con un corredo di foglie. Solo allora è in grado di fare suo il dono, e dare frutti. Questa crescita, nella tua metafora, non è determinata dal sole, ma dalla qualità del terreno, dalla sua idratazione, dallo spazio a disposizione. Questa è la nostra parte del lavoro, nella nostra ascesa, la parte su cui io metto principalmente l'accento, senza per questo dimenticare l'altra parte, il dono, l'assistenza, la mano che ci viene tesa dall'alto. Ma la mano devo tenderla anch'io, imparando, proprio come fa la piantina, a vincere la forza di gravità, che mi riporta altrimenti inesorabilmente verso il basso. Quindi, ecco l'incontro tra due mani tese: una grande, dall'alto verso il basso, che è quella di chi lavora per il grande piano da più tempo di noi (che io chiamo evoluzione e che tu, probabilmente, chiami redenzione), e l'altra, più piccola, dal basso verso l'alto, che è la nostra, ed è il frutto del nostro lavoro sincero di trovare e costruire una colonna portante nella nostra vita, che ci aiuti ad alzarci, e rimanere sufficientemente stabili per creare la possibilità di una stretta di mano. Un incontro, per l'appunto, e una grande cordata di esseri.

MISHA. Funzionare e produrre per me non hanno lo stesso significato. Il funzionamento è delle operazioni meccanicistiche, la produzione è delle operazioni vitali. Nel caso della preghiera, poi, i frutti prodotti non possono essere misurati o valutati dal suo presunto ineccepibile "funzionamento". Il suo esito resta imprevedibile, a prescindere dall'uso più o meno corretto di un suo presunto meccanismo. Posso premeditare di accarezzare la mia fidanzata in un certo modo, per farmi avere un bacio. E magari me lo dà, ma non per questo posso dire che la carezza "funziona": a parità di condizioni, la prossima volta potrei ricevere, in cambio di una carezza, uno sgradito morso sul naso! Non così accade quando metto la spina nella presa di corrente: allora mi aspetto sempre lo stesso risultato meccanico e posso dire, appropriatamente: "funziona"!

MAKSIM. Per fare un esempio, Misha, la meccanica quantistica funziona, sebbene le sue predizioni siano prevalentemente probabilistiche. Quando si ripete numerose volte uno stesso esperimento in laboratorio, possiamo aspettarci sempre la stessa statistica di risultati. Il risultato singolo non è prevedibile, ma la le probabilità dei diversi risultati possibili sì. E queste probabilità sono espressione di una realtà oggettiva, di un effetto, prevedibile, sebbene non deterministico.

## IL METODO SCIENTIFICO

*20 novembre 2013*

MAKSIM. Il metodo scientifico non potrà mai essere invalidato. Infatti, come dice la parola, è solo un metodo. Quello che può invece accadere, e già in parte accade, è che tale metodo si riveli inadeguato per indagare determinati strati del reale, e pertanto sia necessario completarlo con altri metodi. A questo proposito, possiamo anche osservare che vi sono diversi modi di intendere lo stesso metodo scientifico, e che non sempre (quasi mai) esiste un consenso univoco sulla sua caratterizzazione tra gli scienziati e filosofi della scienza. Detto questo, ritengo che in futuro verrà data sempre più importanza alla ricerca in prima e seconda persona, soprattutto per quanto attiene alle scienze interiori. A dire il vero, questo è sempre stato l'approccio prevalente nelle antiche tradizioni della ricerca spirituale.

MISHA. Vorrei fare due domande, se è possibile: 1)–Che cosa si intende per metodo scientifico?; 2)–Quali sono i metodi che possono completare quello scientifico, quando questo si rivela inadeguato?

MAKSIM. Il problema, Misha, è che, a seconda dello scienziato/filosofo a cui lo chiederai, la risposta potrà variare anche notevolmente. Ad esempio, c'è la tendenza ad escludere dalla definizione di metodo scientifico la ricerca in prima persona, limitandosi unicamente a quella in terza persona. Un altro esempio è l'importanza della riproducibilità di un fenomeno, per poter essere studiato scientificamente. Ma certi fenomeni sono unici e irripetibili. Il rischio, naturalmente, quando adottiamo dei criteri troppo restrittivi, è quello di lasciare fuori una fetta molto (troppo) importante del reale. Come amo spesso ricordare, siamo noi a dovere adeguare le nostre teorie (e i nostri metodi) alla realtà, e non l'inverso. Altrimenti rischiamo di lasciare fuori dal nostro campo di indagine la parte essenziale del reale. Personalmente coltivo una visione di scienza integrale che (se non altro in linea di principio) ambisce ad indagare il reale tutto, e non unicamente una sua infinitesima frazione.

MISHA. Mi scusi, sig. Maksim, ma la cosa non mi è chiara, anzi "le" cose non mi sono chiare e sono tre: 1)–Da quello che dice all'inizio, pare che esista un "metodo scientifico". Quindi si dovrebbe poter sapere che cosa sia, tanto più se si afferma che "non può essere invalidato"; 2)–Le cose si complicano (almeno per il mio comprendonio) quando si trasmette l'idea che un "metodo" non solo sfugge a una definizione pur pretendendo la "validità", ma poi ne può assumere tante per quanti sono "gli scienziati". Questo per me equivale a dire che una cosa "senza volto" (indefinibile-indefinita-non definita) può assumere "mille volti" e purtuttavia accampare pretese di "non invalidità". Sarebbe un "Ulisse" sui generis: da un lato non è "Nessuno", dall'altro si può permettere di essere "tutto", mettendo mille maschere (quella di Zorro, quella di Arsenio Lupin o Mandrake o Spiderman) per rimanere contemporaneamente inafferrabile e incontestato; 3)–Se questo "fantasma dai mille volti" non può essere invalidato, come può rivelare la propria inadeguatezza? E una volta rivelata la propria inadeguatezza (per le indagini interiori, se ho capito bene), come può continuare a essere chiamato "scienza", indagine "scientifica", metodo "scientifico"? E per finire: se lei coltiva "una visione di scienza integrale che ambisce ad indagare il reale tutto" (come in fondo pretende la filosofia), allora tra filosofia e scienza non ci dovrebbe essere differenza alcuna. Anche la filosofia è una scienza. E torniamo a capo: che cos'è questa benedetta scienza?

MAKSIM. Penso, Misha, tu abbia riassunto molto bene la situazione. E infatti, ci sono stati filosofi, come Paul Feyerabend, che hanno negato l'esistenza stessa di regole metodologiche universali nel campo della scienza. Per quanto mi riguarda, la mia definizione di scienza, e di metodo scientifico, è pressappoco la seguente: "La scienza è un'attività umana, che si fonda sull'esperienza, il cui scopo è capire la realtà tramite l'elaborazione di teorie in grado di spiegarla. Per farlo, si avvale di un metodo di natura critica, sia in senso logico-razionale che sperimentale." La differenza tra scienza e filosofia sta unicamente nel fatto che la filosofia è più speculativa, in quanto si avvale solo della critica logico-razionale, e non di quella sperimentale. Ma a parte questo, restano degli approcci perfettamente compatibili. E con l'evoluzione della conoscenza, molte questioni un tempo solo filosofiche sono poi divenute accessibili all'indagine scientifica, cioè alla critica anche di natura sperimentale.

MISHA. Stando al senso dei suoi commenti, la cosa continua a rimanere poco convincente, tanto più se mi cita Feyerabend: l'"anarchismo epistemologico" di quest'ultimo, infatti, induce all'impossibilità di concepire un "metodo" (non a caso una delle sue opere più clamorose si intitolava "contro il metodo") che possa distinguere addirittura la scienza dai miti. Non solo: ma proprio Fayerabend traeva tutte le necessarie conseguenze dal suo anarchismo scientifico, propugnando una "società libera" dove le scelte politiche e anche educative non siano limitate a presunti "criteri scientifici" i quali, secondo lui, dovrebbero addirittura essere sottoposti a un "controllo democratico" (sic!) e affidati a una specie di comitato di supervisori non specialisti. Una specie di involontario ritorno del senso comune all'analfabetismo "scientifico"! La cosa, però, continua a essere poco convincente anche all'interno della definizione di scienza che dà lei, in cui restano oscuri o dubbi due elementi della definizione stessa: il concetto di "esperienza" e quello di "metodo sperimentale". Entrambi i concetti, infatti, non chiariscono che cos'è l'esperienza e questo chiarimento è sommamente importante in un'epoca in cui l'idea di "esperienza" ed "esperimento" si è "anarchicamente" estesa dal mondo sensibile a infiniti mondi dalle pretese totalizzanti le più varie. Ancor meno convincente sarebbero i suoi argomenti se si dovesse pensare che la scienza possa prendere il posto della filosofia come "indagine razionale della totalità". Ma qui torniamo sempre a bomba: per capirci, non abbiamo altra strada che quella di sapere che cos'è la filosofia, che cos'è la scienza ed eventualmente che cos'è la religione. Questo lo dico perché lei mi sembra tra quelli che pensano, positivisticamente, che la scienza potrebbe soppiantare, col "progresso", sia la religione che la filosofia. Con l'aggravante, a mio avviso, di tentare l'applicazione del cosiddetto (indefinibile) metodo scientifico a oggetti che si sottraggono PER NATURA al metodo sperimentale. Dico al metodo sperimentale, anche se non all'ESPERIENZA! A tirare le somme, non mi resta che constatare che questo benedetto "metodo scientifico", lungi dal non poter essere invalidato, è approdato – al contrario – all'assoluta impossibilità addirittura di riconoscere se stesso e di darsi un fondamento chiaro e credibile, avvolto com'è dalla nebbia e dalle sue mille maschere. Una fine deludente e oscura, per un approccio al reale che era nato con la pretesa di portare l'EVIDENZA, demolendo i pregiudizi! Diventato pregiudizio essa stessa o, come dice un mio amico, "parola talismano", con la funzione di mettere a tacere tutte le altre parole dietro il fragile paravento della "scientificità". Certo, il bisogno di "sapienza" rimane, ma essa è ben altra cosa dalla scienza o pseudo tale e dagli esperimenti, se non altro per il fatto che la sapienza è eterna e immutabile, non soggetta a mutamenti e incurante delle opinioni degli uomini di qualunque latitudine ed epoca!

MAKSIM. Scusa, Misha, per il ritardo della mia risposta. È un periodo in cui frequento poco fb. Ho citato Feyerabend non perché io sposi il suo anarchismo scientifico (anche se ritengo che abbia puntato il dito su un aspetto importante: la differenza tra i "metodi della scienza in teoria" e i "metodi della scienza in pratica"), quanto per ribadire, con un esempio estremo, la mancanza di consenso a tutt'oggi esistente in questo genere di dibattito. Nel tuo commento tocchi un aspetto importante: la distinzione tra "esperienza" ed "esperimento," cioè tra "metodo sperimentale" e "metodo esperienziale." Qui si trova, per l'appunto, uno dei noccioli della questione, che è esattamente il distinguo tra "metodo in terza persona" e "metodo in prima persona". Questa (apparente) dualità, tra "esperimento" ed "esperienza", è secondo me piuttosto artificiosa, ed è nel suo superamento – cum grano salis! – che possiamo parlare di una possibile integrazione tra ricerca scientifico-filosofica e ricerca spirituale (includo idealmente la religione nella ricerca spirituale, ipotizzando che questa possa promuovere al suo interno un'autentica ricerca interiore, e non una mera adesione cieca a una dottrina prestabilita). Di questa possibilità parlava già William James, nel suo empirismo radicale, inteso come approccio che non escluda dalle sue costruzioni l'esperienza diretta del ricercatore, senza voler a tutti costi ridurre tale esperienza a una mera manifestazione sensoriale prodotta dal solo corpo fisico. Detto questo, non concordo con la tua conclusione. Ritengo, invece, che sia proprio nella difficoltà di definire una volta per tutte cosa sia il/un metodo scientifico, che risiede tutta la ricchezza e il vantaggio dell'approccio scientifico. Infatti, anche le nostre teorie circa cosa sia un'indagine scientifica sono a loro volta soggette a evoluzione, come è giusto che sia. Quindi, anche i criteri e i metodi della scienza, non solo si evolvono nel tempo, ma devono evolversi nel tempo! Se non lo facessero, ciò significherebbe che la progressione si è arrestata, che ci siamo accontentati, nella nostra esplorazione, di rimanere nel giardino di casa, e che non abbiamo il coraggio di inoltrarci oltre la staccionata. Altrimenti, concordo con te che il potenziale insito nel concetto di sapienza possa essere considerato eterno, ma il modo in cui tale potenziale si manifesta (si attua) evolve invece nel tempo, così come muta nel tempo la conoscenza – interiore e/o esteriore – delle coscienze in evoluzione.

## CREATIO EX NIHILO
*7 dicembre 2013*

MAKSIM. "[...] è interessante notare come all'epoca di Buddha – e ancor prima di lui – nessuno possedesse un iPhone o un personal computer, e quindi non fosse possibile controllare il proprio status di Facebook a ogni batter di ciglio. Tuttavia, le descrizioni della mente ordinaria tramandate dalla letteratura filosofica orientale antica sono identiche a quelle della mente in multitasking osservata dagli studi dell'uomo moderno: un'ininterrotta cascata molto simile a una timeline ipertestuale, connessa contemporaneamente su tutti i canali, la cui osservazione spassionata dovrebbe farci esclamare [...]: 'Ma chi è che comanda qui?'" [Francesco Vignotto, "Multitasking, teste che esplodono, dottor Buddha scampaci tu!", Tecnologie della parola, 11 settembre 2013; www.francescovignotto.net].

MISHA. L'evoluzione è solo apparente, dunque? «Non si sazia l'occhio di guardare, né mai l'orecchio è sazio di udire. Ciò che è stato sarà e ciò che si è fatto si rifarà; non c'è niente di nuovo sotto il sole. C'è forse qualcosa di cui si possa dire: 'Guarda, questa è una novità'? Proprio questa è già stata nei secoli che ci hanno preceduto. Non resta più ricordo degli antichi, ma neppure di coloro che saranno si conserverà memoria presso coloro che verranno in seguito» (Qoélet, 1, 8-11). Tutto ciò che crediamo di scoprire è già stato scoperto e conosciuto?

MAKSIM. Tutto probabilmente no, molto sicuramente sì. Anche perché, se c'è chi percorre il cammino da più tempo di noi, e se esiste una sola realtà, allora, per forza di cose, molto di ciò che scopriamo è già stato scoperto da chi ci ha preceduto nel cammino. D'altra parte, non esiste solo la scoperta, ma anche la creazione. E qui mi sento di affermare che tutto ciò che genuinamente creiamo, non è mai stato creato prima.

MISHA. Va bene, purché ci si intenda sulla "creazione". L'uomo è al massimo "un artista", "un artigiano", "un inventore", ma mai potrà essere "creatore". La creazione è semplicemente un "trarre dal nulla", un "far venire ad essere" qualcosa, senza nessun previo presupposto. Creare *ex nihilo* è solo di un Dio.

MAKSIM. Forse che creare "ex nihilo" non è nemmeno possibile per un Dio. Personalmente, sostituirei il concetto di "creatio ex nihilo" con quello di "creatio ex potentia", più coerente da un profilo logico. Possiamo poi chiamare quella dimensione di pura potenzialità, dalla quale tutte le "cose" sono venute, o state poste, in essere, Dio. Quanto a sapere se l'uomo è in grado o meno di attingere a quella dimensione, nel suo nucleo profondo (la famosa "scintilla divina") lascerei aperta la questione. Pensare di poter decretare "ex cathedra" quale sia la natura ultima dell'uomo, al di là delle apparenze, mi sembra poco prudente.

MISHA. Caro Maksim, in un precedente *post* lei ha evidenziato una frase di Umberto Eco sullo scrivere bene, secondo consequenzialità logica. Per quanto mi riguarda, a giudicare da quello che mi dice nel suo precedente commento, deduco che io sono ben lontano dal poter scrivere non dico bene, ma in maniera almeno comprensibile. Mi pongo, infatti, queste domande: 1)– Lasciando stare se Dio esiste o non esiste, è logico sostenere che un ipotetico Dio "non possa" creare ex nihilo? Io credo che un Dio così non è Dio o al massimo si fa passare per tale con qualche "sofisma" intelligente che ci inganna: infatti io credevo che una sola cosa fosse "impossibile" a Dio: l'ASSURDO! Vale a dire fare in modo che esista l'inesistente, altrimenti detto – in termini logici – il CONTRADDITTORIO, tipo un "legno di ferro" o un "cerchio quadrato". 2)–Che cosa significa "creare ex potentia"? Io vedo solo due risposte: o "ex potentia" è sinonimo di "ex nihil", e allora la sua distinzione è incomprensibile; oppure "ex potentia" significa "da qualcosa" che si chiama "potenza" e allora qui la mia logica sbanda, perché non può esserci "qualcosa" che si chiama "potenza"; infatti, o la "potenza" non c'è e dunque coincide con "nulla" (e allora non vedo logicamente la distinzione tra "nulla" e "potenza"); oppure la potenza c'è, e allora dovrebbe essere già "qualcosa", e allora siamo all'assurdo logico: una "potenza" che già è sarebbe come un cerchio quadrato o un ferro di legno. P.S.: sulla prudenza e su "ex cathedra": le affermazioni "ex cathedra" io le ho sempre intese come "affermazioni che si reggono sull'autorità (vera o presunta) di chi le fa" e quindi nulla hanno a che fare con la "cogenza logica". Ma se la logica ha di per sé un'autorità che costringe all'assenso per la pura consequenzialità in se stessa, allora non si dovrebbe parlare di "ex cathedra", ma di "evidenza razionale"! In una diatriba come questa, io ho sempre l'abitudine di correre nel mio rifugio preferito per non farmi confondere: il PRINCIPIO DI NON CONTRADDIZIONE. Il principio di non contraddizione è un principio-cenerentola, cioè apparentemente povero e banale, "banale", che rasenta la nozione di "acqua calda" (quando diciamo "ha scoperto l'acqua calda") ma è fondamentale per star fermo alle evidenze concettuali, senza scantonare: l'affermazione "DIO È DIO, L'UOMO È UOMO" è la classica proposizione minima dell'applicazione del principio di non contraddizione, e – come lei ben sa – si chiama TAUTOLOGIA. La tautologia è il massimo di evidenza logica che un uomo può avere sulle cose, perché è un'evidenza "fotografica" e non ha bisogno di essere dedotta, con rischio di errori. Essa ci dice che Dio è Dio e l'uomo è uomo e, anche se per ipotesi l'uomo potesse diventare Dio, questo potrebbe avvenire logicamente a una sola condizione: che nel passaggio da UOMO a DIO, l'uomo conservi una sua IDENTITÀ di FONDO (qual è?). Soltanto "dentro" una percezione, diciamo, "coscienziale" di immutevolezza della propria identità si può percepire un qualsiasi cambiamento, una qualsiasi "evoluzione" o "involuzione". L'idea della "scintilla divina", dunque, presuppone che la nostra identità sia DIO e che ci percepiamo "uomini" per un "errore", una "perdita di memoria", una débâcle accaduta "in illo tempore" in "dio": una specie di peccato originale sui generis (nel senso che si tratta di una caduta di Dio stesso) dalla quale bisogna risalire alla nostra vera identità. Non a caso le cosmogonie pre-cristiane ce la raccontano quasi tutte così, con qualche piccola variazione da tradizione a tradizione. Nessuno di noi potrebbe mai essere cosciente di dire: sto andando dal punto "A" (umanità) al punto "B" (divinità) se non restasse "costante" qualcosa in noi durante il tragitto! Il rispetto categorico della logica, dunque, richiederebbe di ammettere semplicemente la chiara evidenza della tautologia: l'uomo è uomo e Dio è Dio. Questa è la grande lezione, in Occidente, di Parmenide, il quale fu costretto da questo principio ad ammettere che il divenire è "illusorio" o – come dicono gli orientali (con i quali in questo si incontra), è "velo di maya"! Oriente e Occidente a braccetto senza saperlo! La prudenza è sempre necessaria in "etica" (perché nessuno può sapere dove sta andando), ma non in "logica", dove è certo di certezza razionale che non si possono confondere Dio e l'uomo!

MAKSIM. Scrivi: *"...una 'potenza' che già è sarebbe come un cerchio quadrato o un ferro di legno"*. Non credo sia questo il modo corretto di comprendere il termine di potenza. Ciò che è potenziale descrive un aspetto del reale perfettamente oggettivo, che esiste semplicemente a un livello differente. Quando con una matita mi appresto a tracciare una figura sul foglio, prima dell'esecuzione esiste nella mia mente sia il cerchio che il quadrato, in senso potenziale, sebbene poi solo una di queste due figure verrà tracciata. Un plasma di elettroni, protoni e neutroni, può dare vita sia a un materiale di legno che a un materiale di ferro, a seconda di come questi vengono combinati. Il legno e il ferro sono dunque presenti entrambi, come potenzialità, in quel plasma, sebbene non possano essere attuati entrambi contemporaneamente, nello stesso spazio, in senso oggettuale. Quando, ad esempio, in fisica quantistica si misurano sperimentalmente delle probabilità, altro non si sta facendo che misurare tale dimensione di potenzialità. E siccome i valori di queste probabilità sono oggettivi, queste caratterizzano qualcosa di realmente esistente, sebbene appartenente a uno "strato" differente del reale. Scrivi: *"...io credevo che una sola cosa sia "impossibile" a Dio: l'ASSURDO! Vale a dire fare in modo che esista l'inesistente"*. D'altra parte, il concetto stesso di creazione "ex nihilo", non è forse proprio questo: un fare in modo che esista l'inesistente? Curiosamente, dalle tue stesse premesse, arrivo a una conclusione differente: proprio perché anche a Dio sarebbe impossibile l'assurdo, nemmeno lui sarebbe in grado di creare dal nulla. Anche lui necessita per questo di una sostanza madre, di una mater-ia, espressione di una dimensione potenziale che può essere agita, cioè attuata, alfine di dare forma alle diverse possibilità. Scrivi: *"'DIO È DIO, L'UOMO È UOMO' è la classica proposizione minima dell'applicazione del principio di non contraddizione, e – come lei ben sa – si chiama TAUTOLOGIA"*. Direi che la tautologia è solo quando affermo "Dio è Dio", oppure "uomo è uomo". Ma quando combino queste due tautologie, come fai tu, il risultato non è più una tautologia. Infatti, dire "Dio è Dio, l'uomo è uomo", significa affermare, sebbene implicitamente, che Dio non è l'uomo, e viceversa, e questa, certamente, non è una tautologia. Scrivi: *"L'idea della 'scintilla divina' dunque, presuppone che la nostra identità sia DIO e che ci percepiamo 'uomini' per un 'errore', una 'perdita di memoria', una débâcle accaduta 'in illo tempore' in 'dio'"*. Non per un errore, o una perdita di memoria, ma semplicemente perché non abbiamo ancora attuato il nostro pieno potenziale. La nostra identità è Dio, ma solo nel senso che partecipiamo del suo stesso potenziale realizzativo, senza per questo averlo necessariamente realizzato. Scrivi: *"...il divenire è 'illusorio'..."*. Il divenire, in quanto divenire, non è certo illusorio. L'illusione sta nel voler fissare il divenire, cioè ritenere permanente ciò che permanente non è. Se mi identifico in una forma mutevole, ritenendola immutabile, sono certamente vittima di un'illusione. Se invece riconosco la mutabilità di una forma in divenire, l'illusione svanisce.

MISHA. 1)–Sul primo punto (la potenza) ci deve essere un equivoco: dato che sul senso della potenza io sono d'accordo con lei, allora questo vuol dire che sia per me che per lei la potenza è già "qualcosa" a un suo livello di realtà. E allora, se è già qualcosa, sia pure a un suo livello, è già "creata"! Bella forza, se un Dio potesse trarre qualcosa soltanto da "qualcosa": è Dio, proprio perché può trarre "dal nulla", cioè senza un "materiale" presupposto; 2)–sull'impossibile: qui riconosco di aver commesso un errore nel mio enunciato: cioè ho detto che Dio non può fare in modo che esista "l'inesistente". Ovviamente è una stupidaggine. Bisognava dire che Dio non può fare in modo che esista l'impossibile: "Nulla è impossibile a Dio" vuol dire che "tutto è possibile", tranne il contraddittorio, cioè che un cerchio sia quadrato nello stesso momento e sotto lo stesso aspetto! Dunque l'assurdo non è "l'inesistente", come ho scritto io (bella panzana!), è l'impossibilità di una contraddizione. 3)–Sulla tautologia: lei deve leggere, infatti, isolatamente le due espressioni, non combinate: *"Dio è Dio"* vuol dire, dialetticamente, che Dio è "non non-Dio"; *"l'uomo è uomo"* vuol dire che "l'uomo è non non-uomo". Se la giraffa è giraffa, non è non-giraffa, cioè non è cammello, gallina, portafoglio, libro, e così via all'infinito. Il massimo di evidenza di un oggetto è dato dall'inclusione in sé dell'esclusione "virtuale" di qualsiasi altra cosa. 4)–Sulla "scintilla divina" c'è qualcosa che non comprendo e quindi non mi resta che chiedere lumi, dopo una puntualizzazione: gli antichi spiegavano che la "reminiscenza" è il mezzo per ritrovare la nostra vera natura, che sarebbe quella divina. Attuare più o meno gradualmente, il nostro "piano potenziale", vuol dire che noi SIAMO VIRTUALMENTE, o potenzialmente, DIO? Si tratta solo di attuarci come tali? Perché, se siamo Dio "per partecipazione" e non lo siamo per natura, Dio è una cosa e noi siamo un'altra, credo. Quindi non mi è chiara l'affermazione che noi *"partecipiamo del suo stesso potenziale realizzativo"*. Se uno "partecipa" a qualcosa che gli viene data, c'è qualcuno che gliela dà perché ce l'ha già "attualmente", no? Quindi non comprendo questo "potenziale realizzativo" di Dio. 5)–Sul divenire sono perfettamente d'accordo, anche perché mi ricorda sempre il mio amato principio di non contraddizione: "ciò che cambia, cambia; ciò che è immutabile è immutabile"; non si deve confondere l'uno con l'altro. L'illusorietà è dunque sia il ritenere permanente il divenire, sia il ritenere mutevole ciò che permane. Per questo introdurre il "moto" in Dio (non importa se evolutivo o no) potrebbe essere fonte di illusione, anche per la valutazione di ciò che è in movimento. Per quanto riguarda l'illusorietà del divenire, non ho mai condiviso questa posizione, ma mi sembra che in Oriente il *velo di Maya* dica proprio l'illusorietà del mondo e dunque del divenire. Sbaglio? Naturalmente quanto precede non è un gioco di parole: anzi, ci può aiutare in una risposta razionale al quesito se tutto può cambiare, o se, invece, lo stesso cambiamento, per essere avvertito come tale, debba necessariamente "appoggiarsi a un "permanente" originario. Proprio per questo alcuni pensatori sono giunti a concludere che mai il cambiamento può essere una realtà originaria. Fra parentesi, questa è un'idea applicabile anche nella valutazione della plausibilità della cosiddetta "reincarnazione". Ma questo è un altro discorso!

MAKSIM. Ciao Misha, scusa il ritardo delle mie risposte. Torno alla questione iniziale. Quando diciamo *"creazione ex nihilo"*, cioè "creazione dal nulla", cosa intendiamo esattamente? Vediamo di analizzare attentamente questa affermazione. Il *nulla* sarebbe per definizione – ipotizziamo – assenza di ogni cosa, attuale o potenziale che sia. Il nulla, pertanto, non può essere di alcun supporto a un processo di creazione, a nessun livello immaginabile. Di conseguenza, Dio non crea realmente dal nulla, in quanto il nulla non c'è, e quindi non è possibile creare DA esso. Dire che Dio crea dal nulla, pertanto, significa che Dio crea senza la necessità di alcun supporto esterno per la sua creazione. Dio, quindi, crea a partire da sé stesso. In altre parole, la creazione "ex nihilo" è una creazione "ex divinis". Ne consegue che la creazione operata da Dio è anche un'emanazione divina: Dio usa sé stesso, attinge al suo stesso potenziale, per creare il mondo. Pertanto, Dio è fondamentalmente immanente. Arriviamo cioè al famoso *Deus sive Natura*: nulla esiste al di fuori di Dio, poiché tutto ciò che è stato creato non può essere stato creato se non a partire da Dio stesso, dal suo stesso potenziale, e non dal nulla. Poiché il nulla non esiste, in quanto "cosa" esterna a Dio. In conclusione, come diceva credo anche Giordano Bruno, Dio è presente in ogni cosa, quindi la sua essenza è presente anche in noi (e in tal senso possiamo dire di essere Dio), ma poiché emaniamo da lui, lui si trova, necessariamente, in una posizione differente rispetto a noi. Lui ha creato noi, a partire da sé stesso, mentre noi non abbiamo creato lui. Quindi, noi restiamo suoi figli, e lui nostro genitore. E in tale differenza possiamo individuare un aspetto di trascendenza. C'è poi anche tutta la tematica della separazione, tra noi e lui. Questa separazione, apparentemente immensa, può essere intesa come la vera fonte di ogni illusione. Il movimento di creazione avrebbe creato, sebbene solo temporaneamente, la percezione di un senso di separazione, comunque necessario alfine di permetterci di fare esperienza del nostro potenziale. Simbolicamente, ciò corrisponderebbe all'idea di "caduta", e l'evoluzione altro non sarebbe, in questa lettura, che il movimento di "risalita", attraverso il quale costruiamo un ponte verso l'infinito che ci ha creati, e che alberga anche in noi, sebbene a nostra insaputa. Naturalmente, quanto sopra va preso "cum grano salis".

MISHA. Ti scuso senz'altro per i ritardi (oggi mi son svegliato con il "tu", sarà il clima natalizio), anche perché sei un interlocutore a mia misura: tenace, ostinato, appassionato e, qualche volta, "zigzagante!", oltre ad essere uno da cui posso imparare sicuramente qualcosa. Benedetto Iddio, finalmente un commento chiaro, comprensibile e a "misura di ragione", anche se vedo qualche imprecisione, sia pure di livello trascurabile (come ad esempio: "attinge dal suo potenziale": la frase non ha senso in Dio, perché in Dio non c'è nulla di potenziale, tutto è "attuale". Aristotele diceva: "Atto puro". Essendo egli "il presente insuccessivo", vede simultaneamente tutto ciò che a noi appare – e non può non apparire – nel tempo, "in sequenza". Il "rapporto" tra noi e Lui è come il rapporto tra una circonferenza (il mondo) e il centro (Dio): sulla circonferenza ci si muove in "successione", secondo mutamento e variazione nel tempo; mentre nel centro non c'è successione o mutamento, perché tutti i punti della circonferenza stessa, proiettati – per così dire – in Dio, sono compresenti, "convisibili", contemporanei, simultanei. Mille anni sono come un giorno agli occhi di Dio, dice non a caso la Scrittura. Del resto, so benissimo che tu, ben addestrato concettualmente alla "relatività", queste cose le capisci molto meglio di me. È vero, Dio crea "ex nihilo" o "ex divinis", ma la creazione non è affatto emanazione, né è accettabile il "Deus sive natura", o la "presenza" in ogni cosa della sua "essenza". Provo a spiegarmi, nella speranza di non dire castronerie e di essere chiaro il più possibile. 1) L'EMANAZIONE. Il mondo non può essere emanazione di Dio, perché l'emanazione a) introdurrebbe in Dio una "variazione", un "cambiamento", contraddicendo alla sua "assolutezza" e semplicità; b) trasmetterebbe "fisicamente" (in senso greco) al mondo la propria natura, producendo assurdamente un altro "assoluto": ma l'assoluto, nella sua "semplicità", non si può né dividere né moltiplicare. 2) Non è accettabile dunque il "Deus sive Natura", per quanto ammetto che la loro identificazione sia un'illusione fortissima. Questa illusione forte può essere compresa in qualche modo con un esempio matematico (che ha tutta l'efficacia, ma anche tutta la limitatezza di un esempio): quando diciamo che «10 = 5 + 5», (dove simuliamo Dio nella parte sinistra del segno "=" e il mondo e la natura nella parte destra del segno) noi diciamo sì, che il «5 + 5» è tutto e totalmente nel «10», ma non possiamo dire affatto che il «10» sia tutto e totalmente nel «5 + 5», perché il 10 è anche nel «7 + 3», nel «11 − 1», nel «20 : 2», nel «2 × 5», ecc., ecc., ecc., all'infinito. Dunque la relazione tra la sinistra del segno "=" e la destra del segno "=" (o "sive" in latino) non può essere biunivoca, perché il 10 ha un elemento di "trascendenza" nella relazione con il «5 + 5», ma il «5 + 5» è tutto immanente ed esaurentesi nel «10». La Natura è tutta e totalmente in Dio, ma Dio non è tutto e totalmente nella Natura. 3) La presenza di Dio non può essere dunque interamente, con tutta la sua essenza, nella Natura. Sarebbe come se (per fare un altro esempio già utilizzato tante volte) si dicesse che Dante è tutto nella Divina Commedia. Nella Divina Commedia non ci può essere né una parte di Dante né tutto Dante totalmente, ma c'è tutto Dante, ma non totalmente, se è vero che Dante ha anche scritto "La Vita Nova", il "Convivio", il "De vulgari eloquentia", ecc. Giordano Bruno non aveva torto quando diceva che Dio è presente in tutte le cose (anche il catechismo dei cattolici dice che "Dio è presente in tutte le cose"); ma aveva torto quando pensava che Dio si identifica con "tutte le cose" e tutte le cose sono Dio! Ma come si spiega allora che, essendo Dio l'Assoluto e il Solo, e traendo il mondo da nulla (cioè da nessun presupposto materiale potenziale), come si spiega che il mondo non sia "emanato" da sé, ma creato con una radicale differenza ontologica? Se l'emanante e l'emanato hanno la stessa natura, e se si deve ammettere, con la "creazione", un'assoluta differenza di natura tra il mondo e Dio, come fa Dio a creare in se stesso un essere diverso da sé? Qui tutta la difficoltà sta sostanzialmente nella "concettualizzazione umana" e in un errore madornale che si commette quando si considera "l'oggetto formale" di un determinato soggetto: il tipo di scienza alla quale ci dedichiamo è ritagliata dall'aspetto formale, cioè dallo sguardo o prospettiva con cui guardiamo a una cosa. Prendiamo un tavolo: se lo guardiamo come uno degli oggetti della stanza, facciamo "matematica"; se lo guardiamo come un "mobile" (nel senso che può "essere mosso"), allora facciamo "fisica"; se lo guardiamo come oggetto di arredamento, facciamo "estetica"; se guardiamo a quanto costa sul mercato, facciamo "economia"; se poi lo guardiamo solo come "ente", facciamo "metafisica". La metafisica è una scienza che astrae dallo spazio e dal tempo e dunque dalle variazioni o dalla "mobilità" di un oggetto. La "creazione" è un teorema metafisico che si ottiene per riflessione sulle cose "mobili", ma la fantasia non ci permette di immaginarcene la "dinamica", perché introdurre la "dinamica" in un oggetto metafisico significa trattarlo in modo inadeguato, vale a dire come oggetto "fisico"! Sarebbe come se uno dicesse: "È pesante che $3 \times 3$ fa 9" La matematica non è la fisica e introdurre nella matematica ($3 \times 3$) una considerazione fisica ("è pesante") è un'operazione inadeguata all'oggetto. E, come si sa, i metodi, per dirci qualcosa di sensato su un oggetto, devono essere adeguati all'oggetto (formale). Quando si fantastica sul "modo" in cui Dio "crea", si commette l'errore di introdurre in Dio il tempo e lo spazio e si finisce per pensare alla creazione come a una "generazione transitiva". Con l'emanazione si commette questo errore: immaginare che Dio "trasmette" alla Natura o alla natura umana la propria "deità", così come l'uomo fa con i propri figli, che conservano la natura del padre. La creazione è un mistero, di cui si può razionalmente arrivare a capire l'esistenza, ma mai assolutamente la "dinamica", a causa dell'assolutezza e semplicità di Dio. La creazione non è una "trasmissione transitiva" della divinità all'umanità. È semplicemente una "dipendenza sempre attuale" (e il "sempre" è di troppo come avverbio di tempo) del mondo da Dio. Il mondo non è che non sia nulla, ma possiamo dire che "è nulla come aggiunta a Dio"! Tralascio altre considerazioni: già queste bastano e avanzano anche per teste che vogliono pensare, sì, ma non troppo!

## NEGAZIONE

*19 marzo 2014*

MAKSIM. Diceva Marco Aurelio: "Tutto ciò che è conveniente per te, o universo, lo è pure per me". Qui di seguito, un interessante dialogo tratto dal libro: "Anche gli scienziati soffrono", di Massimiliano Sassoli de Bianchi (Edizioni Lulu.com), che bene esprime, mi sembra, questa suggestiva massima.

> PUPILLO. Sono felice che ci siamo finalmente incontrati per discutere dei temi che ci stanno più a cuore.
>
> MENTORE. È un'opportunità davvero preziosa. Vediamo dunque di non sprecarla in inutili convenevoli e andare dritti al punto.
>
> PUPILLO. Bene, allora te lo chiederò senza troppi giri di parole: qual è secondo te il problema fondamentale di noi umani?
>
> MENTORE. Vuoi una risposta breve?
>
> PUPILLO. Certo, e magari anche sintetica.
>
> MENTORE. Il problema fondamentale di noi Homo sapiens sapiens è la *falsa identificazione*.
>
> PUPILLO. Il che significa?
>
> MENTORE. Che abbiamo l'incresciosa tendenza di immedesimarci con tutto ciò che *non* siamo.
>
> PUPILLO. Perché sarebbe un problema?
>
> MENTORE. Perché la falsa identificazione produce *negazione della realtà*. E i conflitti, sia interiori che esteriori, sono sempre la conseguenza di un processo di negazione della realtà. Inoltre, come sai, i conflitti sono la ragione stessa delle nostre sofferenze, siano esse fisiche, emotive, oppure mentali.
>
> PUPILLO. Sei stato decisamente sintetico, forse un po' troppo

per i miei gusti. Non sono sicuro di avere capito.

MENTORE. Cosa non avresti capito?

PUPILLO. Ad essere sincero... tutto!

MENTORE. In particolare, che cosa non avresti capito di quel tutto?

PUPILLO. Ad esempio ciò che intendi con "falsa identificazione".

MENTORE. Possiedi un'automobile?

PUPILLO. Sì, una bella auto sportiva che ho appena acquistato.

MENTORE. Immagina che proprio sotto i tuoi occhi un individuo si avvicini al tuo bolide nuovo fiammante graffiandone tutta la fiancata. Lo stai immaginando?

PUPILLO. ... sì!

MENTORE. Cosa provi?

PUPILLO. Provo dolore. È come se stesse graffiando me. Sento anche salire una gran rabbia e il desiderio di strangolare quel balordo!

MENTORE. Ecco, hai appena sperimentato la *falsa identificazione*!

PUPILLO. Spiegati meglio.

MENTORE. Sei un essere umano, giusto?

PUPILLO. Senza dubbio.

MENTORE. Non sei un'auto sportiva.

PUPILLO. Mi sembra evidente.

MENTORE. Per quale ragione allora, quando un losco individuo graffia la carrozzeria della tua auto, tu soffri come se si trattasse della tua stessa pelle?

PUPILLO. Non vorrai farmi credere che mi sono identificato con la mia automobile?

MENTORE. In un certo senso sì. E dato che non sei un'auto, ma un essere umano, si tratta di falsa identificazione.

PUPILLO. Hm… dubito che la tua conclusione sia corretta. So benissimo di non essere un'automobile: io possiedo un'automobile, il che è diverso.

MENTORE. Perché allora soffri?

PUPILLO. Soffro perché qualcuno sta danneggiando qualcosa di mio, qualcosa a cui tengo. Cosa ci sarebbe di sbagliato in questo?

MENTORE. Nulla. Se però reputi che sia più desiderabile vivere senza soffrire anziché soffrendo, potresti interrogarti sul perché questo avvenga.

PUPILLO. Intendi dire per quale ragione soffro quando qualcuno danneggia la mia auto?

MENTORE. Ad esempio.

PUPILLO. E la tua risposta, se ho capito bene, sarebbe che soffro perché sono in preda a una forte confusione, dal momento che credo di essere un'automobile?

MENTORE. In un certo senso sì.

PUPILLO. Eppure io so bene di non essere un'automobile. E so che tu sai che io so di non essere un'automobile!

MENTORE. Ecco perché prima ho detto "in un certo senso". Indubbiamente, sei perfettamente in grado di fare la differenza tra te e la tua autovettura.

PUPILLO. Allora concordi: non mi sono identificato con la mia auto.

MENTORE. Non in senso stretto. Però coltivi dei pensieri sulla tua auto.

PUPILLO. Certo, è normale.

MENTORE. Pensieri che consideri veri.

PUPILLO. Ovviamente.

MENTORE. Pensieri ai quali credi.

PUPILLO. Senza dubbio.

MENTORE. Naturalmente, quelli relativi alla tua auto sono solo una piccola parte dei pensieri che ritieni veri e in cui credi. Ma dimmi: questi pensieri sono o non sono parte di te?

PUPILLO. Essendo pensieri miei, in cui credo, immagino siano parte di me.

MENTORE. Possiamo allora affermare che tu sei quello in cui credi?

PUPILLO. Hm... non ho mai riflettuto alla cosa in questi termini.

MENTORE. Fallo ora.

PUPILLO. Be', non posso certo affermare di essere esclusivamente ciò in cui credo, ma ciò in cui credo è indubbiamente una parte di ciò che sono.

MENTORE. In altre parole, la tua identità, o almeno parte di essa, risiede in ciò in cui credi, nei tuoi *sistemi di credenza*.

PUPILLO. Penso sia corretto affermarlo, ma dove vuoi arrivare?

MENTORE. Sono già arrivato. Hai affermato di coltivare delle credenze a proposito della tua auto: potresti farmi un esempio?

PUPILLO. "La mia auto è nuova e raggiunge la velocità di 250 chilometri all'ora." Ecco, questo è un pensiero che ritengo vero, in cui credo.

MENTORE. Dunque, poiché le tue credenze sono parte della tua identità, e la tua automobile è parte delle tue credenze, non è forse lecito dedurre che sei parzialmente identificato con la tua automobile?

PUPILLO. Puoi ripetere per favore?

MENTORE. I tuoi sistemi di credenza, che definiscono in parte la tua identità di essere umano, hanno numerosi contenuti.

Tra questi vi è quello della tua automobile. Perciò, le tue credenze sulla tua automobile sono parte della tua identità ed è lecito affermare che per mezzo di esse ti sei parzialmente identificato con la tua automobile.

PUPILLO. Sono d'accordo, ma non vedo per quale ragione ciò costituirebbe un problema.

MENTORE. Ora te lo spiego. Supponiamo che tra le tue credenze sulla tua automobile vi sia anche quella che afferma che nessuno dovrebbe permettersi di graffiarla.

PUPILLO. Non hai bisogno di supporlo, ci credo fermamente: nessuno dovrebbe permettersi di graffiare la mia automobile, per nessuna ragione! Le persone dovrebbero sempre rispettare la proprietà altrui!

MENTORE. Si tratta indubbiamente di qualcosa in cui credi. E poiché ci credi, è parte della tua identità.

PUPILLO. Una piccolissima parte però.

MENTORE. Sì, una piccolissima parte con la quale necessariamente ti identifichi.

PUPILLO. Non vedo cosa ci sia di male nell'identificarsi con i propri pensieri, quelli in cui si crede: ha tutta l'aria di essere un processo naturale.

MENTORE. Può darsi, ma tale processo diventa alquanto problematico quando i pensieri con i quali ti identifichi sono *falsi*. Poiché in tal caso si tratta di falsa identificazione. O meglio, si tratta di un'identificazione doppiamente falsa. È falsa a un primo livello, in quanto i pensieri con i quali ti identifichi sono falsi. Ed è falsa a un secondo livello, in quanto la tua identità non è riconducibile al mero contenuto dei tuoi pensieri.

PUPILLO. Non capisco: cosa ci sarebbe di così sbagliato nel pensiero che nessuno dovrebbe graffiare la mia auto?

MENTORE. Il tuo pensiero è soltanto un pensiero e in quanto tale non può essere sbagliato. L'errore, se di errore si può parlare, sta nel ritenere che il contenuto di questo pensiero esprima una verità, quando invece, indubbiamente, esprime una falsità. Infatti, *nega la realtà*!

PUPILLO. Quale realtà?

MENTORE. La tua realtà personale, tutto ciò che esiste per te, nel senso di tutto ciò che è disponibile alla tua esperienza. Immagina ancora una volta quell'individuo che graffia la tua preziosa automobile. Il suo potrebbe essere un semplice atto di vandalismo inconsapevole. Ritieni che un tale evento sia possibile o impossibile?

PUPILLO. Decisamente possibile. Ad essere sincero mi è già capitato!

MENTORE. Mi stai dicendo che il tuo bolide nuovo fiammante è già stato graffiato da qualcuno?

PUPILLO. Sì, proprio ieri mi sono accorto di un graffietto che sono certo di non avere fatto io. Penso sia successo in un parcheggio.

MENTORE. E cosa provi quando pensi a quel graffietto?

PUPILLO. Mi sale una gran rabbia.

MENTORE. Guardando più in profondità, cosa c'è dietro a quella rabbia?

PUPILLO. Dolore, credo: il dolore che mi ha procurato quel graffio.

MENTORE. Un po' come se fosse stato fatto sulla tua stessa carne?

PUPILLO. Qualcosa del genere.

MENTORE. La rabbia è una reazione al dolore. Una reazione di natura aggressiva nei confronti di chi o cosa, dal nostro punto di vista, si è reso responsabile delle nostre pene.

PUPILLO. Capisco, qualcuno mi ferisce e io reagisco cercando di ferirlo a mia volta.

MENTORE. In questo modo però si alimenta un circolo

vizioso, che può essere rotto solo nell'istante in cui le "vittime" realizzano che non c'è nessuno in grado di aggredirle, se non loro stesse.

PUPILLO. Mi sembra un'affermazione un po' drastica.

MENTORE. Lo è. Si tratta di un cambiamento radicale di prospettiva: dal pieno vittimismo alla piena responsabilità per la propria vita. Ma non divaghiamo. Stavamo analizzando le tue credenze sulla tua automobile, e in particolare quella che sostiene che nessuno dovrebbe permettersi di graffiarla. Questa tua credenza è vera oppure falsa?

PUPILLO. Vera: nessuno dovrebbe farlo!

MENTORE. Però qualcuno lo fa! Sei stato tu a confermarmi che un tale evento è possibile.

PUPILLO. Mi stai forse dicendo che il fatto che qualcuno possa graffiare la mia automobile significa che il mio pensiero non può essere corretto?

MENTORE. Mi sembra evidente. Il fatto che vi siano persone che possono graffiare la tua auto dimostra esattamente questo: che non è vero che non lo dovrebbero fare.

PUPILLO. Per quale ragione?

MENTORE. Per la semplice ragione che possono farlo, e ogni tanto lo fanno, come tu stesso mi hai confermato. E se lo fanno allora non può essere vero che non lo dovrebbero fare.

PUPILLO. È un gioco di parole?

MENTORE. Non lo è. La possibilità che qualcuno graffi la tua auto è un aspetto della tua realtà che *falsifica* de facto la *teoria* in cui credi.

PUPILLO. Sarà, ma continuo a pensare che nessuno dovrebbe graffiare la mia auto.

MENTORE. Lo so. Questa tua convinzione è la vera causa della tua sofferenza, non l'individuo che ha graffiato la tua automobile. In altre parole, sei il solo responsabile della tua pena.

PUPILLO. Ora non ti seguo più.

MENTORE. Andiamo per gradi. La tua teoria si fonda sul principio che nessuno dovrebbe graffiare la tua auto. La realtà sostiene invece che ci sono individui che graffiano le automobili altrui, violando il principio su cui si fonda la tua teoria. Mi segui?

PUPILLO. Fin qui ci sono, o almeno credo. L'esistenza stessa di individui irrispettosi della proprietà altrui implica che la mia teoria non può essere corretta.

MENTORE. Sì, poiché a questi individui non si applica il tuo principio di non dover graffiare la tua auto. A loro si applica un altro principio, contrapposto al tuo: ogni tanto lo devono fare, dacché di fatto lo fanno!

PUPILLO. In altre parole, la mia teoria sarebbe falsa e io farei meglio a disfarmene, o comunque a correggerla.

MENTORE. Esattamente. D'altra parte, è proprio così che funziona la ricerca scientifica: le teorie vengono costantemente messe alla prova per mezzo di esperimenti di natura critica, in grado di confermarle oppure di falsificarle.

PUPILLO. Nel caso della mia teoria, l'esperimento critico quale sarebbe?

MENTORE. Semplicemente l'osservazione che esistono individui che si dilettano a graffiare le carrozzerie altrui. Ma siccome la tua teoria non contempla l'esistenza di tali individui, manifestamente essa *nega la realtà dei fatti*.

PUPILLO. Ho capito: la realtà non si comporta in questo modo, si tratta unicamente di un mio desiderio, che si fonda su un'errata convinzione.

MENTORE. Una convinzione che non tiene conto dei tuoi dati empirici, delle tue osservazioni.

PUPILLO. Avrei quindi peccato di negligenza, non avendo corretto la mia teoria alla luce dei dati che avevo a disposizione.

MENTORE. Sì, e per questo hai sofferto quando ti hanno graffiato l'automobile. Dunque, in ultima analisi, si tratta di *sofferenza autoinflitta*.

PUPILLO. Mi manca un passaggio. Comprendo di avere commesso un errore nel non aver corretto la mia teoria quando avevo gli elementi per farlo. Però sono sempre convinto che il responsabile della mia sofferenza non sia io, bensì l'individuo che ha commesso l'atto di vandalismo.

MENTORE. Ancora una volta si tratta di un'errata convinzione.

PUPILLO. Puoi spiegarmi?

MENTORE. Sei d'accordo che le tue convinzioni sono solo e unicamente una tua responsabilità, nel senso che sei solo tu a scegliere in quali teorie credere?

PUPILLO. Concordo, nessuno mi obbliga a credere a nulla.

MENTORE. Sei dunque un uomo libero, almeno interiormente.

PUPILLO. Indubbiamente.

MENTORE. Un uomo che sceglie liberamente di credere che nessuno dovrebbe graffiare la sua automobile, giusto?

PUPILLO. Sì, anche se ora ho capito che questa credenza andrebbe corretta.

MENTORE. Questo perché grazie alla nostra conversazione ti sei reso conto che essa nega la realtà. Ma ora chiediti: cos'ha causato il tuo dolore, allorché visualizzavi quell'individuo graffiare la tua automobile?

PUPILLO. Non cosa, ma chi! Secondo me è stato proprio quell'individuo a procurarmi il dolore.

MENTORE. È sorprendente non trovi, quell'individuo era forse un mago?

PUPILLO. Che intendi dire?

MENTORE. Deve avere degli enormi poteri: senza nemmeno

sfiorarti è stato in grado di provocarti un'intensa sensazione di dolore. Come ci è riuscito?

PUPILLO. A dire il vero non lo so.

MENTORE. Sai come funziona il meccanismo del dolore fisico?

PUPILLO. Vagamente, puoi ricordarmelo?

MENTORE. Il nostro corpo è provvisto di ricettori specifici, detti *nocicettori*. Quando subiamo un'aggressione, di qualunque natura essa sia, i nocicettori si attivano inviando al nostro cervello una sensazione spiacevole di dolore. L'attivazione dei nocicettori e la conseguente sensazione di dolore è una reazione utile, di natura difensiva: il dolore ci informa che è in atto un'aggressione e che dobbiamo correre ai ripari se vogliamo evitare che il nostro corpo subisca dei danni strutturali troppo ingenti, che ne pregiudicherebbero la funzionalità.

PUPILLO. Questo cosa c'entra con la nostra discussione?

MENTORE. Ora che sai dell'esistenza dei nocicettori che determinano le nostre sensazioni di dolore, posso farti la seguente domanda: com'è riuscito quell'individuo ad attivare i tuoi nocicettori, non essendo nemmeno entrato in contatto con il tuo corpo?

PUPILLO. Un bel mistero!

MENTORE. Nessun mistero: lui non po' avere attivato i tuoi nocicettori, dato che non ha aggredito te, bensì la tua autovettura. Tra l'altro, vorrei ricordarti che hai sperimentato la sensazione di dolore anche solo immaginando la scena.

PUPILLO. Mi arrendo: se quell'individuo, reale o immaginario che sia, non mi ha toccato, allora per forza di cose non può essere lui il responsabile dell'attivazione dei miei nocicettori.

MENTORE. Chi altro rimane?

PUPILLO. Secondo te sarei stato io che, masochisticamente,

mi sarei inferto quel dolore?

MENTORE. In un certo senso sì.

PUPILLO. Non capisco: se c'è dolore allora c'è aggressione. E se c'è aggressione per forza di cose devono esserci sia una vittima che un aggressore, vale a dire almeno due entità. Io però sono un'entità sola, e se escludo che quell'individuo sia in alcun modo responsabile delle mie sensazioni, rimango solo io a dover personificare simultaneamente entrambi i ruoli, sia quello di vittima che quello di aggressore. Com'è possibile?

MENTORE. Ci sono due livelli possibili di analisi. Al primo livello tu hai perfettamente ragione: necessariamente devono essere presenti due entità, una che aggredisce e una che subisce l'aggressione. Ma al secondo livello di analisi si scopre che l'entità aggredita è essa stessa responsabile della propria aggressione.

PUPILLO. Per quale ragione?

MENTORE. Perché sceglie di farsi aggredire quando potrebbe evitarlo. In altre parole, è lei stessa la mandante della propria aggressione.

PUPILLO. Al primo livello di analisi posso però sostenere che è stato quell'individuo ad aggredirmi, giusto?

MENTORE. Pensavo ti fosse chiaro ormai che non può averti aggredito in alcun modo, non avendoti nemmeno sfiorato. La sola entità che ha aggredito è la tua auto, graffiandola.

PUPILLO. Allora spiegami, al primo livello di analisi chi sarebbe il famigerato aggressore?

MENTORE. La realtà.

PUPILLO. La realtà mi avrebbe aggredito?

MENTORE. In un certo senso sì. Sia ben chiaro, non ce l'ha con te a livello personale.

PUPILLO. Perché allora lo ha fatto?

MENTORE. Perché tu l'hai provocata.

PUPILLO. Mi stai prendendo in giro?

MENTORE. Mai stato più serio. La realtà crede fermamente nella *terza legge di Newton*. Te la ricordi?

PUPILLO. Se la memoria non m'inganna, la terza legge di Newton afferma che: se un'entità A agisce su un'altra entità B, allora A subisce a sua volta un'azione uguale e contraria da parte di B. Qualcosa del tipo: se io spingo te tu reagisci spingendo me!

MENTORE. Esatto, e infatti la terza legge di Newton è detta anche *legge di azione e reazione*.

PUPILLO. Se ho capito bene, la realtà mi avrebbe aggredito per reazione a una mia azione. Ma cosa avrei fatto di così terribile?

MENTORE. Hai tentato di negarla, affermando che dovrebbe essere diversa da ciò che è. Ma la realtà non può essere diversa da ciò che è. Per questo non possiamo negarla, sebbene a volte tentiamo di farlo.

PUPILLO. Ancora non capisco: quando esattamente avrei tentato di negare la realtà?

MENTORE. Lo hai fatto nel momento in cui hai creduto alla tua *falsa teoria* in cui gli esseri umani non dovrebbero graffiare le automobili altrui. La realtà, come tu stesso hai ammesso, non concorda con questa tua teoria, che costituisce un tentativo bell'e buono di negarla.

PUPILLO. Ho l'impressione che la realtà sia troppo suscettibile: la mia era solo una teoria!

MENTORE. La realtà non è suscettibile: la realtà semplicemente è, e non può fare altro che essere ciò che è! Se lanci un piatto di porcellana contro un muro di cemento il piatto si disintegrerà, a causa della forza di reazione esercitata dal muro. Diresti per questo che il muro è troppo suscettibile?

PUPILLO. Ho afferrato il concetto: attraverso la mia teoria ho tentato di negare la realtà, e a causa della terza legge di Newton la realtà ha reagito.

MENTORE. Ha reagito negando a sua volta la tua teoria, ossia falsificandola.

PUPILLO. Perché l'effetto di questa sua reazione è così doloroso?

MENTORE. La tua teoria è parte di te. Tu sei ciò in cui credi, ricordi?

PUPILLO. Dunque la realtà reagirebbe negando ciò che sono?

MENTORE. Non tutto ciò che sei, solo quella parte di te che tenta di negare la realtà.

PUPILLO. Come un piatto di porcellana che tenta di negare la solidità di un muro di cemento?

MENTORE. Esattamente. Ma il piatto non può sperare di farcela: la porcellana non può penetrare il cemento!

PUPILLO. Però affinché vi sia dolore è necessario un contatto con l'aggressore.

MENTORE. Tu e la realtà, infatti, siete sempre in contatto intimo. Se così non fosse non ne faresti parte.

PUPILLO. Se ho capito bene, quando adotto una falsa teoria della realtà (ad esempio affermando che nessuno dovrebbe graffiare la mia auto) sono come un piatto di porcellana che si crede più duro di un muro di cemento. Così, quando la realtà si scontra con la mia teoria, ne produce lo sbriciolamento, con la conseguente attivazione dei miei nocicettori. Come se il mio corpo fosse letteralmente costituito da tutte le mie teorie della realtà.

MENTORE. Non "come se": è proprio così!

PUPILLO. Ma la mia era solo una metafora!

MENTORE. È molto più di una metafora: hai mai sentito parlare dell'interazione *mente-corpo*?

PUPILLO. Credo di sì: la mia mente percepisce la realtà per mezzo del mio corpo. Ad esempio, quando il mio corpo viene aggredito chi percepisce il dolore, in ultima analisi, è la mia mente.

MENTORE. Le cose vanno anche nell'altro senso: quando la tua mente viene aggredita, il tuo corpo si ferisce. I pensieri, soprattutto quelli in cui credi, sono entità energetiche in grado di interagire con il tuo corpo. Quando provochi la realtà per mezzo di un pensiero che tenta di negarla, la realtà reagisce "aggredendo" quel pensiero, dunque la tua mente. E a causa dell'interazione mente-corpo (mediata in parte dal cervello) la cosa si ripercuote sul piano fisico.

PUPILLO. Ecco perché dicono che pensare in modo negativo non sia cosa tanto salutare.

MENTORE. I pensieri negativi sono spesso falsi, e prima o poi subiscono la reazione avversa della realtà.

PUPILLO. Se ho capito bene, è come se il nostro corpo non potesse fare la differenza tra realtà fisica e realtà immaginata dalla nostra mente.

MENTORE. Se immagini di mordere un limone, cosa accade alle tue ghiandole salivari?

PUPILLO. Si attivano come se stessi mordendo un limone vero!

MENTORE. Proprio così.

PUPILLO. Ma se tra mente e corpo c'è una connessione così intima, non sarebbe più corretto affermare che sono una cosa sola?

MENTORE. È quello che ho appena affermato: il nostro corpo e la nostra mente sono aspetti inseparabili di un'unica entità.

PUPILLO. E questo strano "corpomente" tu come lo chiameresti?

MENTORE. Semplicemente, *mente*, o come hai suggerito tu, *corpomente*.

PUPILLO. In altre parole, mi stai dicendo che noi esseri umani saremmo entità essenzialmente di natura mentale.

MENTORE. Non solo noi esseri umani: ogni essere vivente.

PUPILLO. Anche un microbo?

MENTORE. Anche lui.

PUPILLO. Ma per possedere una mente non bisogna avere un cervello?

MENTORE. Non necessariamente. La mente, intesa come sede della *cognizione*, vale a dire del *processo della conoscenza*, può essere assimilata al processo stesso della vita e della sua evoluzione. In tal senso, la mente non dipende dall'esistenza di un cervello, essendo la percezione sufficiente a conferire anche a un semplice microbo la capacità della cognizione, sebbene a un livello molto elementare. Secondo questo punto di vista, noi esseri umani, e più generalmente tutti gli esseri viventi, siamo entità puramente cognitive, mentali, la cui struttura corporea non è altro che il supporto per mezzo del quale rendiamo manifesto e tangibile il contenuto delle nostre teorie della realtà.

PUPILLO. Più che organismi viventi saremmo allora delle strane *teorie viventi della realtà*!

MENTORE. In un ceto senso sì. Non dimenticarti però del secondo livello di analisi.

PUPILLO. Che intendi dire?

MENTORE. Al primo livello abbiamo osservato che la realtà aggredisce, se così si può dire, le nostre false teorie della realtà, un processo che in scienza è detto di *falsificazione*. Al primo livello di analisi ci sono dunque due entità: la realtà che ti aggredisce e tu che vieni aggredito. Questa descrizione è però solo parzialmente corretta, poiché a un'analisi più attenta scopriamo che la scelta delle teorie con le quali ci identifichiamo è una nostra responsabilità. Se scegliamo di identificarci con delle false teorie non possiamo poi ritenere la realtà responsabile della sua reazione, apparentemente aggressiva, proprio come non possiamo ritenere un muro responsabile del nostro ematoma se ci andiamo a sbattere contro. Quindi, al secondo livello di analisi, scopriamo che vittima e aggressore sono la medesima entità. Per di più, se è vero che abbiamo totale libertà di scelta su quali teorie adottare, ciò significa che non siamo riducibili alla mera somma delle nostre teorie, ma che siamo molto di più. Assimileresti uno scultore alle sue statue?

PUPILLO. Certo che no, uno scultore è l'autore delle sue statue.

MENTORE. E noi, non siamo forse gli autori delle nostre teorie, e più generalmente dei nostri processi di pensiero?

PUPILLO. Be' sì, ovviamente.

MENTORE. Concorderai allora che non è totalmente esatto affermare che siamo delle teorie viventi della realtà, poiché di fatto siamo molto di più: siamo gli artefici delle nostre teorie, ne siamo i costruttori. Fa una bella differenza, non credi?

PUPILLO. Non siamo statue bensì scultori!

MENTORE. Sì, creatori onnipotenti di realtà interiori, nelle quali integriamo, e per mezzo delle quali esprimiamo, la nostra conoscenza della realtà.

PUPILLO. Dunque nemmeno possiamo dire di essere riducibili a delle mere entità mentali?

MENTORE. Possediamo una mente, o un corpomente se preferisci, ma non siamo una mente.

PUPILLO. Cosa siamo allora?

MENTORE. Qualcosa di più.

PUPILLO. E quel qualcosa ha per caso un nome?

MENTORE. Possiamo chiamare quel qualcosa *coscienza*. Il termine coscienza deriva dal latino *cosciente*, che è la composizione di *con* (avere, possedere) e *scire* (conoscenza). Secondo l'etimologia della parola, una coscienza è dunque un *essere* (nel senso di un soggetto) dotato di *conoscenza*.

PUPILLO. Conoscenza di che cosa?

MENTORE. Della realtà, sia interiore che esteriore. Una conoscenza in continua evoluzione, resa manifesta tramite la costruzione di teorie operative della realtà. Teorie che la coscienza elabora sulla base della propria esperienza, e in seguito integra nella struttura intima del proprio corpomente.

PUPILLO. Il nostro corpo, o corpomente, o mente, a seconda di come vogliamo chiamarlo, sarebbe dunque una sorta di memoria ambulante, dinamica, nella quale noi coscienze integriamo sotto forma di teorie la nostra esperienza del reale.

MENTORE. Proprio così. E nella misura in cui ampliamo, approfondiamo e affiniamo la nostra esperienza-conoscenza della realtà, instancabilmente riscriviamo la nostra memoria, rimpiazzando le teorie obsolete con teorie più avanzate. Un processo detto di *evoluzione*, o più precisamente di *evoluzione della coscienza*.

MISHA. Dunque, dunque, dunque... come al solito, sono un po' tardo di comprendonio! Quando poi mi catapultano in una "foresta" e mi ci lasciano dentro, all'insufficienza di comprendonio si aggiunge lo smarrimento mentale, diciamo che va in tilt il mio sistema di credenze (e poco male, mi dirà il sig. Maksim, se la confusione era, magari, proprio ciò che si voleva ottenere lasciandomi nella foresta: uno choc salutare per le sclerotizzate "false certezze" o "false identificazioni" della mia piccola mente). Dunque... supponiamo non che mi abbiano graffiato la macchina, ma che mi abbiano ucciso mio figlio, come succede ad Alberto Sordi nel film: "Un borghese piccolo piccolo". Sull'idea (chiamiamola anche "credenza" o "teoria", fa lo stesso) che l'assassino non avrebbe dovuto farlo, naturalmente per me non ci piove! Perciò soffro. Magari non arrivo a organizzare una vendetta sopraffina sul responsabile, come invece il film racconta, ma mi chiedo angosciato e stravolto perché sia successa una cosa che "non" doveva succedere! Di fronte a me c'è una "realtà di fatto" (mio figlio assassinato); dentro di me c'è un'altra "realtà", chiamiamola "realtà di diritto" (mio figlio VIVO), brutalmente violata dall'assassino. Di solito le persone "normali", poco profonde, sporgono denuncia affinché la "realtà di fatto" – ormai inevitabile – renda una qualche "giustizia" alla "realtà di diritto" (altrettanto inevitabile e necessitante) ed è per questo che l'uomo – da sempre e in vari modi! – ha fatto ricorso da un lato ai tribunali degli uomini (per quanto insufficienti o inefficienti) e dall'altro a una più o meno presunta giustizia divina, atta a "ripagare" il torto, in questa o in un'altra vita! Ma che cosa mi propone, invece, il sig. Maksim, per non soffrire davanti al cadavere di mio figlio morto? Mi propone di cambiare le carte in tavola (che è il vero INGANNO!): dovrò essere io a convincermi che il mio attaccamento alla "verità di diritto" – che lui chiama "credenze" (soggettivizzando un "mondo" che soggettivo non è) – è semplicemente idolatria, un "disconoscimento della "realtà", che è la vera causa del dolore. Sicché al danno si accoppia la beffa: tutto il lavoro che dovrò fare dovrà essere quello di convincermi: 1) che la "realtà" di diritto è un mio fallace "sistema di credenze"; 2) che, per passare dal "pieno vittimismo alla piena responsabilità" della mia vita, devo convincermi che la responsabilità del mio dolore è mia e di nessun altro. Insomma, due volte buggerato: quando mi hanno ammazzato il figlio e quando mi hanno detto che il colpevole del mio dolore sono io! In breve, la prima lezione che traggo dalle prime battute di questo dialogo surreale è che si parla di "realtà" in modo quantomeno molto riduttivo e unilaterale, senza porsi il problema se esistano livelli diversificati della realtà: quella dell'istinto non è, per esempio, equiparabile a quella del "valore" o del "principio": l'istinto, certo, è una "realtà di fatto", ma tra gli uomini di ogni tempo non gli si riconosce "il diritto" di spadroneggiare, onde la necessità di "educarlo" al "diritto", perché non è sempre vero che "tutto ciò che è reale è razionale". Ciò assomiglierebbe molto all'ideale di una "atarassìa" o "distacco", che scimmiotta il vero distacco, trasformandolo in "indifferenza"! Io capisco l'ottica "scientista" dalla quale viene affrontato il problema, ma non capisco come si fa a equiparare problemi di etica e giustizia a problemi di "ricerca scientifica" o "analisi dei dati", applicandoli poi impropriamente a "oggetti non adeguati", come la vita interiore. Purtroppo è solo una delle cose che non capisco. Ma mi fermo, nella consapevolezza che posso non aver capito un accidente da questo dialogo.

MAKSIM. Ciao Misha. La confusione non è ciò che si mira a ottenere, quanto la possibilità opposta di chiarire qualcosa che solitamente rimane oscuro. D'altra parte, spesso la confusione è la reazione a un contenuto che ci offre una prospettiva diversa da quella abituale, e ovviamente in questo caso è una confusione salutare. Testimonia del fatto che, forse, la nostra prospettiva abituale non è così chiara come ritenevamo. Naturalmente, non è bene rimanere fermi nella confusione, ma usare la confusione per raggiungere comprensioni più ampie e profonde. In altre parole, per proseguire nell'indagine. Osservo che attribuisci al dialogo affermazioni che il dialogo non fa. Ad esempio, non dice che "dobbiamo convincerci" di qualcosa, ma ci incoraggia ad osservare il reale per quello che è, e a confrontarlo con le nostre teorie sul reale, che spesso negano la realtà di ciò che è. E nemmeno si parla nel dialogo di "colpa", semmai di responsabilità. Osservo anche che, se da un lato dici che, forse, ci sono aspetti di questo dialogo che non capisci, dall'altro hai già concluso che si tratta di un "esercizio scientista", cioè di un'analisi indebita di temi che andrebbero affrontati con ben altri strumenti. In altre parole, non mi sembri particolarmente confuso, ma bene in chiaro su come inquadrare questo "dialogo surreale". Non cercherò certo di convincerti che si celi una chicca in questo breve testo (necessariamente semplificativo), anche se, naturalmente, non posso che incoraggiarti a rileggerlo senza preconcetti "scientisti". Quello che posso dirti però, è che l'esempio del figlio ucciso è stato rivolto numerose volte all'autore, tanto che, in una successiva edizione del libro (di cui il dialogo è il primo capitolo), ha aggiunto un commento a riguardo. Lo riproduco qui di seguito, con la relativa domanda.

*Domanda*: "...se sostituisci il "rigo sull'autovettura" con "l'assassinio di tuo figlio o di tua madre", la tesi comincia a traballare: la domanda *"Allora, perché soffri?"* diventa, direi, insostenibile. Se è vero che la realtà non può aggredirci perché questa affermazione è semplicemente "assurda", in quanto la realtà "è" e basta, è altrettanto vero che la realtà può essere anche molto poco ospitale per l'essere umano: se nasco in una favelas brasiliana non avrò la stessa vita di colui che nasce a Lugano, e questo è un fatto incontrovertibile. Poi posso prenderne atto o rifiutarmi di farlo, nascondendomi dietro "false teorie", ma nella prima ipotesi ce l'ho in quel posto, e così sia... In parole povere: il fatto che le nostre false teorie sulla realtà siano fonte di sofferenza è soltanto una parte del problema, perché, indipendentemente dall'oloteoria che ciascuno di noi possa sviluppare, la realtà, se oggettivamente inospitale, è fonte di sofferenza per l'essere umano (per fare un altro esempio: pensa un po' se nascessimo in un'atmosfera piena di cianuro, invece che di ossigeno – e con i tempi che corrono l'esempio non è poi tanto teorico – possiamo certo prenderne atto ma questo non ci aiuterà a respirare meglio...). Dalla precedente considerazione mi sembra discenda anche una seconda considerazione: non è vero che, se diventiamo tutti saggi e cominciamo ad amarci per quello che siamo, saremo necessariamente esenti da sofferenza: rimane la sofferenza fisica causata da cause esterne, e di conseguenza anche quella morale di non poter vivere la vita che avremmo potuto vivere in assenza di essa.

*Risposta*: "...è indubbio che, quando passiamo da un evento banale come un graffio alla carrozzeria (evento A) a un evento come quello della perdita di un figlio, o di un genitore (evento B), l'argomentazione del mentore possa apparirci tutt'a un tratto insostenibile. Ma è davvero così? Il meccanismo che promuove la sofferenza (in questo caso unicamente di stampo psicologico) è sempre lo stesso, oppure c'è una differenza sostanziale che rende il ragionamento del mentore caduco nel caso B? Di una cosa possiamo essere certi: nel caso B sperimentiamo abitualmente una sofferenza enormemente più intensa che nel caso A, e per un tempo solitamente molto più lungo (a volte per l'intera vita biologica, e oltre). E di fronte a questa accresciuta intensità, viene spontaneo chiederci se il meccanismo che con B ci porta a soffrire non sia anche qualitativamente, e non solo quantitativamente, differente da quello di A. La domanda è pertinente dacché, come è noto, non sempre due volte di più di una cosa (in questo caso di sofferenza) è due volte di più della stessa cosa, come amava ricordarci il grande Paul Watzlawick. Per farti un esempio: se un paio di bicchieri d'acqua sono un prezioso nutrimento in grado di dissetarti, svariati litri ingurgitati in breve tempo possono generare uno squilibrio elettrolitico che potrebbe addirittura ucciderti! Direi però che bisogna fare la differenza tra cause ed effetti. Gli effetti di una sofferenza molto intensa sono indubbiamente differenti rispetto a quelli di una sofferenza leggera. Per esempio, la perdita inaspettata di un figlio potrebbe addirittura promuovere sul piano fisico l'insorgere di un tumore (come accadde ad esempio al dott. Geerd Hamer, quando gli fu ucciso il figlio), mentre lo sfregio della carrozzeria potrà alla peggio provocare un eritema (o una verruca!). L'argomentazione del mentore, se ha pretesa di universalità, è perché riguarda le cause e non gli effetti della sofferenza. E, a rigore di logica, se anche nel caso B posso neutralizzare, come in A, la causa della sofferenza, allora deve essere possibile "perdere" un figlio, o un genitore, senza per questo soffrirne (le virgolette sono essenziali!). Ovviamente, al nostro attuale livello evolutivo, questa possibilità può apparirci come pura fantascienza, e per certi versi sicuramente lo è, nel senso però, spero, della buona fantascienza, cioè di quella che in futuro si avvererà e diverrà vera scienza. Perché al momento è ancora fantascienza? Semplicemente, credo, a causa delle nostre irremovibili credenze sulla questione del morire e della presunta perdita, rafforzate dalle terrificanti memorie che ancora abbiamo a riguardo. Un tale bagaglio non aiuta certo a disfarci dei nostri falsi pregiudizi sulla questione, anche perché gran parte di quel bagaglio è scritto in un linguaggio infantile, prevalentemente emotivo. E fintanto che quelle parti (sottoteorie) non crescono, acquisendo una visione più matura e realistica della vita, maggiormente in contatto con la realtà, difficilmente riusciremo a liberarci della grande sofferenza insita negli eventi di tipo B. I guerrieri invincibili, dicono, sono quelli che celebrano la loro morte prima ancora di andare in battaglia, così da essere liberi da ogni paura. Hanno già consumato il loro lutto (il lutto delle loro false teorie della realtà) e, così facendo, diventano combattenti inarrestabili (sono già morti e non possono più morire). In una metafora un po' meno marziale, possiamo dire che il saggio, quello vero, non si identifica più nel contenuto dei suoi pensieri sul mondo, non ne riconosce più la paternità, e in tal senso questi pensieri non lo possono più scalfire. Ma non a causa di un freddo distacco, o di una mera anestesia. Piuttosto, perché ha raggiunto una profonda e reale autonomia rispetto ad essi. Il saggio non sa se la "perdita" del figlio, o del genitore, è una cosa buona o una cosa cattiva. Anzi, non si pone nemmeno il problema di dover catalogare l'evento in una di queste categorie. Semplicemente, prende atto di ciò che è, e, semmai, se sceglie di interrogarsi, lo fa in modo costruttivo, e non distruttivo. Lo fa per capire l'evoluzione, non per farsi psicologicamente del male. Quante persone, di fronte alla dipartita di un essere che amano, hanno la spregiudicatezza di porsi domande del tipo: "Se è vero che vivo in un paradiso (o, se preferisci, in un paradiso potenziale, che si attualizza nella misura in cui con la mia mente la smetto di creare l'inferno), cosa ci potrà essere di buono nella morte di mio figlio, o di mio padre/madre, sia per me che per loro? Se è vero che l'universo ci sostiene, senza distinzioni, nel nostro movimento evolutivo, fatto di continue scoperte e co-creazioni, quali potrebbero essere le ragioni per cui B è preferibile a non-B?" Nella misura in cui cerchiamo di rispondere (ma per davvero!) a queste domande, possiamo ricostruire una visione del mondo (della vita e della presunta morte) che non promuova conflitti interiori ed esteriori gratuiti, ma unicamente armonie. Naturalmente, per arrivare a questo ambìto traguardo, ci resta della strada da percorrere, perché le memorie sono tante e profonde, ed esercitano su di noi un enorme potere ipnotico. Dobbiamo (anzi, possiamo!), però, imparare a far crescere le nostre autoimmagini infantili, impregnate di visioni distorte della vita (distorte nel senso di palesemente false). In altre parole, imparare prima ad essere, e solo in seguito a pensare, evitando l'ingerenza di quelle sovrastrutture così pregnanti che abbiamo ereditato, e scambiato per ciò che siamo (un'identità fondata sulla sofferenza, anziché sulla gioia).

MISHA. Maksim, io non farei l'analisi grammaticale delle parole e andrei al nocciolo: quando dico "il colpevole del mio dolore sono io" oppure "il responsabile del mio dolore sono io" oppure "la causa del mio dolore sono io", che differenza c'è? Qui la parola "colpevole" l'ho usata non in senso morale o religioso, ma proprio come "responsabile", "causa"! E credo che dal contesto sia chiaro. Ma quello che confonde tutto è una poco chiara definizione di "realtà"! Esistono, ribadisco, "realtà di diritto", e l'opposizione che l'uomo opera sulle "realtà di fatto" non è sempre l'effetto di "false identificazioni" o "sistemi di credenze", ma la giusta reazione dinanzi alla "contraddittorietà", che ogni uomo nel suo cuore e nella sua mente sente non doverci essere, eppure la sperimenta! Nasce così, come in logica, il problema: "perché incontro una cosa che pure non dovrebbe esserci?". Come nei problemi di logica, così nei problemi esistenziali, l'incontraddittorio è il solo criterio accettabile del "reale". REALE = NON CONTRADDITTORIO. Non si può fare neppure scienza, senza questo pilastro, e lei lo sa! Parafrasando Sant'Agostino, il cuore resta inquieto fino a quando non "risolve il problema". Non si tratta, a mio avviso, di "teorie da cui liberarsi", per accettare una realtà stonata, se la "stonatura" è propria nel "reale". Perché non ci sono solo false credenze, ci sono anche "realtà stonate", cioè che non collimano con ciò che dovrebbe essere, "di diritto"! Perché nel reale "di diritto" (immutabile, certo e incontraddittorio, non-diveniente) non ci sono stonature (valga, come esempio per tutti, il mondo delle idee platonico, ideato apposta come soluzione speculativa alla "esperienza assurda" del "reale di fatto"!) Qui non è importante l'esempio: si tratti di un assassinio, o si tratti di uno sfregio alla mia automobile, non cambia la sostanza: il "reale di fatto" si può misurare sulle proprie "credenze", sì; che possono essere trovate false, certo; allora dobbiamo cambiare le credenze in omaggio al reale! Ma ci sono "fatti" che non contraddicono credenze mie, ma si mettono assurdamente contro elementari verità naturali, non costruite da me, che sono esse il metro di quei fatti e li giudicano! In questo caso è il fatto che va adeguato al principio (non mio!), perché il principio non è una credenza o un sistema di credenze soggettivo. A mio avviso, è semplicistico e unilaterale che, nel confronto fra la realtà e "l'idea", debba essere l'idea ad adeguarsi al reale. Questo è condivisibile, quando si tratta di credenze mie, che nella loro soggettività possono essere giustamente causa di sofferenza nell'impatto col reale; ma non può essere condivisibile quando sono i "fatti" che contraddicono "princìpi immutabili", perché in questo caso sono questi che sono preposti a giudicare la realtà e non viceversa! Sarebbe come prendersela con la bussola e non con la situazione, se si sbaglia strada. Quello che manca, a mio avviso, nel dialogo, è un "metodo", parola greca che vuol dire "direzione": i due dialoganti possono dire tutto quello che vogliono per il semplice fatto che non hanno chiarito prima dove stanno andando: vanno all'avventura, senza un punto di partenza né un punto di arrivo! Ripeto quello che ci siamo detti altre volte: persino l'"evoluzione della coscienza" sarebbe un "flatus vocis", se non potessimo "controllarla" sulla base di un previo punto di partenza cosciente (previamente stabilito) e un previo punto di arrivo cosciente (previamente stabilito): un mio amico direbbe che sarebbe una corsa folle, dove mancano le due cose fondamentali (che non fanno parte del "percorso"): lo "start" alla partenza e il traguardo all'arrivo! Nulla evolve a casaccio, ma sempre secondo una precisa direzione, pena il non poterla nemmeno sperimentare, l'evoluzione, ma soltanto il perdersi in una confusa foresta senza sentieri! Caro Maksim, la relazione tra coscienza e "vita intrafisica", poi, è un capitolo a parte, secondo me. Ne riparleremo.

MAKSIM. Caro Misha, penso vi sia una distinzione fondamentale tra il pensiero che dice: "è bene non graffiare le automobili altrui" e il pensiero che dice: "le persone che graffiano le automobili altrui non dovrebbero esistere" (o altri pensieri simili). Il dialogo si occupa di quest'ultimo tipo di pensieri, e dei loro effetti. Non dice che non dobbiamo avere opinioni, valutazioni, giudizi, ecc., sul reale, ma che abbiamo interesse a imparare a formularli in un modo che non contraddica il reale, cioè evitando di negare palesemente i dati dell'esperienza. Naturalmente, non siamo obbligati a farlo. È solo una possibilità, che questo breve dialogo invita ad esplorare, partendo magari dalle piccole cose. Molte persone, purtroppo, sono molto legate a certi loro pensieri, e alla sofferenza che essi generano. L'invito dell'autore è di cominciare a indagarli con più attenzione.

MISHA. Ovviamente, dopo il graffio della mia macchina, se io dico che un uomo deve essere punito "in quanto uomo", magari eliminandolo, dò i numeri! Ma se pretendo che sia punito "in quanto graffiante", non faccio altro che chiedere giustizia. Ma, nell'un caso e nell'altro, la cosa certa è che io – e le mie presunte responsabilità sulla mia sofferenza – non c'entro un bel nulla! Non sono le mie "teorie" la causa del mio dolore, ma un oggettivo arbitrio consumato ai miei danni! Magari si andrà a vedere il perché e il percome, potremo conteggiare le "attenuanti" del gesto (se il tizio è matto, ubriaco e simili), ma è sicuro che né il tribunale degli uomini né un ipotetico tribunale divino potrebbero girare la frittata, facendo un processo a me e alle mie "teorie", per farmi accettare l'inaccettabile. O cornuto o mazziato! ma entrambe le cose è troppo! A parte la mia ironia, comunque, concordo con le due ultime affermazioni del suo precedente commento: le "fissazioni" vanno curate, così si eliminerebbe molto dolore! Viktor Frankl lo sapeva, tanto che la sua psicoterapia è un tentativo ben riuscito di non assolutizzare mai nel nostro cuore alcun oggetto "transeunte", mettendolo al posto di Dio: ma è quello che un tempo, quando scarseggiavano "i dottori della mente", si chiamava senza termini complicati, idolatria! Non c'è NULLA, nulla di nuovo sotto il sole, come saggiamente ci ripete il Qoelet!

MAKSIM. A parte il caso specifico dell'aggressione fisica, dove il dolore, ovviamente, non è una mia diretta responsabilità, a meno che, come si suol dire, non me la sia andata a cercare, nessuno è in grado di farmi del male, senza la mia stretta collaborazione. Nessuno può far soffrire (psichicamente) nessuno. È una legge psicologica, nota sin dalla notte dei tempi (nulla di nuovo sotto il sole, mi verrebbe da dire ☺). È la nostra interpretazione personale degli eventi e delle situazioni a creare la nostra sofferenza psichica, e non gli eventi e le situazioni in quanto tali. Quindi, sì, ribadisco: sono le nostre false teorie la causa della nostra sofferenza psichica. Null'altro. E la beffa, quella vera, è che, oltre al danno (auto inferto), ritenendo qualcun altro responsabile del mio soffrire, rimango così in uno stato di impotenza (se è l'altro la causa della mia sofferenza, non è in mio potere liberarmene). Naturalmente, come è noto, il ruolo di vittima conferisce molto potere, quindi c'è molta resistenza nell'accettare la tesi che siamo solo vittime di noi stessi. Per dirla in altri termini, non siamo vittime, ma facciamo le vittime (il più delle volte, naturalmente, inconsapevolmente), e facendo le vittime il più delle volte ci trasformiamo in carnefici.

MISHA. Non mi rimane che metterla alla prova in uno di quei campi di prigionia in cui sanno come far "cantare" gli imperturbabili. Nel frattempo non potrei procedere arbitrariamente alla chiusura di tutti il tribunali del mondo, per seguire "idee". Non le rimane che l'onere della prova: chi ha mai detto dalla notte dei tempi che può non esserci sofferenza psichica? Forse nemmeno Budda, che l'ha addirittura canonizzata come "triplice" (o "quadruplice"). Ma se c'è qualcuno così temerario, me ne starei alla larga: per definizione, infatti, la dimensione psichica dell'anima non può essere esente da sofferenze, essendo strettamente legata al corpo, debole, precario e contingente. Tutt'al più potrebbe trattarsi della dimensione "spirituale", la quale però, più che non sentire la sofferenza, può solo distanziarsene quanto basta per non identificarcisi! Lo stesso Budda parla di "nirvana", che è una dimensione spirituale e non psichica. L'anima spirituale può, essendo indipendente dal corpo e dunque non precaria, o contingente, bensì eterna ed immortale! Ma purtroppo questo non basta, per accertare le "responsabilità" della mia sofferenza su questa terra. Si arriverebbe a conclusioni "assurde", come quelle a cui arrivava Eduardo De Filippo in una delle sue migliori commedie, che le consiglio assolutamente di vedere: "NON TI PAGO!"

MAKSIM. Scrivi: *"...chi ha mai detto dalla notte dei tempi che può non esserci sofferenza psichica?"*. Non ho mai affermato nulla del genere. La sofferenza psichica esiste, è un dato di fatto. E perché mai chiudere i tribunali? Non si afferma mai nel dialogo che chi graffia le automobili altrui poi non debba pagarne le conseguenze. E visto che citi il Buddha, nelle sue quattro nobili verità, egli afferma, per l'appunto, che dalla sofferenza è possibile emanciparsi, tramite un percorso di pratica (dipende da noi, non dagli altri). La pratica, naturalmente, comprende anche un corretto utilizzo della mente, nel suo relazionarsi al reale.

MISHA. Allora mi ritiro, perché non è pane per i miei denti. Evidentemente non capisco che cosa vuol dire «Nessuno può far soffrire (psichicamente) nessuno. È una legge psicologica, nota sin dalla notte dei tempi...». Quello che so (e che sperimento, non solo io) è che la "psiche" non può sottrarsi alla sofferenza. Forse è una questione di termini? Allora dovrei spiegarmi meglio: la "psiche" è l'anima nel suo rapporto con il corpo e col mondo; lo "spirito" è l'anima nella sua "essenza", indipendentemente dalle sue "operazioni" psichiche, che per definizione la relazionano col mondo. Ciò che "può" sottrarsi alla sofferenza è "lo spirito", non "la psiche": l'anima, diciamo, ha due mani: una "spirituale", con la quale tiene l'assoluto, l'infinito, l'eterno; l'altra "psichica", con la quale si relaziona con gli altri e col mondo, cioè con il "diveniente", il "precario", il "transeunte", il "contingente", in definitiva il "mortale". Per la mano "psichica", data la precarietà del mondo, la sofferenza è inevitabile. Comunque, se non è una questione di termini, mi dichiaro sommamente incompetente in materia! E perplesso: non mi sembra "razionale" (tutt'al più è una cosa spiritosa, che fa ridere) che, nel rapporto tra me e lo sfregiatore della mia macchina, debba mettermi io in discussione e non lui! Che poi io debba "lavorare" in me per rassegnarmi, questo è inevitabile se non voglio sbatter(gli) o sbatter(mi) la testa contro un muro. In fondo i classici conoscevano il benessere che porta l'esercizio delle "VIRTÙ" (perché – gratta gratta – si tratta di questo, di questa innominabile parola un po' antimoderna!). Esse (la prudenza-vigilanza, la giustizia, il coraggio-forza, la temperanza-castità-sobrietà, ecc.), ben esercitate, sono ciò che ci permette di ammansire "la bestiolina" interiore, dominarla e portarla "in alto", guidarla piuttosto che farci guidare come gli schiavi: l'immagine classica dell'"auriga", di felice memoria, alla guida di un carro trainato da due cavalli (l'irascibile e il concupiscibile), ci può insegnare più di mille ragionamenti!

ZAN. (*Terzo interlocutore*) Scambio interessante. Caro Misha, in relazione al suo ultimo commento se posso permettermi di intervenire, non penso che la mente né lo spirito possano e tantomeno debbano sottrarsi alla sofferenza in quanto la sofferenza è una grande maestra così come tutte le altre emozioni e sensazioni che proviamo sotto forma umana e spirituale (se siamo umani siamo anche spirito, anzi prima siamo spirito e poi siamo umani). Se non ci fosse la sofferenza, la spazzatura, non potremmo arrivare alla gioia e non ne conosceremmo il significato. L'importante è come reagiamo, come affrontiamo e accettiamo la sofferenza e la gioia e tutte le altre emozioni che vengono a farci visita. Non importa a quale evento della vita siano legate, se abbiamo ragione o torto in una circostanza. Alla fine siamo noi a viverle ed è nostra responsabilità trasformarle in un modo o nell'altro, se non vogliamo, come dice lei, "farci guidare come schiavi". Un modo che su di me funziona è riconoscerle, accoglierle, e dar loro lo spazio di esprimersi, senza però attaccarsi a queste emozioni, piacevoli o spiacevoli che siano. Scriverlo è facile, metterlo in pratica un po' meno. Trasformazione, però, non significa rassegnazione, è molto diverso. La rassegnazione per me personalmente è negativa, è una sorta di amara sottomissione a qualcosa di più grande di noi, che non possiamo cambiare, come una malattia grave, una perdita etc. Si rimane schiacciati sotto la rassegnazione. La vera accettazione nel cuore è qualcosa di più profondo e ci fa sentire più leggeri, più liberi. Dal momento in cui siamo in grado di accettare la pioggia e il sole senza discriminare, vivremo entrambe le condizioni climatiche in uno stato di pace, per il semplice fatto che siamo qui a poterle vedere e sentire. La presenza mentale non cresce sugli alberi e bisogna lavorare su se stessi per diventare ogni giorno un pochino più consapevoli. La consapevolezza ci aiuta a comprendere le radici della nostra gioia o sofferenza e a vivere le nostre emozioni in modo più o meno tranquillo, senza aggiungere o togliere nulla. Credo che Maksim intenda questo per *investigare*, capire da dove nascono certe emozioni e cosa possiamo fare per stare meglio tramite l'aiuto di una pratica o di una terapia olistica. Certo, questa è una nostra responsabilità. Personalmente non credo sia sempre salutare individuare le ragioni e i perché delle nostre emozioni. Nella maggior parte dei casi sono d'accordo che possa facilitare un processo di guarigione; però, scavando troppo, a volte si ottiene l'effetto contrario, si sradicano completamente le nostre radici e si entra in una totale confusione. Ho conosciuto persone che si sono ammalate (schizofrenia) a furia di scavare perché non conoscevano i propri limiti e hanno utilizzato l'approccio "fai da te". Ricordo una ragazza ad un ritiro di meditazione (pratico la meditazione Zen da quando ero giovane), che era in questa situazione. Riuscire a stare nel momento presente significa vivere ogni cosa con meraviglia ed energia, senza attaccamento ma non con indifferenza. È chiaro che, se viviamo un'esperienza difficile soffriremo e saremo tristi. Non c'è nulla di male in questo ma, se siamo capaci di notare comunque le meraviglie che ci circondano, pian piano ritroveremo la pace. Detto questo, sono consapevole che utilizziamo solo una minima parte del nostro cervello e potrei essere completamente fuori strada e non aver capito niente. Buonanotte.

MAKSIM. Grazie, Zan, per il tuo interessante commento. Mi permetto alcuni appunti. Quando scrivi che *"non possiamo e tantomeno dobbiamo sottrarci alla sofferenza"*, penso sia necessaria una certa cautela. Sicuramente non possiamo sottrarci alla sofferenza con un colpo di spugna. Infatti, non possiamo cancellare di colpo quanto abbiamo raccolto nel nostro cammino multimillenario. Possiamo però, sicuramente, sottrarci col tempo alla sofferenza tramite un processo graduale di trasformazione. (Ci vogliono molte vite per questo, beninteso, anche se in una singola vita è possibile fare degli incredibili balzi in avanti). Sarebbe comunque importante distinguere la sofferenza dal dolore. Non possiamo, né è utile, sottrarci al dolore, che ci protegge, ma possiamo evitare di permanere nel dolore, quindi di entrare in una condizione di sofferenza (che è un'assiduità nel dolore), cercando di cogliere in modo tempestivo il messaggio di amore (protettivo) che il dolore ci dona. Sul fatto che non dobbiamo sottrarci alla sofferenza, perché è una maestra di vita, devo dire che non concordo. Forse, però, non è esattamente quello che intendevi dire. Possiamo sicuramente trarre dalla nostra sofferenza un insegnamento, quando ci ritroviamo in tale condizione, ma abbiamo sempre interesse a evitare la sofferenza, se possiamo, cercando dei cammini di apprendimento più avanzati. Con questo, beninteso, non intendo affermare che dobbiamo "evitare la vita per non soffrire". Questa sarebbe un'ultrasoluzione, che cerca una cosa (evitare la sofferenza) e finisce con l'ottenere esattamente il contrario (la sofferenza generata da una vita non vissuta, piena di rimpianti e malinconia). Intendo semplicemente dire che è importante fare tesoro delle nostre esperienze, che ci insegnano cosa funziona e cosa non funziona, cosa produce armonie e cosa produce conflitti. Per dirla in modo semplice: imparare dai propri errori (proprio come accade nella scienza, tramite l'evoluzione delle teorie). Riguardo l'utilità dell'indagine, qui naturalmente dobbiamo essere sempre molto cauti circa ciò che si intende con questa parola. Dalla mia prospettiva, l'indagine è sempre salutare. Ma indagare non significa semplicemente aprire il vaso di pandora. Questo, in effetti, potrebbe anche rivelarsi controproducente. E giustamente menzioni la consapevolezza. L'indagine, quella vera, non può prescindere dalla creazione di uno spazio di piena consapevolezza, che è poi uno spazio di osservazione. Uno dei grossi errori che facciamo è quello di rovesciare il binomio osservazione-spiegazione. Possiamo spiegare, cioè trovare le ragioni di un nostro comportamento, conflitto, o quant'altro, solo nella misura in cui ci siamo prima concessi il tempo di osservare, con sufficiente qualità, senza promuovere identificazioni. Quindi, la chiave dell'indagine sta proprio nell'osservazione (la meditazione è un modo molto efficace di imparare l'arte dell'osservazione). E l'osservazione, naturalmente, ci riporta in pieno contatto con il reale. Per fare un esempio, molte persone che vivono grandi sofferenze, che attribuiscono alla realtà esterna, si dimenticano che proprio in quel momento stanno respirando, che i loro bisogni primari sono magari pienamente soddisfatti, che va tutto bene. Il punto è che non si trovano nel qui-e-ora, ma imprigionati in un film che proiettano incessantemente nella loro mente. Ed è solitamente il contenuto di questa realtà puramente mentale, di cui sono i soli registi, ad essere la vera fonte della loro sofferenza. E, anziché cambiare il proprio film, aspettano che siano gli altri a cambiare il loro. Un'attesa infinita. Per usare il tuo esempio, se vogliamo accettare (senza rassegnazione) la pioggia, e non soffrire per la mancanza di sole, dobbiamo prima imparare a non intendere la pioggia per ciò che la pioggia non è. Spesso, infatti, la definiamo "brutto tempo", e automaticamente diamo vita a un brutto film. Ma ovviamente non c'è nulla di brutto nella pioggia in quanto tale.

MISHA. Gentile Zan, concordo con molte cose, segno che dovremmo per lo più accordarci sui termini che usiamo! Forse potremmo capirci più facilmente, se lei conoscesse uno dei maestri contemporanei della vita interiore (in funzione psicoterapeutica): Viktor Frankl! La invito a visitare il sito: *www.logoterapiaonline.it*. Quello su cui vorrei insistere, comunque, è che la condizione umana è tale da trovarsi al centro di due opposte dimensioni: quella spirituale, inattaccabile al dolore (o sofferenza) e quella materiale, legata al corpo. La sofferenza è nella seconda dimensione ed è in essa inevitabile. La si può dominare o controllare se riconosciamo la possibilità di ricondurla nell'ambito della prima dimensione, che è la sola che può dominarla e orientarla, trovandone il senso. *"Chi conosce il perché"* diceva Nietzsche, *"sopporta qualsiasi come"*. E quando si è "pazienti", è inutile illudersi cambiando le parole («sopportazione»). Per sopportare bisogna essere ben più forti che per agire. Quanto al sig. Maksim, che ogni tanto introduce surrettiziamente nella conversazione un presunto "cammino millenario", mi sembra più che legittimo ricordargli che – non essendo questa idea universale e necessaria, e dunque scientifica – spetterebbe a lui l'onere della prova, una prova convincente! Con quaranta di febbre in un letto, anche a me potrebbe venire in mente di essere stato Gengis Khan o un fratello di Gesù Cristo o una lucertola, ma qui di "scientifico" non c'è nulla. Si possono fare mille esperimenti sulla realtà visibile e invisibile, ma essi – per essere "scientifici" – devono attestare delle LEGGI, magari anche esprimibili nelle formule che più ci piacciono. Ma non devono diventare lo strumento di una FEDE come un'altra! La fede, qualunque fede, non è scienza! Basta dirlo, senza nascondere una fede legittima dietro una presunta validità "scientifica"! Io, scettico sulle idee di Platone (per esempio, che l'anima preesisterebbe al corpo e se lo sceglierebbe a piacimento non si sa come né quando), per prudenza mi tengo aggrappato ad Aristotele, il quale ci insegna, nella sua Metafisica, che *"delle cose che sono soggette a perenne flusso non c'è scienza"* perché la scienza *"riguarda ciò che è sempre e per lo più"!* Che poi è quasi lo stesso che dire che può aversi scienza solo dell'immutabile o di ciò che è valido e riconoscibile per tutti e per sempre!

ZAN. Grazie, Maksim. Mi trovo d'accordo su tutto. Probabilmente i nostri diversi modi di esprimerci vogliono dire le stesse cose. Nella mia mente sofferenza e dolore hanno ugual significato e sono entrambi insegnanti. Qualsiasi emozione non salutare, quale che sia, sofferenza fisica o mentale, rabbia, egoismo, orgoglio, paura, ansia etc., se osservata con attenzione, ci insegna qualcosa di importante. Intendevo questo. Come dici anche tu, tentare di evitarle significherebbe evitare di buttarsi nella vita. Faccio un esempio estremo: poniamo che io sia una appassionata di immersioni subacquee e di vita marina. So che solo in un determinato punto potrò vedere una vita acquatica unica al mondo come da nessun'altra parte, ma decido di non fare l'immersione sub perché il mare è infestato dagli squali e ho paura. Non immergendomi, evito il pericolo di essere divorata dagli squali, ma non vedo nemmeno quella vita acquatica unica al mondo. Se invece mi immergo e ho la possibilità e la fortuna di poter vedere quelle meraviglie, magari verrò uccisa dagli squali, ma sarò morta senza paura e facendo ciò che più amo nella vita. Posso anche immergermi e venire divorata senza essere riuscita a vedere la vita acquatica, ugualmente sarò morta per qualcosa che mi appassiona profondamente. Oppure può andarmi bene, posso immergermi, vedere la vita acquatica e non venire divorata dagli squali. Solo noi possiamo discernere se è opportuno rischiare e se per noi ne vale la pena. Ma a volte, anche valutando tutti gli elementi di rischio ed esercitando cautela, si cade ugualmente e ci si fa male, perché c'era del ghiaccio sulla strada e siamo scivolati pur stando attentissimi. Andare cauti è bene, ma esercitando troppa cautela si rischia davvero di vivere dentro a degli schemi, a delle scatole costruite un po' dalla nostra mente e un po' dalla coscienza dei nostri antenati e dalla coscienza collettiva. A nessuno piace cadere e farsi male, non ce l'andiamo a cercare, ma se cadiamo non dobbiamo nemmeno farne un dramma. E' successo, punto. Siamo sofferenti sia a livello fisico che mentale, pazienza. Se rimaniamo in osservazione del nostro dolore, lo vedremo anche svanire. Intendevo questo quando ho detto che la sofferenza è un'insegnante, non che ci si debba crogiolare nella sofferenza. Va bene viverla e lasciarla andare. Evitarla, però, non serve a nulla, anche perché ripeto che senza le emozioni negative non conosceremmo la differenza tra quelle negative e quelle positive. Sarebbe tutto piatto ed incredibilmente noioso. L'osservazione, la meditazione, ci permettono di guardare tutte le nostre emozioni e sensazioni come nuvole passeggere, e di imparare a non reagire in modi dannosi a noi stessi e agli altri. È un lungo percorso. Vivere in questo modo porta stabilità, ma non significa non sentire dolore o sofferenza, proprio per niente, anzi. Significa essere in grado di sentire ogni emozione salutare o non, senza attaccarcisi, senza giudicare o reagire. Spesso, quando pratico lo «stare» con le mie emozioni, mi accorgo che si originano nella mia mente. Sono causate dai miei pensieri. Il sé è un concetto formato dai pensieri in cui credo, ma i pensieri in cui credo sono sia miei sia dei miei antenati e della coscienza collettiva, quindi non è così semplice distaccarsi da quei pensieri e ricongiungersi al grande sé, all'energia di base dell'universo. E sono più che convinta di quanto hai affermato, Maksim, che ci vorranno varie vite, per pulire e lucidare la nostra mente. Con ciò non intendo biasimare i nostri antenati, anche perché ci hanno lasciato un patrimonio di insegnamenti positivi, ma è molto probabile che i nostri genitori non abbiano avuto a disposizione gli strumenti per l'osservazione e per questo motivo non sono riusciti a trasformare in profondità i loro semi negativi e ce li hanno trasmessi. Il lavoro da fare è comunque nostro. Finché non vediamo davvero che non siamo separati da niente, faremo fatica a vivere e, quando facciamo fatica, abbiamo problemi. Quando mi sento meno separata dalla vita, la vita e i fatti che accadono non sono così traumatizzanti o sconvolgenti. Le situazioni, le persone, e le difficoltà atterrano su di me in modo più leggero e dolce. Se ci chiediamo, o chiediamo a chiunque, "ci sono situazioni o persone che ti feriscono"? Tutti risponderemmo sì. Tutti pensiamo che ci siano. Mi è successo questo, questo e questo e mi ha sconvolto. Tutti lo facciamo, senza eccezioni. La nostra vita è così. Forse, per un periodo, le cose vanno abbastanza lisce, poi, all'improvviso succede qualcosa che ci fa star male. In altre parole siamo una vittima. Questa è la nostra classica visione umana della vita. È quasi incisa nel nostro DNA, quasi congenita. Quando ci sentiamo vittimizzati dal mondo, cerchiamo qualcosa al di fuori di noi che porterà via il dolore. Potrebbe essere una persona, ottenere qualcosa che vogliamo, un cambiamento nel nostro lavoro, un riconoscimento etc. Visto che non sappiamo dove guardare e stiamo soffrendo, cerchiamo conforto altrove. Facciamo cose stupide, ci sentiamo traumatizzati o insoddisfatti, come se mancasse qualcosa nella nostra vita. Iniziamo a farci una serie di domande... che non hanno risposta. E non ce l'hanno. Perché? Perché sono domande false, non basate sulla realtà. Sentire che qualcosa non va e cercare modi al di fuori di noi per metterla a posto è uno schema mentale erroneo. Dall'inizio non c'è nulla che non va, non c'è nulla di sbagliato. Non c'è separazione. Nessuno ci crede, finché non si è praticata l'osservazione/meditazione per tanto tempo. Siamo tutti espressioni di un punto centrale, chiamiamolo "energia multidimensionale". Non riusciamo a immaginare questo, che il punto centrale o l'energia non ha misura, spazio o tempo. Bisogna parlare metaforicamente di qualcosa di cui non si può parlare in termini ordinari. Un fisico può forse vedere quel punto centrale intellettualmente. La pratica nel tempo e negli anni ci permette di sperimentare un accenno di questa verità, che pian piano avanza lentamente qui e là nella nostra esperienza.

MAKSIM. Grazie del commento, Zan. Per usare la tua metafora, si potrebbe forse dire che l'arte di vivere esprime una condizione di equilibrio, per certi versi paradossale, che consiste nell'essere al contempo intrepidi (saper osare, creare nuove sfide, ecc.) e cauti (non sottovalutare l'importanza della formazione, dell'acquisizione di risorse, del giusto equipaggiamento quando andiamo in immersione, ecc.). Misha, non entrerò in una disquisizione su quali idee siano potenzialmente scientifiche o meno; direi però che la nostra discussione era di più ampio respiro, e che il mio accenno al "cammino multimillenario dell'anima" non era su un piano così diverso rispetto al tuo accenno a una "anima spirituale indipendente dal corpo" ☺.

MISHA. Beh, una certa differenza c'è, se penso che abbiamo una sola vita (e non tante) per sistemare le nostre cosette. La mia anima, molto inascoltata, mi ripete sempre: "non rimandare a domani quello che puoi fare oggi. C'è meno tempo di quello che tu puoi immaginare"!

MAKSIM. Che il tempo perso non sia riciclabile, questo resta vero sia nell'ipotesi di una sola vita, sia in quella della serialità esistenziale. D'altra parte, la necessità di includere un ulteriore "spazio-tempo" per completare la propria crescita spirituale è ben descritta anche in religioni apparentemente "mono-vita-intra-fisica", come il cattolicesimo, tramite ad esempio il concetto di purgatorio. Anche in questo caso, dunque, si potrebbe essere tentati di rimandare ☺. Detto questo, ci sono studi molto interessanti, e molto ampi, che non è possibile liquidare con una battuta, circa l'esistenza non solo di memorie molto vivide (non legate a stati febbricitanti) di vite precedenti, ma anche di memorie di periodi intermissivi, tra le vite, molte delle quali con riscontri concreti (vedi il lavoro di scienziati come Ian Stevenson, Jim Tucker, ecc.). Poi, naturalmente, si possono sempre interpretare questi dati in modi diversi, invocare le coincidenze, ecc., ma il tema della reincarnazione, sicuramente, alla luce dei numerosi studi condotti, è un tema assolutamente scientifico.

MISHA. Lungi da me liquidare queste cose in poche battute. Mi sorprendo a farlo soprattutto quando non comprendo certe cose. Per esempio, la conclusione dell'ultimo suo commento non la capisco: «*il tema della reincarnazione, sicuramente, alla luce di numerosi studi condotti, è un tema assolutamente scientifico*». Non la capisco, perché il termine "scientifico" mi sembra venga usato in maniera impropria. Eppure, in un precedente commento, mi sono sforzato di chiarire che cosa dovrebbe essere "scienza": una conoscenza certa ed evidente, valida per tutti e per sempre, che può essere eventualmente anche sintetizzata in una formula (come $E = mc^2$) che ne attesti l'incontrovertibilità universale. Perciò, a volte – non me ne voglia, è colpa mia – ho la sensazione che il termine "scientifico" venga usato come il "tappabuchi" di una FEDE!

MAKSIM. È la definizione che tu dai del termine "scientifico" ad essere impropria: la scienza non si occupa di "conoscenze certe ed evidenti", ma di conoscenze che si fondano su teorie, modelli, spiegazioni, interpretazioni in linea di principio falsificabili, in grado di evolvere nel tempo, tramite un metodo di natura critica (sia logico-razionale che sperimentale).

MISHA. Il fatto che "E = mc$^2$" può essere falsificabile? Non lo so, credo che l'evoluzione scientifica possa al massimo integrare, in futuro, la verità esistente dietro quella formula, ma non "falsificarla". A naso (e volendo evitare qui complicazioni ulteriori), la "falsificabilità" di Popper è un'altra cosa e tende ad evitare certe pretese metafisiche della ragione umana. Il discorso andrebbe approfondito, ma non mi sembra che le acquisizioni scientifiche, pur soggette a evoluzione, possano essere contraddette. A mia conoscenza, lo scienziato, con le nuove scoperte, integra, più che "falsifica", "il vecchio"! Nel corso dell'"evoluzione" possono nascere malintesi per difetti di metodo o pre-giudizi che si mescolano alla scienza, ma – secondo me – le scienze si integrano e non si escludono. Anzi, si può verificare il caso che due ipotesi ritenute escludentisi in una prima fase, possano essere assunte come entrambe vere in un'ottica che le supera entrambe. È il caso della coppietta litigiosa geocentrismo-eliocentrismo, che oggi credo non abbiano più molto da litigare.

MAKSIM. Non dobbiamo confondere i dati sperimentali e le spiegazioni dei dati. La scienza si occupa, beninteso, sia di accumulare dati sul reale, tramite esperimenti specifici e osservazioni in generale, sia di spiegare (e nel migliore dei casi predire) quei dati. Le spiegazioni sono contenute nelle teorie scientifiche, e sono queste che, in primo luogo, possono essere falsificate. Naturalmente, anche i dati possono esserlo, ad esempio quando comportano errori procedurali, mancanza di sufficiente precisione, ecc. Ma solitamente, una volta acquisiti, i dati, salvo eccezioni, restano. Quindi, se per "E = mc$^2$" intendi i dati degli esperimenti che mostrano che, da ciò che definiamo essere la massa inerziale di alcuni corpi, è possibile estrarre energia (da cui si deduce che la massa inerziale sarebbe interpretabile come energia interna), come avviene di continuo nei diversi esperimenti di fisica nucleare, allora posso concordare con te che si tratta di un acquisito che difficilmente sarà falsificato. D'altra parte, se per "E = mc$^2$" intendi la teoria della relatività di Einstein, con il suo bagaglio di concetti, interpretazioni, relazioni, ecc., allora questa sicuramente potrà essere falsificata. E, considerando che non siamo ancora riusciti a costruire una teoria della gravità quantistica, la relatività di Einstein, sicuramente, è una teoria che poggia su alcune ipotesi errate. Ad esempio, si fonda sul concetto di "evento" (un punto nel continuum spazio-temporale), quando invece sappiamo che tale concetto non si applica tal quale nella teoria quantistica, che descrive entità non-spaziali e non-temporali. Quindi, semplificando all'estremo: dati certi, forse, ma spiegazioni certe, mai. Nel caso della reincarnazione, i dati accumulati circa le memorie retrocognitive sono certi, nel senso che si tratta di dati significativi, affidabili, molti dei quali possiedono anche corrispondenze oggettive. L'interpretazione di questi dati (le teorie che li spiegano) differirà, invece, a seconda dei ricercatori, dei loro paradigmi di riferimento, e anche delle loro esperienze personali.

MISHA. Caro Maksim, le conversazioni impegnative virtuali sono una dannazione e, prima o poi, sarebbe saggio cedere. Ma, visto che, a quanto pare, abbiamo anche spettatori entusiasti (cosa quasi miracolosa per certi argomenti su fb), non mi farò un grosso problema a continuare, tentando di rispondere al suo ultimo commento. Dunque: quando lei dice che i dati sperimentali non possono essere falsificati mentre la teoria scientifica sì, vuol dire – traducendo nella mia lingua e chiedendole conferma – che una formula qualsiasi (come in questo caso "$E = mc^2$"), non attesta tanto la verità di un fenomeno, acquisita una volta per tutte, ma soltanto una certa costanza nel tempo e nello spazio (ovvero in un certo tempo e in un certo spazio presi come punto di riferimento) dei risultati che si ottengono sperimentalmente (nel caso, l'energia dalla massa inerziale di un corpo). In altri tempi si sarebbe detto: la scienza indaga "IL COME", non "IL PERCHÉ"! Lei – mi corregga se sbaglio – in fondo voleva dire questo, se interpreto bene: "La scienza indaga il come e non il perché"! Benissimo! Ma questo, credo si sapesse già e non c'era bisogno dell'assunto metodologico moderno della "falsificabilità" che peraltro non inficia, in Popper, la convinzione che esista la verità di una cosa, ma ispira solo una certa cautela sulla esauriente conoscibilità di quella cosa. Una cosa è che il sole sia luminosissimo e caldissimo in sé, altra cosa è quanto del suo calore e della sua luce io riesca a "conoscere"! Molti pensatori hanno delegato all'"intuizione" la verità totale di un oggetto, proprio perché il discorso scientifico-dimostrativo o induttivo è lento e approssimativo! La nostra ragione è "difettata": DISCORRE con METODO, ma non COGLIE con IMMEDIATEZZA! Ma allora, se così stanno le cose (attendo lumi), l'umiltà del cosiddetto "metodo scientifico" dovrebbe consistere innanzitutto nell'ammettere che ci sono conoscenze e "oggetti" su cui la "scienza" non ha potere e tuttavia quelle conoscenze e quegli "oggetti" hanno una validità conoscitiva che supera il suo metodo. Lei stesso, sconfinando dalla ricerca scientifica del "sensibile" alla ricerca sul "sovrasensibile", mi sembra una prova di questo, specialmente quando lodevolmente si sforza di non correre troppo veloce nell'applicare quel metodo a oggetti sovrasensibili, perché quel metodo si rivela inadeguato. Insomma, non dovrebbe impressionare nessuno il fatto che si facciano esperimenti sulla vita post-mortem, l'impressionante è invece affermare che "gli esperimenti" siano "affidabili". Perché, se uno chiede "in che senso", chi risponde deve appoggiarsi necessariamente a una INTERPRETAZIONE preferita ad altre e, per definizione, "falsificabile" da altre! Poi, gli esperimenti sul sovrasensibile mi sembrano tanto più discutibili quanto più penso che LA MEMORIA è una facoltà del SENSIBILE, e non del SOVRASENSIBILE! Insomma, contrariamente a ciò che deve avere il sapore dello "scientifico" (idee chiare e distinte), non ci vedo tanto chiaro! P.S.: Caro Maksim, il "purgatorio" non è una verità trovata scientificamente con esperimenti "attendibili" (aggettivo quanto mai ambiguo!), ma è una condizione non mai sperimentata da nessun vivente, neppure con la memoria, e attestata soltanto da una "autorità" in materia (Dio-uomo) che vi è disceso e la conosce e trova chi la può tramandare nel tempo. È una verità di FEDE, a partire dall'autorevolezza di chi ce la attesta, e non di SCIENZA. È "credibile", vale a dire si possono solo mostrare "motivi", sia pure insufficienti, di credibilità, ma non si può dedurre come vera da "esperimenti"! La scienza si ferma alle soglie della fede, non perché qualcuno frena la scienza e la imbavaglia, ma perché la scienza sa che alle soglie della fede deve fermarsi, come quando Virgilio non può fare altro che consegnare Dante a una istanza superiore che è Beatrice, perché cambia il regno da visitare! Un aereo (Virgilio), riconoscendo il proprio limite, non pretende di fare il missile (Beatrice), se si deve andare sulla luna. Non può che abbandonare il proprio metodo, applicabile solo a certe condizioni e non a tutte! Del resto, non è tutto relativo? Avventurarsi in un oceano senza la nave adeguata, può rivelarsi oltretutto assai controproducente! Una volta – si ricorda – le parlavo di Icaro, con le sue ali di cera!

MAKSIM. Caro Misha, non concordo che la scienza indaghi il "come" e non il "perché". Ritengo che l'essenza dell'indagine scientifica sia racchiusa nei "perché", non nei "come". Il "come" sottolinea unicamente un aspetto, quello "descrittivo" della scienza. A volte si parla di "teorie fenomenologiche", proprio per sottolineare il fatto (spesso nella fase iniziale di indagine di un certo fenomeno, o gruppo di fenomeni) che si rinuncia a spiegare il "perché", e ci si limita a descrivere il "come" (raccogliendo dati e organizzandoli). Il "perché", infatti, sottolinea l'aspetto "esplicativo" dell'indagine scientifica. Il proprio delle teorie scientifiche è quello di fornire spiegazioni, dunque rispondere ai "perché" e, sulla base di quelle spiegazioni, formulare anche delle previsioni, in linea di principio falsificabili. "Perché il cielo di notte è buio?" Questo famoso "perché", già formulato da Keplero, e noto come "paradosso di Olber", fu risolto solo molto dopo, tramite la spiegazione einsteniana. Non era sufficiente, in questo caso, spiegare "come" la notte era buia, perché all'interno del quadro esplicativo abituale (di uno spazio infinito, immutabile, omogeneo e isotropo), il come non era possibile. Quindi, la domanda, genuinamente scientifica, era, al tempo in cui questa fu formulata, un autentico "perché", che ha richiesto l'ipotesi di un universo temporalmente finito e in espansione. Ci sono altre cose che affermi su cui non concordo, ad esempio menzioni l'induzione in relazione al metodo scientifico. Forse il maggiore conseguimento epistemologico di

Popper fu proprio quello di aver risolto il cosiddetto "problema dell'induzione". Non esiste induzione in scienza. Questo però è un soggetto delicato da discutere e argomentare. Quindi, qui mi limito a citare un bellissimo libro, del fisico anglosassone David Deutsch "La trama della realtà" (Einaudi), che dedica un intero capitolo al tema, smontando l'idea che l'induzione possa essere giustificata e abbia un qualsivoglia fondamento nella pratica scientifica (malgrado le apparenze). Naturalmente, la scienza intesa come processo che risolve problemi cognitivi, legati ai nostri "perché", tramite teorie che abbiano potere esplicativo, ci porta anche a dover accettare qualcosa di molto importante: per quanto la scienza sia in grado di trovare spiegazioni sempre migliori (grazie al suo metodo critico), una spiegazione "migliore" non implica che questa sia necessariamente "più vicina alla verità". Infatti: non vi è nessun legame necessario tra verità e potere esplicativo. E su questo è bene riflettere. Ora, sulla base di quanto ho appena accennato, penso sia chiaro che nessun tema, nemmeno quello dell'incarnazione/reincarnazione, possa essere escluso dall'indagine scientifica, essendo questa, nella sua essenza, una ricerca di spiegazioni, cioè di risposte a dei "perché". L'unica differenza è che la scienza (quella vera) "si danna l'anima" per cercare sempre le spiegazioni migliori, cioè le più affidabili, nei limiti delle risorse (cognitive e sperimentali) disponibili. A proposito: l'intuizione è sicuramente parte integrante delle risorse cognitive di ogni buon ricercatore/scienziato, che spesso "coglie le proprie spiegazioni con immediatezza".

# A PROPOSITO DI AUTORICERCA

*AutoRicerca* è la rivista (ad accesso aperto) del *LAB – Laboratorio di Autoricerca di Base*. Il suo scopo è pubblicare scritti di valore, in lingua italiana, sul tema della *ricerca interiore*.

Ponendosi al di fuori delle abituali categorie editoriali, *AutoRicerca* offre ai suoi lettori articoli di notevole livello, selezionati, controllati e tradotti personalmente dall'editore. Questi testi, pur esigendo un certo impegno per essere assimilati – vanno studiati, più che letti – restano pur sempre accessibili al lettore generico, purché animato da buona volontà e realmente desideroso di imparare qualcosa di nuovo.

In accordo con la *Dichiarazione di Berlino*, che afferma che la disseminazione della conoscenza è incompleta se l'informazione non è resa largamente e prontamente disponibile alla società, *AutoRicerca* è una rivista ad accesso aperto.

Più specificatamente, i volumi in formato elettronico (pdf) sono scaricabili gratuitamente dal sito del *LAB*, cliccando sul link corrispondente.

L'accesso aperto alla versione elettronica non esclude però la possibilità di ordinare i volumi cartacei (è possibile ordinare anche un singolo volume), il cui acquisto è un modo per sostenere la missione della rivista.

Se desiderate essere sempre informati sulle nuove uscite (al momento la cadenza è di due numeri all'anno), potete iscrivervi alla mailing-list, inviando una email all'indirizzo seguente: *info@autoricerca.ch*, indicando nell'oggetto "mailing-list-rivista," e specificando nel corpo del messaggio nome, cognome e paese di residenza.

autoricerca.com

# Numeri precedenti

### Numero 1, Anno 2011 – Lo Stato Vibrazionale

Un approccio alla ricerca sullo stato vibrazionale attraverso lo studio dell'attività cerebrale (*Wagner Alegretti*)
Attributi misurabili della tecnica dello stato vibrazionale (*Nanci Trivellato*)
Dal pranayama dello Yoga all'OLVE della Coscienziologia: proposta per una tecnica integrativa
(*Massimiliano Sassoli de Bianchi*)

### Numero 2, Anno 2011 – Fisica e Realtà

Proprietà effimere e l'illusione delle particelle microscopiche
(*Massimiliano Sassoli de Bianchi*)
Un tentativo di immaginare parti della realtà del micromondo
(*Diederik Aerts*)

### Numero 3, Anno 2012 – L'Arte di Osservare

L'arte dell'osservazione nella ricerca interiore
(*Massimiliano Sassoli de Bianchi*)

### Numero 4, Anno 2012 – Scienza e Spiritualità

Yoga, fisica e coscienza (*Ravi Ravindra*)
Cercare, ricercare, autoricercare…
(*Massimiliano Sassoli de Bianchi*)

Speculazioni su origine e struttura del reale
(*Massimiliano Sassoli de Bianchi*)

## NUMERO 5, ANNO 2013 – OBE

Scoprire la tua missione di vita (*Kevin de La Tour*)

Esperienze fuori del corpo: una prospettiva di ricerca
(*Nanci Trivellato*)

Filtri parapercettivi, esperienze fuori del corpo e parafenomeni associati (*Nelson Abreu*)

Elementi teorico-pratici di esplorazione extracorporea
(*Massimiliano Sassoli de Bianchi*)

## NUMERO 6, ANNO 2013 – ENERGIA

Una sottile rete di luce (*Andrea Di Terlizzi*)

Bioenergia (*Sandie Gustus*)

Energie sottili o materie sottili? Una chiarificazione concettuale
(*Massimiliano Sassoli de Bianchi*)

Trasferimento interdimensionale di energia: un modello semplice di massa (*Massimiliano Sassoli de Bianchi*)

## NUMERO 7, ANNO 2014 – SCIENZA, REALTÀ & COSCIENZA

Scienza, realtà e coscienza. Un dialogo socratico
(*Massimiliano Sassoli de Bianchi*)

## NUMERO 8, ANNO 2014 – ARCHETIPI

Astrologia elementale e aritmosofia
(*Vittorio Demetrio Mascherpa*)

La nuova astrologia (*Nadav Hadar Crivelli*)

Corrispondenze astrologiche: una prospettiva multiesistenziale
(*Massimiliano Sassoli de Bianchi*)

www.ingramcontent.com/pod-product-compliance
Lightning Source LLC
Chambersburg PA
CBHW031830170526
45157CB00001B/250